抛物型分布参数系统模糊边界控制

王俊伟　吴淮宁　张晋峰　著

電子工業出版社
Publishing House of Electronics Industry
北京 · BEIJING

内 容 简 介

本书结合作者近年来的研究工作，系统地介绍非线性分布参数系统时空模糊建模及边界控制设计，充分考虑系统的空间分布特征，重点阐述时空模糊系统并对其逼近性能进行分析。在此基础上，本书针对一类由抛物型偏微分方程描述的非线性分布参数系统，进一步建立边界镇定和跟踪模糊控制设计方法，并将相关理论研究成果应用于解决带钢热轧温度智能调节问题，通过数值仿真实验展示其工程应用效果。

本书反映了近年来非线性分布参数系统模糊控制理论研究的最新成果，既注重理论方法分析，又结合工程实际需求，可供从事自动控制工作的科研人员、工程技术人员，以及高等院校人工智能、自动化、应用数学及其他相关专业的教师、研究生和高年级本科生参考。

图书在版编目（CIP）数据

抛物型分布参数系统模糊边界控制/王俊伟，吴淮宁，张晋峰著. —北京：电子工业出版社，2023.4

ISBN 978-7-121-45425-7

I. ①抛… II. ①王… ②吴… ③张… III. ①分布参数系统–研究 IV. ①O231

中国国家版本馆 CIP 数据核字(2023)第 067326 号

责任编辑：刘家彤　　文字编辑：田学清
印　　刷：北京捷迅佳彩印刷有限公司
装　　订：北京捷迅佳彩印刷有限公司
出版发行：电子工业出版社
　　　　　北京市海淀区万寿路 173 信箱　　邮编：100036
开　　本：720×1000　1/16　　印张：10.25　　字数：206.6 千字
版　　次：2023 年 4 月第 1 版
印　　次：2023 年 10 月第 4 次印刷
定　　价：119.00 元

凡所购买电子工业出版社图书有缺损问题，请向购买书店调换。若书店售缺，请与本社发行部联系，联系及邮购电话：（010）88254888，88258888。

质量投诉请发邮件至 zlts@phei.com.cn，盗版侵权举报请发邮件至 dbqq@phei.com.cn。

本书咨询联系方式：（010）88254465，ninghl@phei.com.cn。

前　言

抛物型分布参数系统（Distributed Parameter System，DPS）主要用于描述实际生产生活中的一类扩散–对流–反应现象，如工业控制系统中的热传导过程、核反应堆中的核反应过程、生物种群的物种密度演化过程等。此类无限维系统动态具有时空耦合特点，其动态行为同时依赖时间和空间位置，因此用有限变量的常微分方程（Ordinary Differential Equation，ODE）模型难以准确描述，需要引入偏微分方程（Partial Differential Equation，PDE）模型才能精确刻画其时空演化运动规律。为满足提升工业领域智能化水平以实现高精度与高性能的调控需求，有必要充分了解系统中包括受控对象、执行机构在内的各部分演化的动态特点，直接从 DPS 原始模型出发解决其控制问题，同时可从根本上避免采用有限维模型出现的控制溢出与观测溢出等现象。

边界控制可有效解决一类具有非侵入控制驱动与传感测量（控制驱动器与测量传感器仅作用于受控对象的物理边界上）的实际系统控制设计问题。例如，在温度传感器仅能获得钢坯或带材表面温度的情形下，通过在其表面进行热辐射加热来调控工业加热炉中的钢坯内部温度分布等。从机理模型角度来看，边界控制仅通过边界条件对 DPS 施加控制影响，不会影响系统内部模型结构；从工程实现角度来看，仅需要将执行器与传感器布放在受控对象的物理边界上，这使得控制算法的实现相对容易。然而，仅用边界控制驱动/测量实现无限维 DPS 动态调节，将极大地增加其控制系统的设计难度。

在实际工业系统中往往存在非线性环节，这是造成系统性能恶化甚至导致系统失稳的主因。作为一类非线性控制方法，基于 T-S 模糊模型的模糊控制方法因具有能综合利用模糊逻辑理论与线性系统理论的优点，已经被广泛应用于解决非线性系统分析与综合问题。在现有非线性系统模糊控制理论的基础上，如何解决基于原始 PDE 模型的非线性 DPS 模糊边界控制设计问题是一个既具有理论价值又具有重要实际应用价值的开放性研究课题。鉴于此，本书在深入分析前人工作的基础上，充分考虑 DPS 的时空耦合特点，系统地提出时空模糊系统刻画其时空演化动态，并分析其逼近性能。在此基础上，针对一类由抛物型 PDE 描述的非线性 DPS，进一步建立边界镇定和跟踪模糊控制设计方法，并将相关理论研究成果应用于解决带钢热轧温度智能调节问题，通过数值仿真实验展示其工程应用效果。在 DPS 控制设计开发过程中涉及的成熟技术包括 Lyapunov 直接法、分部积分技术、向量值庞加莱–温格尔不等式的变种形式、积分控制、PID 控制、基于模型的模糊控制等。

本书既注重严格理论分析，又结合工程实际需求，旨在为读者介绍近年来非线性 DPS 模糊控制理论研究的最新成果。本书不但为非线性 DPS 边界控制设计提供了一些新的、简洁有效的方法和理论依据，同时推动了模糊控制技术的发展，这对提高非线性 DPS 的控制品质、促进模糊控制的发展具有重要意义。

本书共三部分。第一部分（第 1 章至第 3 章）：研究动机及预备知识。第 1 章对研究背景与现有结果进行了深入分析与系统总结；第 2 章阐述了本书后续章节要用到的数学基础知识，涉及偏微分方程、稳定性理论、基于观测器的输出反馈控制和庞加莱–温格尔不等式的变种形式；第 3 章分析了时空模糊系统的逼近性能及建模误差量化。这一部分的结果为本书后续的研究工作奠定了模型与技术基础。第二部分（第 4 章和第 5 章）：控制方法研究。第 4 章针对几种不同的状态测量情形（包括空间连续状态测量、同位边界状态测量、非同位空间离散状态测量及非同位边界状态测量），分别讨论了半线性抛物型 DPS 模糊边界镇定控制设计方法；第 5 章在第 4 章的工作基础上，进一步探讨了具有同位、非同位边界状态测量的非线性抛物型 DPS 模糊边界输出跟踪控制设计问题。第三部分（第 6 章）：应用研究。针对热轧带钢温度场模糊边界调节问题（带钢热轧生产线加热炉钢坯再加热温度场调节和带钢轧后层流冷却过程温度调节），第 6 章提出了模糊边界输出跟踪控制方案，以实现温度调节控制目标，并对提出的控制算法进行了仿真验证研究。第 6 章内容是第 5 章理论研究工作的仿真应用。这一部分的研究内容是本书提出的抛物型 DPS 模糊边界跟踪控制在工业生产上的初步应用，不仅丰富了 DPS 和模糊控制方面的理论研究成果，还为热轧带钢生产节能减排及提质增效等应用场景提供了有效技术支持与理论指导，同时为工程实践提供了可借鉴的设计思想。

本书的部分工作得到了北京市自然科学基金面上项目(4192037)、国家自然科学基金项目 (92271115，62073011)、中央高校基本科研业务费（FRF-TP-20-07B）及北京科技大学青年教师国际交流成长计划（QNXM20220035）的资助。

由于作者水平有限，书中难免存在谬误与不妥之处，敬请同行专家和广大读者批评指正。

目　录

符号与缩写说明

符号	说明
$\Re$	全体实数集合
$\Re^n$	n 维欧氏空间
$\Re^{m\times n}$	全体 $m\times n$ 实矩阵集合
$\Vert\cdot\Vert$	标准欧氏空间的内积诱导范数
$\Vert\cdot\Vert_2$	均方可积空间的内积诱导范数
$\mathcal{H}^n([0,L])$	定义在一维空间 $[0,L]$ 上的均方可积 n 维向量函数的希尔伯特空间 $\mathcal{L}_2([0,L];\Re^n)$
$\varOmega$	定义在希尔伯特空间 $\mathcal{H}^n([0,L])$ 上的局部子空间，即 $\varOmega\triangleq\{\boldsymbol{y}(\cdot,t)\in\mathcal{H}^n([0,L])\vert\,\phi_{i,\min}\leqslant y_i(\cdot,t)\leqslant\phi_{i,\max},$ $\phi_{i,\min}\leqslant 0,\phi_{i,\max}\geqslant 0,\ i\in\{1,2,\cdots,n\}\}\subset\mathcal{H}^n([0,L])$
$\mathcal{W}^{k,2}((0,L);\Re^n)$	定义在一维空间 $[0,L]$ 上的 n 维绝对连续向量函数且其最高 k 阶导数依然是均方可积的索伯列夫空间
$H^1((0,\infty);\Re^p)$	定义在开集 $(0,\infty)$ 上的绝对连续函数且其一阶导数是均方可积的索伯列夫空间
$\dot{V}(t)$	函数 $V(t)$ 关于时间 t 的全导数，即 $\dot{V}(t)=\dfrac{\mathrm{d}V(t)}{\mathrm{d}t}$
$\boldsymbol{A}^{\mathrm{T}}$	矩阵 $\boldsymbol{A}$ 的转置
$\lambda_{\min}(\boldsymbol{A})$	矩阵 $\boldsymbol{A}$ 的最小特征值
$\lambda_{\max}(\boldsymbol{A})$	矩阵 $\boldsymbol{A}$ 的最大特征值
block-diag$\{\boldsymbol{A}_1,$ $\boldsymbol{A}_2,\cdots,\boldsymbol{A}_m\}$	以 $\boldsymbol{A}_1$, $\boldsymbol{A}_2$, $\cdots$, $\boldsymbol{A}_m$ 为元素的块对角矩阵
$\boldsymbol{I}_n$	n 维欧氏空间 $\Re^n$ 上的单位矩阵
$\boldsymbol{Q}>(\geqslant,<,\leqslant)0$	实对称正定 (半正定、负定、半负定) 矩阵 $\boldsymbol{Q}$
$\boldsymbol{y}_t(x,t)$	向量 $\boldsymbol{y}(x,t)$ 关于变量 t 的一阶偏导数，即 $\partial\boldsymbol{y}(x,t)/\partial t$
$\boldsymbol{y}_x(x,t)$	向量 $\boldsymbol{y}(x,t)$ 关于变量 x 的一阶偏导数，即 $\partial\boldsymbol{y}(x,t)/\partial x$
$\boldsymbol{y}_{xx}(x,t)$	向量 $\boldsymbol{y}(x,t)$ 关于变量 x 的二阶偏导数，即 $\partial^2\boldsymbol{y}(x,t)/\partial x^2$

DPS	分布参数系统 (Distributed Parameter System)
PDE	偏微分方程 (Partial Differential Equation)
ODE	常微分方程 (Ordinary Differential Equation)
LMI	线性矩阵不等式 (Linear Matrix Inequality)
T-S	高木–关野 (Takagi-Sugeno)
PID	比例–积分–微分 (Proportional-Integral-Derivative)
PI	比例–积分 (Proportional-Integral)
PD	比例–微分 (Proportional-Derivative)
$\begin{bmatrix} \boldsymbol{S}+[\boldsymbol{M}+\boldsymbol{N}+*] & \boldsymbol{X} \\ * & \boldsymbol{Y} \end{bmatrix}$	$\begin{bmatrix} \boldsymbol{S}+[\boldsymbol{M}+\boldsymbol{N}+\boldsymbol{M}^{\mathrm{T}}+\boldsymbol{N}^{\mathrm{T}}] & \boldsymbol{X} \\ \boldsymbol{X}^{\mathrm{T}} & \boldsymbol{Y} \end{bmatrix}$

第 1 章 绪　论

1.1 研究背景与意义

伴随新一代人工智能技术的飞速发展，相关核心算法、软件平台、应用创新等方面得到了广泛而深入的研究，社会各领域的智能化水平也得到了显著提升。特别是在传统制造领域，人工智能技术极大促进了制造业的转型和升级。这是因为制造业（如钢铁行业、化工行业等）升级不仅依赖材料与机械加工工艺等硬件方面的提升，还受制于伺服控制系统等软件方面的发展。为了保证设计的伺服控制系统对装备的全部/部分功能实现高性能与高精度调控，有必要充分了解包括受控对象、执行机构在内的一切元器件的运动规律与特点。在一些实际工业过程中，受控对象的全部/部分动态特性具有时空分布特点，其动态行为同时依赖时间与空间位置，因而用有限变量的 ODE 模型难以准确描述，需要引入 PDE 模型才能精确刻画其时空演化运动规律，如半导体的热传导过程、等离子反应器中正负离子的动态演化过程、管式反应器中物质和能量的演化过程等。通常称此类由 PDE 模型描述的复杂动态系统为 DPS。

实际工业系统往往存在非线性环节，这是系统性能恶化甚至失稳的主要因素。作为一种非线性控制方法，基于 T-S 模糊模型的模糊控制因概念简单、系统有效，已被引入并成功地解决了非线性 DPS 控制设计问题。另外，由于实际物理系统结构复杂，一些受控对象的控制/测量具有非侵入性，即控制驱动器与传感器仅作用于受控对象的物理边界上。例如，用于调节流体流动的控制驱动通常来自流域的壁面；用于调节大型工业加热炉钢坯内部温度分布的加热单元通常只能通过钢坯或带材表面进行热辐射加热，温度传感器仅能获得其表面温度。显然，边界控制/测量是解决此类具有非侵入性控制/测量的非线性 DPS 控制设计问题的一种有效控制/测量方式。然而，在仅有边界控制驱动下要实现无限维 DPS 动态调节，进一步加大了 DPS 控制设计的难度。

镇定与跟踪是控制领域的两大经典控制任务。一般来说，跟踪控制问题比镇定控制问题更具有挑战性。由于其具有复杂动态，非线性系统跟踪控制目标更难实现，相关理论研究远不如线性系统跟踪控制理论成熟完善。特别是非线性 DPS 既具有非线性复杂动态，又具有时空变化规律，这进一步加大了非线性 DPS 跟踪控制设计的研究难度。在跟踪控制问题中，当一些内部状态难以描述或输出控制时，很难定义参考模型，此时模型参考跟踪控制不再适用，需要讨论输出跟踪控制。输出跟踪控制是跟踪控制的一个重要分支，已有很多成熟的控制方法，如内模原理、鲁棒自适应控制、反步控制、积分控制、自适应强化学习方法等。现有非线性 DPS 输出跟踪控制研究工作大多是基于近似 ODE 模型的有限维控制设计展开的。为了从根本上提升 DPS 控制性能，有必要直接从 PDE 模型出发，研究无限维 DPS 跟踪控制设计。目前，主流相关研究工作集中于线性 DPS，而关于非线性 DPS 无限维输出跟踪控制的研究工作较少，仍有很多问题亟待解决。

作为一类典型 DPS，抛物型 DPS 在工业生产上具有广泛的应用前景，如钢铁行业中热轧过程的温度管理、化工生产过程中管式反应器中压力、温度、浓度等关键参数的调控等。为此，本书将 DPS 理论、T-S 模糊建模与控制技术及输出跟踪控制技术相结合来研究抛物型 DPS 的无限维时空模糊建模、模糊边界镇定与输出跟踪控制设计。主要针对由抛物型 PDE 模型描述的一类非线性 DPS，研究探讨基于 T-S 模糊 PDE 模型的时空模糊建模；探讨不同测量方式 (如边界测量、空间连续分布测量、空间离散分布测量) 下指数镇定与输出跟踪控制设计；不仅研究同位控制情形，还考虑非同位控制情形，其中边界同位输出跟踪控制设计中采用 PID 控制来实现输出跟踪目标，而边界非同位输出跟踪控制设计中运用积分控制来保证跟踪期望信号；将理论结果应用于钢铁生产中的实际问题来探讨其实用性，并通过数值仿真展示其工程应用效果。

本书相关理论研究不仅为抛物型 DPS 镇定与跟踪控制设计提供了新的、简洁有效的设计方法和理论依据，而且推动了模糊控制技术的发展，这对提高非线性 DPS 控制品质、促进智能控制的发展具有重要意义。另外，理论结果在实际系统中的成功应用，可以促进所提出的模糊控制方法在其他非线性 DPS 中的推广应用，涉及冶金、材料、能源、导弹工程、航天航空工程等工程实际系统，具有广阔的应用前景。

1.2 边界控制发展概况

在实际工业系统中，控制驱动与传感测量具有非侵入性，如管式反应器中用于调节反应物浓度与温度的控制驱动位于管式反应器入口处[1]；层流冷却中通常通过控制冷却水流速调节带材温度，其冷却单元只能在带材表面施加影响[2]；在明渠灌溉系统中，控制水位的控制驱动单元通常位于上游入口处。显然，边界控制可有效解决此类具有非侵入性控制/测量的 DPS 控制问题。从机理模型角度来看，边界控制仅通过边界条件对 DPS 施加控制影响，不影响系统内部模型结构；从工程实现角度来看，仅需要将执行器与传感器布放在受控对象的物理边界上，这使得所开发的控制算法实现相对容易。

鉴于上述优点，边界控制在很多实际物理系统中有着广泛应用，如化学反应控制系统[3]、交通车流量控制系统[4]、超音速飞行器飞控系统[5] 等。考虑弦结构中时变张力的影响，文献 [6] 运用自适应边界控制解决了沿轴向运动的弦结构振动问题。针对实际柔性海洋立管系统，文献 [7~9] 提出了多种新型边界控制来处理此类 DPS 边界控制问题。关于梁方程边界控制问题，文献 [10,11] 利用无限维反步法实现了 Euler-Bernoulli 梁反步边界镇定控制。此外，边界控制还被用于解决扑翼飞行器中柔性扑翼结构振动控制问题。针对明渠灌溉系统，文献 [12,13] 基于线性化 Saint-Venant 模型，利用鲁棒控制设计了边界反馈控制算法。文献 [14] 以系统熵为基础构建了合适的 Lyapunov 函数，探讨了基于 Lyapunov 的单河段边界反馈控制设计问题。在此基础上，文献 [15~17] 进一步讨论了由两个级联河段组成的明渠边界控制问题。明渠灌溉系统本质上是由双曲型 PDE 模型描述的一类 DPS。针对由双曲型 PDE 模型描述的 DPS，文献 [18] 结合反步法研究了拟线性 2×2 双曲型 PDE 模型的局部镇定问题。文献 [19] 给出了 2×2 双曲型 PDE 模型的状态估计和镇定控制设计方法。文献 [20] 利用 Fredholm 积分研究了一类双曲型 PDE 模型的镇定和观测问题。需要强调的是，上述工作仅探讨了线性/非线性 DPS 边界镇定控制问题。

除镇定控制外，DPS 边界跟踪控制也是一个研究热点。对于跟踪控制问题所设计的跟踪控制器不仅要保证闭环系统状态有界，还要驱动系统输出渐近跟踪期望的参考轨迹或给定的参考模型输出。在一般情况下，跟踪控制设计远比镇定控制设计困难，特别是针对具有复杂时空动态的无限维 DPS。目前，线性/非线性 DPS 跟踪控制设计方法已经有一些研究进展。例如，文献 [21] 应用反步法考虑了线性 2×2 双曲型 DPS 轨迹生成和 PI 跟踪控制设计问题。文献 [22] 基于反步法提出了状态反馈控制策略，用于解决一类空间变系数线性异向双曲型 DPS 鲁棒输出调节问题。然而，非线性 DPS 边界跟踪控制还有大量问题待进一步研究，如抛物型 PDE 模型用于描述一类具有扩散–对流–反应现象的非线性 DPS 边界输出跟踪控制问题。

1.3 抛物型 DPS 发展概况

在实际应用中，由抛物型 PDE 模型描述的扩散–对流–反应现象随处可见，如具有显著扩散现象的大型工业加热炉的炉内温度场时空演化动态、管式反应器的非等温化学反应过程中具有明显扩散–对流–反应现象的反应物浓度及温度时空演化动态。此外，工业控制系统中的热传导过程、核反应堆中的核反应过程、生物种群的物种密度演化等[23]，均可由抛物型 DPS 来精确刻画。

关于抛物型 DPS 控制研究大体上主要有两种设计思路[24]。第一种设计思路是先将无限维抛物型 DPS 的 PDE 模型利用假设模态法[25]、有限差分法[26]、有限元法及 Galerkin 法[27] 等模型降阶获得有限维 ODE 近似模型，然后基于有限维 ODE 近似模型，根据控制目标开发相应控制算法。这种设计思路的优点在于可充分利用现有的、成熟的有限维控制理论与设计方法来解决无限维抛物型 DPS 的有限维控制设计问题。基于设计思路的抛物型 DPS 控制设计研究成果丰硕，如反馈线性化[28,29]、自适应控制[30]、模型预测控制[31]、神经网络控制[32] 及模糊控制[33] 等。结合 Galerkin 法和近似惯性流形及微分几何方法，文献 [28] 研究了一类非线性抛物型 PDE 系统的反馈线性化控制设计方法。基于近似惯性流形和 Karhunen-Loeve 分解的 Galerkin 法，文献 [29] 为一类非线性抛物型 DPS 提供了一种有效的、基于反馈线性化的控制策略。针对一类不确定非线性抛物型 DPS，文献 [30] 利用 Galerkin 法建立了低维 ODE 近似模型，并提出了一种基于 ODE 模型的有限维线性参数化自适应网络分布控制设计方法。针对一类非线性抛物型 DPS，文献 [31] 利用 Galerkin 法将非线性 PDE 系统降阶后，进一步提出了基于神经网络的控制设计方法，并运用奇异摄动理论和 Lyapunov 直接法分析其闭环系统稳定性及性能。上述研究工作均为将模型降阶方法和基于 ODE 模型的有限维非线性控制方法相结合来解决非线性抛物型 PDE 系统的有限维控制设计问题。然而，在无限维抛物型 DPS 的降阶过程中，由于模态不具有实际物理意义，需要引入观测器来实现，因此增加了设计复杂度。另外，模型截断会影响系统控制精度与性能，甚至导致控制系统失稳，还会诱发控制溢出和观测溢出等问题。

第二种设计思路为从本质上克服上述抛物型 DPS 有限维控制设计的不足直接从无限维 PDE 模型出发，探讨基于 PDE 模型的无限维抛物型 DPS 控制设计与性能分析问题。根据执行器布放位置的不同，基于原始 PDE 模型的无限维抛物型 DPS 控制设计方法主要分为两种：域内控制[34] 与边界控制[35]。根据执行器布放形式的不同，还可进一步细分为空间离散分布控制[36,37] 与空间连续分布控制[38,39]。针对一类非线性抛物型 DPS，文献 [36] 运用温格尔不等式与 Lyapunov 直接法，提出了空间离散分布鲁棒采样控制策略。文献 [37] 为一类非线性抛物型 PDE 系统提供了一种空间离散分布局部匹配控制设计方法，并分析了闭环系统的适定性。文献 [38] 为一类线性抛物型 DPS 提出了空间连续分布直接自适应控制策略。上述控制设计结果主要集中在域内控制方法下的抛物型 DPS 控制设计方法。

不同于域内控制，边界控制的控制驱动仅在受控对象的边界处施加控制作用。相较域内控制，边界控制易于实现，是一种在物理上更实用的控制方法。因此，已有很多国内外学者将先进控制技术与边界控制相结合来研究抛物型 DPS 控制问题，如反步法[40~44]、滑模控制[45]、凸优化技术 (如 LMI 技术)[46] 及神经网络逼近/近似动态规划[47] 等。例如，针对一类线性抛物型 PDE 系统，文献 [41] 运用无限维反步法为其提供了边界状态反馈和输出反馈控制方法，并进一步研究了线性 DPS 边界自适应控制问题及状态观测问题[40,42]。关于非线性抛物型 DPS，文献 [43,44] 将反步法思想推广到解决非线性抛物型 PDE 系统的边界控制问题中。

针对一类抛物型 DPS，文献 [45] 将反步法和滑模控制相结合，提出了滑模边界控制设计方法，并分析了闭环系统的稳定性。需要强调的是，上述非线性 DPS 控制设计要么设计过程过于复杂（如无限维反步法），要么过于苛刻（如基于神经网络逼近的近似动态规划方法）。未来非线性 DPS 控制设计研究的重点在于开发一套概念简单、系统有效的设计方法。

1.4 模糊控制发展概况

二十世纪八十年代中期至今，模糊控制，特别是基于 T-S 模糊模型的模糊控制，为非线性系统提供了一种概念简单、系统有效且具有严格数学分析的系统化设计方法。模糊概念是 Zadeh 教授于 1965 年在其著名论文 *Fuzzy sets* 中首次提出的[48]。模糊集合理论打破了经典集合理论中属于和不属于的绝对界限，通过引入模糊隶属度函数刻画介于属于和不属于中间的情形。之后，在模糊集合的基础上，Zadeh 教授在 1972 年进一步提出了模糊控制的基本概念与基本原理[49]。模糊控制应用先河是由英国学者 Mamdani 于 1974 年开创的，他通过构建模糊控制规则，将模糊控制方法应用于实验室锅炉蒸汽机系统，获得了优于传统 PID 的控制效果[50]。自此模糊控制迅速发展并得到了广泛应用。

常见模糊模型主要有 Mamdani 模糊模型和 T-S 模糊模型两种。Mamdani 模糊模型是在 1974 年由 Mamdani 首次提出的[50]，其主要思想是通过模拟人的思维方式，总结其对复杂对象的认知，对无法建立精确数学模型的复杂对象施加一种基于模糊推理规则的智能控制策略。该模糊模型通常由若干模糊规则构成，模糊规则的前件和后件均为模糊量，具有标准模糊化处理、模糊规则库、模糊推理和去模糊化四个部分。显然，作为一种经典模糊逻辑控制，Mamdani 模糊模型存在两大不足，一是缺乏一套系统而有效的方法来获取知识，只能基于知识或经验获得，费时且难以得到满意的结果；二是缺乏完整的理论体系，难以保证系统稳定性等基本要求。为了使模糊控制器具有适应环境或过程参数变化的能力，并克服由于人的知识与经验获得模糊规则的主观性和局限性，一种可行的方法是采用具有自适应和自学习功能的模糊控制器。但自学习型模糊系统仍是传统模糊系统，为了更精确地逼近系统的复杂动态，会使得这类模糊系统包含十分庞大的模糊规则数。考虑到机械系统具有清晰的机理模型知识，如果这些模型知识能加以有效利用，将有助于提升模糊模型的逼近性能及相应控制性能。为此，T-S 模糊模型应运而生，该模糊模型是由 Takagi 和 Sugeno 于 1985 年提出的[51]，其模型模糊规则前件是模糊量，后件是精确量的线性表达式。与 Mamdani 模糊模型相比，T-S 模糊建模所需的模糊规则数大大减少，有利于信息的系统化表示与运算。该模糊模型的主要思想是通过模糊隶属度函数，将不同规则下的局部线性映射“插值”整合起来，以实现全局非线性映射。已有文献证明：对于定义在任一紧致集上的非线性系统，T-S 模糊模型能实现对其任意精度的逼近[52]。此性质被进一步推广到定义在开集上的非线性抛物型 DPS[54]。

在基于 T-S 模糊模型的非线性控制系统稳定性分析的早期研究中，模糊规则后件是以线性多项式形式呈现的[53,55]。为了进一步利用线性控制系统理论结果，模糊规则后件为状态方程的 T-S 模糊模型在 1999 年被进一步提出[56]。基于 T-S 模糊模型的非线性控制系统分析方法的主要思想：先利用 T-S 模糊模型来精确描述非线性控制系统，然后基于该模糊模型设计模糊控制器，最后通过选择合适的 Lyapunov 函数来分析相应闭环系统的稳定性。运用这一套概念简单、系统化的设计方法，基于 T-S 模糊模型的非线性控制系统设计与分析涌现出大量研究成果[57~64]。针对不确定模糊控制系统，文献 [58] 研究了基于 Lyapunov 直接法的控制设计及其稳定性分析方法，主要包括鲁棒控制、分段控制、H_∞ 控制及模型参考模糊自适应控制等。针对不确定非线性动力系统，文献 [59] 提出了一种基于 Lyapunov 直接法的模糊镇定控制设计方法，并给出了系统镇定的充分条件；文献 [60] 开发了一种基于 T-S 模糊模型的非线性控制策略，以解决具有最优 H_∞ 鲁棒性能的非线性控制系统模糊控制设计问题，并将非线性控制系统的模糊控制设计问题转化为 LMI 求解问题。在文献 [60] 的基础上，结合 T-S 模糊建模方法及 LMI 技术，文献 [61, 62] 进一步研究了非线性控制系统的混合 H_2/H_∞ 控制、模糊跟踪控制问题。

随着模糊控制技术的发展，基于 T-S 模糊模型的非线性控制技术已成功推广到一阶双曲型 DPS[34,65~67,74]、抛物型 DPS[33,68~87] 及时滞非线性抛物型 DPS[88~90] 的模糊控制设计问题中。文献 [68] 将 Galerkin 法和 T-S 模糊建模方法相结合，研究了非线性抛物型 DPS 有限维受限模糊分布控制问题，并应用了奇异摄动理论分析闭环 DPS 的稳定性。在此基础上，文献 [33] 进一步研究了带有控制约束的非线性抛物型 DPS 有限维 H_∞ 模糊控制设计问题。文献 [69] 采用了点控制方式研究非线性抛物型 DPS 有限维 H_∞ 模糊输出反馈控制问题，并结合小增益定理分析了闭环 DPS 的稳定性。然而文献 [33, 68~70] 的研究工作本质上是沿用抛物型 DPS 控制设计的第一种设计思路。为了克服上述抛物型 DPS 有限维模糊控制设计的不足，文献 [65] 在现有 T-S 模糊建模基础上提出了基于 T-S 模糊 PDE 模型的非线性一阶双曲型 DPS 时空模糊建模方法，并基于此时空模糊模型构建了空间连续分布模糊控制策略，利用 Lyapunov 直接法将模糊控制问题转化为空间微分 LMI 可行性问题。在文献 [65] 研究工作的基础上，进一步探讨了非线性一阶双曲型 DPS 受控制约束 H_∞ 分布模糊控制[34]、基于模糊 PDE 观测器的输出反馈保性能模糊控制[66]、静态输出反馈 H_∞ 分布模糊控制[67]，以及非线性抛物型 DPS 指数镇定分布模糊控制[71~73]。文献 [74] 系统地介绍了基于 T-S 模糊 PDE 模型的非线性 DPS 时空模糊建模方法，以及基于 T-S 模糊 PDE 模型的非线性一阶双曲型/抛物型 DPS 空间连续分布模糊控制设计问题。然而文

献 [34,65~67,71~74] 的工作假设执行器连续分布在空间域内，这不仅增加了所提出控制算法的实现难度，还限制了应用范围。为此，文献 [75~87] 进一步探讨了非线性抛物型 DPS 空间离散分布模糊控制设计问题，其中文献 [85~87] 探讨了边界模糊控制设计问题，而文献 [88~90] 讨论了时滞非线性抛物型 DPS 空间离散分布指数镇定控制设计问题。但是上述研究工作仅关注非线性 DPS 模糊镇定控制设计问题。

1.5 跟踪控制发展概况

控制任务大体上可分为两类：镇定和跟踪。在一般情况下，跟踪控制设计问题要难于镇定控制设计问题。跟踪控制设计在生产生活中具有更广泛的应用，主要涉及无人机姿态跟踪控制、机器人位置跟踪控制、伺服电机转速控制、导弹指令跟踪控制等[91~93]。线性系统跟踪控制已获得充分发展并日益成熟[94]。与线性系统相比，非线性系统跟踪控制目标更难实现，虽然已取得了一些有价值的研究成果[95~99]。针对非线性系统，文献 [98] 提出基于广义 T-S 模糊模型的 H_∞ 跟踪控制器驱动非线性系统渐近跟踪给定的参考模型。将积分滑模控制与自适应控制相结合，文献 [99] 提出了一种基于 T-S 模糊模型的非线性系统容错跟踪控制策略，并成功解决了无人船动态定位控制问题。值得注意的是，基于 T-S 模糊模型的非线性系统跟踪控制问题要么假设在全状态已知情形下的非线性模型跟踪[62]，要么将参考输入视为干扰的线性参考模型输出反馈跟踪，并采用鲁棒控制来抑制干扰[61]，这通常会导致系统状态和参考状态之间存在有界跟踪误差。在一些内部状态难以描述或仅有输出需要控制的情形下，很难定义参考模型。对于这类控制任务，模型参考跟踪方法不再适用，需要考虑输出跟踪控制[100]。

输出跟踪控制的主要目的是构建一种适当的控制设计方法，使受控对象的测量输出能够以渐近/指数[101]、有限时间[102] 或固定时间[103,104] 收敛方式跟踪期望参考信号，同时保持受控对象中所有信号有界。关于输出跟踪控制研究，已有很多成熟的控制方法[102~108]，如内模原理[105]、鲁棒自适应控制[102,103]、反步控制[106]、积分控制[107]、自适应强化学习方法[108] 等。针对一类多输入多输出非线性系统，文献 [103] 提出了一种自适应固定时间控制设计方法，解决了具有非对称输出约束的输出跟踪控制问题，文献 [107] 考虑了多输入多输出线性系统输出跟踪控制问题，提出了非线性积分控制设计方法，并证明了在此积分控制驱动下，闭环系统输出能够渐近跟踪设定的参考输入。此外，基于 T-S 模糊模型[51]，文献 [109~113] 提出了一些有效的鲁棒/自适应模糊输出跟踪控制设计方法，可用于本质上未知的、传统方法无法解决的复杂动力学非线性系统输出跟踪控制。具体来说，文献 [109] 将 T-S 模糊建模方法与变结构控制技术相结合，研究了同时存在参数摄动与外部扰动的非线性系统输出跟踪控制问题。针对一类不确定非线性系统，文献 [110] 提出了一种基于输出跟踪误差的自适应模糊控制设计方法，通过理论分析严格证明了闭环系统有界，且输出跟踪误差可收敛到任意规定精度范围内，从而实现了具有状态不可测和完全未知动力学的非线性系统输出跟踪控制目标。但必须指出的是，上述研究结果大都仅针对由 ODE 模型刻画的有限维系统输出跟踪控制问题。

相较有限维系统的跟踪控制，由 PDE 模型描述的 DPS 跟踪控制设计问题更为困难，特别是非线性 DPS。DPS 跟踪控制被广泛应用于工业、生物和经济等领域，如分布式太阳能集热场要求通过调节出口管油温使其达到所需的阶梯状设定温度；在明渠灌溉系统中，要求调节水量使下游水位到达预设值，以防水资源浪费[114]。此外，基于 PDE 系统的跟踪控制策略在其他实际系统中也有广泛应用，如交通流量、热交换器、工业加热炉及管式反应器等。为了充分利用资源或最大程度地提高生产力，要求这些控制系统尽可能达到预设需求。因此，DPS 跟踪控制设计问题在理论和实际应用中是非常重要同时具有挑战性的问题。

关于线性/非线性 PDE 系统的跟踪控制设计方法已经有一些研究进展[22,115~122]。在参考信号和扰动由有限维外系统产生的情况下，文献 [115] 采用扩展的输出调节理论解决了一类输入/输出算子有界的线性抛物型 PDE 系统的跟踪控制设计问题。在文献 [115] 的基础上，针对线性一阶双曲型 PDE[22,116] 和线性抛物型 PDE[117~119] 系统，分别给出了基于核函数的反步设计方案以解决系统鲁棒调节问题，其中参考信号和扰动是由有限维外系统产生的。文献 [22] 提出了基于反步法的状态反馈控制策略来解决一类含空间变系数线性异向双曲系统的鲁棒输出调节问题。文献 [118] 针对具有空间变系数耦合线性抛物型 PDE 系统，开发了一种基于反步法的鲁棒状态反馈调节器以抛物型 PDE 系统的输出调节目标。值得注意的是，文献 [22,115~120] 仅针对线性 PDE 系统跟踪控制开发相应的设计方法。对于非线性 PDE 系统跟踪控制，目前研究成果较少[121,122]。针对一类具有时滞、外部扰动和测量噪声的非线性抛物型 PDE 系统，结合 T-S 模糊 PDE 模型，文献 [121] 提出了一种有限维鲁棒参考跟踪控制设计方法。将变结构控制技术和 T-S 模糊 PDE 模型相结合，文献 [122] 为一类具有匹配扰动的半线性一阶双曲型 DPS 提出了一种模糊输出反馈控制设计方法。最近，结合积分控制和 T-S 模糊 PDE 模型，文献 [123] 探讨了一类具有非同位边界测量的非线性抛物型 DPS 边界输出跟踪控制及其在热连轧轧后冷却过程中的温度调节问题。

1.6 本书主要内容与结构安排

非线性 DPS 控制问题因具有复杂的时空分布和非线性动态特性一直是控制领域的热点和难点，而抛物型 DPS 是一类典型的 DPS。另外，抛物型 DPS 在工程实践中有着广泛的应用前景。因此，非线性抛物型 DPS 控制综合与分析已有许多研究成果。但是通过对现有国内外研究成果进行广泛调研与深入分析，非线性抛物型 DPS 控制研究存在如下问题亟待进一步解决。

（1）对于无限维抛物型 DPS 控制已有大量研究成果，但大多数研究成果集中于抛物型 DPS 镇定控制问题，而对于其跟踪控制问题研究关注较少。与镇定控制问题相比，跟踪控制问题更具有挑战性，尤其是非线性 DPS。

（2）现有对于 DPS 跟踪控制设计方法大多适用于线性 DPS，而非线性 DPS 跟踪控制设计方法较少。如何充分考虑非线性抛物型 DPS 时空分布特点和非线性动态，开发系统、简洁、有效的输出跟踪控制方案，保证输出跟踪期望信号且相应闭环系统状态一致有界，有待进一步深入研究。

（3）大量研究表明，T-S 模糊建模方法可以有效地处理复杂非线性系统分析与控制问题。目前，基于 T-S 模糊模型的模糊控制已成功应用于解决非线性抛物型 DPS 模糊建模与控制设计问题，但是现有研究成果大都集中于指数镇定控制。如何在现有机理模型的基础上，考虑非线性抛物型 DPS 的 T-S 模糊 PDE 建模并开发相应模糊输出跟踪控制设计方法，需要进一步深入研究。

（4）理论研究的真正价值在于指导工程实践。对于实际系统中控制驱动非侵入的情形，要求仅利用边界控制驱动来确保整个无限维系统的稳定且满足跟踪性能，这无疑增加了跟踪控制的设计难度。如何充分考虑非线性抛物型 DPS 的时空变化规律，提供有效且可行的输出跟踪控制设计方法，并将所提出的输出跟踪控制设计方法研究成果应用于解决实际工业过程系统中的跟踪控制问题，检验其实际应用效果并根据实际系统中存在的问题修正理论研究成果，是需要深入探讨的问题。

本书在现有非线性 DPS 时空模糊建模与控制设计方法的基础上，结合分布参数控制理论与跟踪控制理论，研究非线性抛物型 DPS 模糊边界镇定、输出跟踪控制设计与分析方法，并探讨理论研究成果在钢铁行业（如带钢热轧生产线加热炉钢坯再加热温度场调节、轧后层流冷却温度调节）中的应用效果。相关研究工作可为非线性 DPS 设计提供一些新理论、新方法，提升系统性能与品质，并推动模糊控制理论、分布参数控制理论的发展，促进其走向应用。

本书共 6 章，结构安排如图 1.6.1 所示，各章安排与内容如下。

第 1 章从理论价值与实际应用两方面详细介绍了本书的意义所在，并通过对国内外研究现状的分析总结出本课题研究方向存在的一些问题，并简要介绍本书研究内容结构与章节布局。

第 2 章对本书要用到的基础理论知识（如稳定性、分部积分技术、基于观测器的输出反馈控制等）及重要不等式 [包括 Schur 补和向量值庞加莱–温格尔不等式的变种形式 (见引理 2.1)] 进行简要介绍，以便读者更好地理解本书的主要研究工作。这里引入的分部积分技术和向量值庞加莱–温格尔不等式的变种形式被用于克服边界控制导致的控制系统分析困难，而引入基于观测器的输出反馈控制主要用于克服由控制和测量非同位导致的控制设计困难。

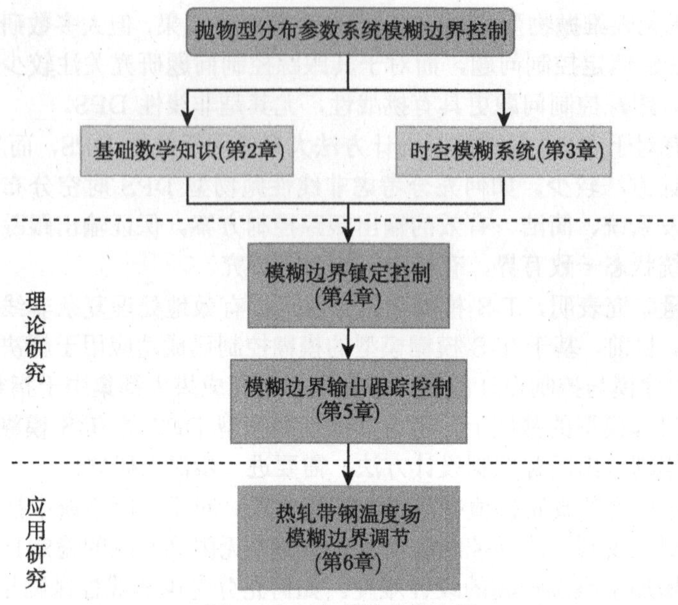

图 1.6.1　本书的结构安排

第 3 章在现有模糊集合的基础上，受融合空间信息的三域模糊集合[136]启发，引入时空模糊集合概念，并在此基础上系统地介绍 Mamdani 和 T-S 两类时空模糊系统，进一步探讨时空模糊系统的逼近性能分析及建模误差量化问题。本章内容将为后续章节的时空模糊控制设计奠定时空模糊模型基础。在后续章节中，本章提出的时空模糊系统用于精确刻画非线性抛物型 DPS 的复杂时空演化动态，以克服非线性动态导致的控制设计困难。

第 4 章针对空间连续状态测量、同位边界状态测量、非同位空间离散状态测量（包括局部分段状态测量和局部点状态测量）及非同位边界状态测量四种不同的状态测量情形，将 Lyapunov 直接法、时空模糊模型、分部积分技术与向量值庞加莱–温格尔不等式的变种形式深度结合，讨论半线性抛物型 DPS 模糊边界镇定控制设计方法。其中针对非同位状态测量情形，引入基于观测器的输出反馈控制，克服由边界控制驱动和局部分段状态测量非同位导致的控制设计困难。本章所提出的模糊边界镇定控制设计方法将非线性抛物型 DPS 局部指数镇定问题转化为受 LMI 约束的可行解问题。该可行解可利用凸优化技术直接求得。

第 5 章在第 4 章的基础上，结合 PID 控制策略及积分控制策略，进一步探讨具有同位、非同位边界状态测量的非线性抛物型 DPS 模糊边界输出跟踪控制设计问题。

第 6 章主要探讨部分理论研究工作（第 5 章）的实际应用，主要涉及带钢热轧生产线加热炉钢坯再加热模糊 PID 温度场调节和带钢轧后层流冷却模糊温度调节，并通过数值仿真展示了所提出模糊跟踪控制算法的工程应用效果。

第 2 章　基础数学知识

本章对后面章节涉及的基本概念与相关理论知识予以简要介绍，主要包括偏微分方程、稳定性理论、基于观测器的输出反馈控制及庞加莱–温格尔不等式的变种形式。

2.1　偏微分方程

定义2.1　*关系式中包含多元未知函数及其偏导数的方程称为偏微分方程。*

考虑到二阶偏微分方程在数学、物理及工程技术中的广泛应用，接下来着重介绍二阶偏微分方程。根据空间微分算子的性质，二阶偏微分方程可分为双曲型、抛物型和椭圆型三类[24]。二阶二元线性偏微分方程及其特征方程[74] 形式为

$$a_{11}y_{zz}(x,t)+a_{12}y_{zt}(x,t)+a_{22}y_{tt}(x,t)+b_1y_z(x,t)+b_2y_t(x,t)+cy(x,t)=f \tag{2.1.1}$$

$$a_{11}\mathrm{d}z^2-a_{12}\mathrm{d}z\mathrm{d}t+a_{22}\mathrm{d}t^2=0 \tag{2.1.2}$$

式中，a_{11}、a_{12}、a_{22}、b_1、b_2、c 与 f 是关于自变量 x 和 t 的函数，方程 (2.1.1) 在平面 (x,t) 上的某一子区域上是连续可微的，且在点 $Z(x_0,t_0)$ 的邻域内可以根据 $\varDelta=a_{12}^2-a_{11}a_{22}$ 的符号分为三类：$\varDelta>0$，方程 (2.1.1) 在点 Z 处为双曲型偏微分方程；$\varDelta=0$ 与 $\varDelta<0$ 分别称为抛物型和椭圆型偏微分方程。为保证其解析解的存在性和唯一性，偏微分方程 (2.1.1) 不仅受限于初始条件，还受限于边界条件。

以一维空间 ($x\in[0,L]$) 为例,偏微分方程的边界条件可分为狄利克雷 (Dirichlet)、纽曼 (Neumann) 和混合 (Robin) 三类。具体而言，针对二阶偏微分方程

$$y_{tt}(x,t)-y_{xx}(x,t)=\sin(y(x,t)) \tag{2.1.3}$$

其边界条件通常有以下三种类型。

第一类狄利克雷边界条件：

$$y(0,t)=y_1(t),\ y(L,t)=y_2(t),\ t\geqslant 0 \tag{2.1.4}$$

式中，函数 $y_1(t)$ 和 $y_2(t)$ 分别表示状态 $y(x,t)$ 在边界 $x=0$ 与 $x=L$ 处的运动规律。

第二类纽曼边界条件：

$$y_x(x,t)|_{x=0}=y_1(t),\ y_x(x,t)|_{x=L}=y_2(t),\ t\geqslant 0 \tag{2.1.5}$$

式中，函数 $y_1(t)$ 和 $y_2(t)$ 分别表示状态 $y(x,t)$ 在边界 $x=0$ 与 $x=L$ 处外法线方向导数的运动规律。

第三类混合边界条件：

$$\left(y_x(x,t)+\bar{k}_1 y(x,t)\right)\big|_{x=0}=y_1(t),\ \left(y_x(x,t)+\bar{k}_2 y(x,t)\right)\big|_{x=L}=y_2(t),\ t\geqslant 0 \tag{2.1.6}$$

式中，函数 $y_1(t)$ 和 $y_2(t)$ 分别表示在边界 $x=0$ 和 $x=L$ 处状态 $y(x,t)$ 和其外法线方向导数线性组合的运动规律；$\bar{k}_1$ 与 $\bar{k}_2$ 为已知函数。

在上述三类边界条件中，若令 $y_1(t)=0$ 且 $y_2(t)=0$，则称上述边界条件为齐次边界条件，否则称为非齐次边界条件。

2.2　稳定性理论

在有限维系统状态空间中，向量范数是等价的。因此，在不同向量范数意义下的指数稳定定义也是等价的。而对于无限维系统，在泛函空间中范数是不等价的，因此其指数稳定定义缺乏一般性。因此，本节给出 DPS 在 $\|\cdot\|_2$ 范数意义下的指数稳定性定义。在介绍稳定性的相关概念之前，考虑一个简单抛物型 DPS，其系统模型如下：

$$\boldsymbol{y}_t(x,t)=\boldsymbol{\Theta}\boldsymbol{y}_{xx}(x,t)+\boldsymbol{f}(\boldsymbol{y}(x,t)),\ t>0,\ x\in(0,L) \tag{2.2.1}$$

受限于纽曼边界条件

$$\boldsymbol{y}_x(x,t)|_{x=0}=0,\ \boldsymbol{y}(x,t)|_{x=L}=\boldsymbol{u}(t),\ t>0 \tag{2.2.2}$$

和初始条件

$$\boldsymbol{y}(x,0)=\boldsymbol{y}_0(x),\ x\in[0,L] \tag{2.2.3}$$

式中，$\boldsymbol{y}(\cdot,t)\in\mathcal{H}^n([0,L])$ 和 $\boldsymbol{u}(t)\in\Re^n$ 分别表示状态和边界控制输入；$x\in[0,L]\subset\Re$ 和 $t\in[0,\infty)$ 分别表示空间和时间；$0<\boldsymbol{\Theta}\in\Re^{n\times n}$ 是给定的常数矩阵；$\boldsymbol{f}(\boldsymbol{y}(x,t))$ 是关于 $\boldsymbol{y}(x,t)$ 连续可微的非线性函数且满足 $\boldsymbol{f}(0)=0$；$\boldsymbol{y}_0(x)$ 是初值。

以下定义给出了当 $\boldsymbol{u}(t)=0$ 时，半线性抛物型 DPS(2.2.1)~(2.2.3) 在 $\|\cdot\|_2$ 范数意义下的指数稳定性定义。

定义2.2[85] 当 $\boldsymbol{u}(t)=0$ 时，若存在两个常数 $\delta_1\geqslant 1$ 和 $\rho_1\geqslant 0$，使得

$$\|\boldsymbol{y}(\cdot,t)\|_2^2\leqslant\delta_1\|\boldsymbol{y}_0(\cdot)\|_2^2\exp(-\rho_1 t),\ \forall t\geqslant 0$$

成立，则称系统 (2.2.1)~(2.2.3) 是指数稳定的。

定义2.3[85] 当 $\boldsymbol{u}(t)=0$ 时，若存在常数 $\delta_2\geqslant 1$，$\rho_2\geqslant 0$ 及 $\kappa_1>0$，$\kappa_2>0$，使得

$$\|\boldsymbol{y}(\cdot,t)\|_2^2\leqslant\delta_2\left(\|\boldsymbol{y}_0(\cdot)\|_2^2-\kappa_1\right)\exp(-\rho_2 t)+\kappa_2$$

成立，则称系统 (2.2.1)~(2.2.3) 是实用指数稳定的。

定理2.1(Lyapunov 直接法–指数稳定性定理) 设 $\boldsymbol{y}(\cdot,t)\in D$ 为系统 (2.2.1)~(2.2.3) 的状态向量（D 是定义在 $\mathcal{H}^2([0,L])$ 上包含平衡态 $\boldsymbol{y}(\cdot,t)=0$ 的一个开子集）。对于 $\forall\boldsymbol{y}(\cdot,t)\in D$，设连续可微函数 $V(t)\geqslant 0$ 及其导数满足

$$k_1\|\boldsymbol{y}(\cdot,t)\|_2^2\leqslant V(t)\leqslant k_2\|\boldsymbol{y}(\cdot,t)\|_2^2 \tag{2.2.4}$$

$$\dot{V}(t)\leqslant -k_3\|\boldsymbol{y}(\cdot,t)\|_2^2 \tag{2.2.5}$$

式中，若 k_1、k_2、k_3 为正常数，则称系统 (2.2.1)~(2.2.3) 是指数稳定的。

证明：根据式 (2.2.4) 和式 (2.2.5)，可知 $V(t)$ 满足微分不等式

$$\dot{V}(t)\leqslant -\frac{k_3}{k_2}V(t)$$

进一步得

$$V(t)\leqslant V(0)\exp\left(-\frac{k_3}{k_2}t\right)$$

由式 (2.2.4) 可得

$$\|\boldsymbol{y}(\cdot,t)\|_2^2\leqslant\frac{k_2}{k_1}\|\boldsymbol{y}_0(\cdot)\|_2^2\exp\left(-\frac{k_3}{k_2}t\right)$$

因此，系统 (2.2.1)~(2.2.3) 是指数稳定的。

定理 2.2 (Lyapunov 直接法–实用指数稳定性定理) 设 $\boldsymbol{y}(\cdot,t)\in D$ 为系统 (2.2.1)~(2.2.3) 的状态向量（D 是定义在 $\mathcal{H}^2([0,L])$ 上包含平衡态 $\boldsymbol{y}(\cdot,t)=0$ 的一个开子集）。对于 $\forall\boldsymbol{y}(\cdot,t)\in D$，设连续可微函数 $V(t)\geqslant 0$ 及其导数满足

$$d_1\|\boldsymbol{y}(\cdot,t)\|_2^2\leqslant V(t)\leqslant d_2\|\boldsymbol{y}(\cdot,t)\|_2^2 \tag{2.2.6}$$

$$\dot{V}(t)\leqslant -d_3\|\boldsymbol{y}(\cdot,t)\|_2^2+\iota \tag{2.2.7}$$

式中，若 d_1、d_2、d_3 为正常数，则称系统 (2.2.1)~(2.2.3) 是实用指数稳定的。

证明：根据式 (2.2.6) 和式 (2.2.7)，可知 $V(t)$ 满足微分不等式

$$\dot{V}(t) \leqslant -\frac{d_3}{d_2}V(t) + \iota$$

进一步得

$$V(t) \leqslant \left(V(0) - \frac{\iota d_2}{d_3}\right)\exp\left(-\frac{d_3}{d_2}t\right) + \frac{\iota d_2}{d_3}$$

由式 (2.2.6) 可得

$$\|\boldsymbol{y}(\cdot,t)\|_2^2 \leqslant \frac{d_2}{d_1}\left(\|\boldsymbol{y}(\cdot,0)\|_2^2 - \frac{\iota}{d_3}\right)\exp\left(-\frac{d_3}{d_2}t\right) + \frac{\iota d_2}{d_1 d_3}$$

因此，系统 (2.2.1)~(2.2.3) 是实用指数稳定的。

在后面章节探讨基于 Lyapunov 直接法的 DPS 稳定性分析时还将用到分部积分技术。

定理2.3(分部积分技术)[124]　设 $u = u(x)$ 和 $v = v(x)$ 是两个关于 x 的函数，各自有连续导数 $\dfrac{\mathrm{d}u(x)}{\mathrm{d}x}$ 和 $\dfrac{\mathrm{d}v(x)}{\mathrm{d}x}$ 且 $\displaystyle\int \frac{\mathrm{d}u(x)}{\mathrm{d}x}v(x)\mathrm{d}x$ 存在，根据函数乘积求微分法则，$\displaystyle\int u(x)\frac{\mathrm{d}v(x)}{\mathrm{d}x}\mathrm{d}x$ 存在，那么可得分部积分技术公式为

$$\int u(x)\frac{\mathrm{d}v(x)}{\mathrm{d}x}\mathrm{d}x = u(x)v(x) - \int \frac{\mathrm{d}u(x)}{\mathrm{d}x}v(x)\mathrm{d}x$$

2.3　基于观测器的输出反馈控制

考虑如下形式的有限维线性系统：

$$\dot{\boldsymbol{x}}(t) = \boldsymbol{A}\boldsymbol{x}(t) + \boldsymbol{B}\boldsymbol{u}(t),\ t > 0,\ \boldsymbol{x}(0) = \boldsymbol{x}_0 \tag{2.3.1}$$

式中，$\boldsymbol{x}(t) \in \Re^n$ 和 $\boldsymbol{u}(t) \in \Re^m$ 分别为系统状态和控制输入；$\boldsymbol{A} \in \Re^{n\times n}$ 和 $\boldsymbol{B} \in \Re^{n\times m}$ 分别为系统矩阵和控制输入矩阵；$\boldsymbol{x}_0$ 为系统初值。在全状态信息 $\boldsymbol{x}(t)$ 完全可用于反馈的假设下，状态反馈控制 $\boldsymbol{u}(t) = \boldsymbol{K}\boldsymbol{x}(t)$($\boldsymbol{K} \in \Re^{m\times n}$ 是控制增益) 是系统 (2.3.1) 的最佳选择。然而，在许多实际控制系统中，通常仅有测量输出信息 $\boldsymbol{y}(t) \in \Re^p$ 可用于反馈，$\boldsymbol{y}(t) = \boldsymbol{C}\boldsymbol{x}(t)$，其中 $\boldsymbol{C} \in \Re^{p\times n}$ 为测量输出矩阵。由于静态输出反馈控制的能力有限，如下形式的基于观测器的输出反馈控制更有实际意义：

$$\boldsymbol{u}(t) = \boldsymbol{K}\hat{\boldsymbol{x}}(t),\ t > 0 \tag{2.3.2}$$

式中，$\boldsymbol{K}\in\Re^{m\times n}$ 为控制增益；估计状态 $\hat{\boldsymbol{x}}(t)$ 受限于如下观测器方程[125]：

$$\begin{cases}\dot{\hat{\boldsymbol{x}}}(t)=\boldsymbol{A}\hat{\boldsymbol{x}}(t)+\boldsymbol{B}\boldsymbol{u}(t)+\boldsymbol{L}[\boldsymbol{y}(t)-\hat{\boldsymbol{y}}(t)],t>0,\ \hat{\boldsymbol{x}}(0)=\hat{\boldsymbol{x}}_0\\ \hat{\boldsymbol{y}}(t)=\boldsymbol{C}\hat{\boldsymbol{x}}(t),t>0\end{cases}\tag{2.3.3}$$

这里 $\hat{\boldsymbol{x}}(t)\in\Re^n$ 和 $\hat{\boldsymbol{y}}(t)\in\Re^p$ 分别为观测器状态和输出；$\boldsymbol{L}\in\Re^{n\times p}$ 为观测器增益。$[\boldsymbol{y}(t)-\hat{\boldsymbol{y}}(t)]$ 为输出校正项。$\hat{\boldsymbol{x}}_0$ 为观测器初值。显然，式 (2.3.2) 和式 (2.3.3) 给出了一种在线估计状态的动态输出反馈控制律。

基于观测器的输出反馈控制律 (2.3.2) 和 (2.3.3) 是通过分离原理构建的。在基于观测器的输出反馈控制设计中，观测器设计是重点。常用的观测器是龙伯格观测器 [见式 (2.3.3)]，它是以保证观测器误差 $(\boldsymbol{x}(t)-\hat{\boldsymbol{x}}(t))$ 稳定或渐近/指数/有限时间稳定为出发点进行设计的。尽管经典的基于龙伯格观测器的输出反馈控制律 (2.3.2) 和 (2.3.3) 是针对有限维系统 (2.3.1) 提出的，但此类控制器也已被推广到 DPS，用于解决其反馈控制问题[33, 40, 66, 69, 70, 73]。不同于现有大部分研究工作引入该类基于观测器的输出反馈控制，目的是解决仅有测量输出信息可用于反馈情形的控制设计，本书将应用基于观测器的输出反馈控制，以克服由执行器与传感器非同位导致的 DPS 控制设计困难。与有限维龙伯格观测器不同，在无限维龙伯格观测器中，输出校正项可添加到 PDE 模型及其边界条件。

考虑如下线性抛物型标量 PDE 模型：

$$\begin{cases}y_t(x,t)=y_{xx}(x,t)+\eta y(x,t),x\in(0,1),\ t>0\\ y_x(x,t)|_{x=0}=0,\ y_x(x,t)|_{x=1}=u(t),t>0\\ y(x,0)=y_0(x),x\in[0,1]\end{cases}\tag{2.3.4}$$

式中，$y(\cdot,t)\in\mathcal{H}([0,L])$、$\eta\in\Re$ 和 $u(t)\in\Re$ 分别为 PDE 模型的状态、反应系数和控制输入。在 PDE 模型 (2.3.4) 中，控制驱动作用在空间域 $[0,1]$ 的边界 $x=1$ 上。针对上述线性标量 PDE 模型，分别选择如下两种边界测量输出 $y_{\text{out}}(t)\in\Re$。

情形 I：同位边界测量

$$y_{\text{out}}(t)=y(1,t),\ t>0\tag{2.3.5}$$

测量传感器的布放位置与执行器相同（边界 $x=1$），显然控制驱动和传感测量是同位的。

情形 II：非同位边界测量

$$y_{\text{out}}(t)=y(0,t),\ t>0\tag{2.3.6}$$

测量传感器的布放位置在 $[0,1]$ 的另一个边界 $x=0$ 上，显然控制驱动和传感测量是非同位的。

在静态输出反馈控制框架下，可设计如下形式的静态输出反馈控制律：

$$u(t)=-ky_{\mathrm{out}}(t) \tag{2.3.7}$$

式中，$k\in\Re$ 是控制增益。在控制律 (2.3.7) 的作用下，相应闭环 PDE 系统为

$$\begin{cases} y_t(x,t)=y_{xx}(x,t)+\eta y(x,t), x\in(0,1), t>0 \\ y_x(x,t)|_{x=0}=0,\ y_x(x,t)|_{x=1}=-ky_{\mathrm{out}}(t), t>0 \\ y(x,0)=y_0(x), x\in[0,1] \end{cases} \tag{2.3.8}$$

在能量函数 $E(t)=0.5\int_0^1 y^2(x,t)\mathrm{d}x$ 的作用下，闭环 PDE 系统的能量变化为

$$\begin{aligned} \dot{E}(t)&=\int_0^1 y(x,t)y_t(x,t)\mathrm{d}x \\ &=\int_0^1 y(x,t)y_{xx}(x,t)\mathrm{d}x+\eta\int_0^1 y^2(x,t)\mathrm{d}x \\ &=-ky(1,t)y_{\mathrm{out}}(t)-\int_0^1 y_x^2(x,t)\mathrm{d}x+\eta\int_0^1 y^2(x,t)\mathrm{d}x \end{aligned} \tag{2.3.9}$$

第二个等式推导用到了如下事实：

$$\int_0^1 y(x,t)y_{xx}(x,t)\mathrm{d}x=-ky(1,t)y_{\mathrm{out}}(t)-\int_0^1 y_x^2(x,t)\mathrm{d}x$$

这是利用分部积分技术并考虑闭环 PDE 系统 (2.3.8) 的边界条件得到的。观察式 (2.3.9) 可以发现，针对同位边界测量 (2.3.5)，式 (2.3.9) 可改写为

$$\dot{E}(t)=-ky^2(1,t)-\int_0^1 y_x^2(x,t)\mathrm{d}x+\eta\int_0^1 y^2(x,t)\mathrm{d}x \tag{2.3.10}$$

由于存在二次型 $-ky^2(1,t)$，因此相应闭环 PDE 系统的能量变化是耗散的（理论上存在充分大的控制增益 k，使得 $\dot{E}(t)<0$）。但是针对非同位边界测量 (2.3.6)，式 (2.3.9) 可改写为

$$\dot{E}(t)=-ky(0,t)y(1,t)-\int_0^1 y_x^2(x,t)\mathrm{d}x+\eta\int_0^1 y^2(x,t)\mathrm{d}x \tag{2.3.11}$$

由于存在非二次型 $-ky(0,t)y(1,t)$，因此相应闭环 PDE 系统的能量变化是非耗散的。通常非耗散系统性能分析是具有一定难度的。

为解决具有非同位边界测量 (2.3.6) 的 PDE 模型 (2.3.4) 控制设计问题，在基于观测器的输出反馈控制框架下，构建如下基于 PDE 观测器的反馈控制律：

$$u(t) = -k\hat{y}(0,t),\ t > 0 \tag{2.3.12}$$

式中，$k \in \Re$ 是控制增益；$\hat{y}(0,t)$ 是估计状态 $\hat{y}(x,t)$ 在边界 $x=1$ 处的取值，其时空演化动态受限于如下 PDE 观测器：

$$\begin{cases} \hat{y}_t(x,t) = \hat{y}_{xx}(x,t) + \eta\hat{y}(x,t) + l(x)[y_{\text{out}}(t) - \hat{y}_{\text{out}}(t)],\ x \in (0,1),\ t > 0 \\ \hat{y}_x(x,t)|_{x=0} = l_0[y_{\text{out}}(t) - \hat{y}_{\text{out}}(t)],\ \hat{y}_x(x,t)|_{x=1} = u(t),\ t > 0 \\ \hat{y}(x,0) = \hat{y}_0(x),\ x \in [0,1] \end{cases} \tag{2.3.13}$$

式中，$l(x)$ 和 l_0 是观测增益参数；观测器输出 $\hat{y}_{\text{out}}(t) = \hat{y}(0,t)$。

此外，反馈控制律 (2.3.12) 也可替换为如下形式：

$$u(t) = -k\int_0^1 \hat{y}(x,t)\mathrm{d}x,\ t > 0 \tag{2.3.14}$$

式中，估计状态 $\hat{y}(x,t)$ 受限于 PDE 观测器 (2.3.13)。第 5 章结合 T-S 模糊控制技术，针对一类非线性抛物型 DPS 提出了基于模糊观测器的模糊输出反馈控制策略。

注 2.1 针对同位边界测量 (2.3.5)，文献 [126] 指出了相对于静态输出的反馈控制策略，基于观测器的输出反馈控制策略对测量干扰具有更好的鲁棒性，这是因为观测器环节的存在隔绝了测量干扰对控制信号的直接影响。

2.4 庞加莱–温格尔不等式的变种形式

本节将介绍后续章节要用到的加权向量值庞加莱–温格尔不等式的变种形式。以下著名的庞加莱–温格尔不等式 [127] 是针对标量 $z(\cdot) \in \mathcal{W}^{1,2}((0,L);\Re)$ 给出的：

$$\int_0^L (z(x) - \text{avg}(z))^2 \mathrm{d}x \leqslant \frac{L^2}{\pi^2}\int_0^L \left(\frac{\mathrm{d}z(x)}{\mathrm{d}x}\right)^2 \mathrm{d}x \tag{2.4.1}$$

式中，$\text{avg}(z) \triangleq \dfrac{1}{L}\displaystyle\int_0^L z(x)\mathrm{d}x$。在不等式 (2.4.1) 的基础上，结合定积分性质（如叠加性、积分中值定理）和对称正定矩阵分解技术，引理 2.1 针对多变量 $\boldsymbol{z}(\cdot) \in$

$\mathcal{W}^{1,2}((0,L);\Re^n)$ 的加权向量值型 $\int_0^L (\boldsymbol{z}(x)-\boldsymbol{z}_l)^{\mathrm{T}}\boldsymbol{W}(\boldsymbol{z}(x)-\boldsymbol{z}_l)\mathrm{d}x$，其中

$$\boldsymbol{z}_l \triangleq \begin{cases} \boldsymbol{z}(0)\text{或}\boldsymbol{z}(L) \\ \boldsymbol{z}(\hat{l}), \hat{l}\in(0,L) \\ \dfrac{\int_{l_1}^{l_2}\boldsymbol{z}(x)\mathrm{d}x}{l_2-l_1}, [l_1,l_2]\subset[0,L] \\ L^{-1}\int_0^L \boldsymbol{z}(x)\mathrm{d}x \end{cases}$$

且 $0\leqslant \boldsymbol{W}\in\Re^{n\times n}$，分别给出了相应的积分不等式的变种形式，具体参见积分不等式 (2.4.2)。

引理2.1(加权向量值庞加莱–温格尔不等式的变种形式)[86]　设对于任意矩阵 $0\leqslant \boldsymbol{W}\in\Re^{n\times n}$ 和 $\boldsymbol{z}(\cdot)\in\mathcal{W}^{1,2}((0,L);\Re^n)$，都满足

$$\int_0^L (\boldsymbol{z}(x)-\boldsymbol{z}_l)^{\mathrm{T}}\boldsymbol{W}(\boldsymbol{z}(x)-\boldsymbol{z}_l)\mathrm{d}x \leqslant \frac{4\mu^2}{\pi^2}\int_0^L \left(\frac{\mathrm{d}\boldsymbol{z}(x)}{\mathrm{d}x}\right)^{\mathrm{T}}\boldsymbol{W}\left(\frac{\mathrm{d}\boldsymbol{z}(x)}{\mathrm{d}x}\right)\mathrm{d}x \tag{2.4.2}$$

式中

$$\mu\triangleq\begin{cases} L^2, \boldsymbol{z}_l\triangleq\boldsymbol{z}(0)\ \text{或}\ \boldsymbol{z}_l\triangleq\boldsymbol{z}(L) \\ \max\{\hat{l}^2,(L-\hat{l})^2\}, \boldsymbol{z}_l\triangleq\boldsymbol{z}(\hat{l}), \hat{l}\in(0,L) \\ \max\{l_2^2,(L-l_1)^2\}, \boldsymbol{z}_l\triangleq\dfrac{\int_{l_1}^{l_2}\boldsymbol{z}(x)\mathrm{d}x}{l_2-l_1}, [l_1,l_2]\subset[0,L] \\ 0.25L^2, \boldsymbol{z}_l\triangleq L^{-1}\int_0^L\boldsymbol{z}(x)\mathrm{d}x \end{cases}$$

证明：证明部分包含四个部分。

（1）对于 $\boldsymbol{z}_l\triangleq\boldsymbol{z}(0)$ 的情况，不等式 (2.4.2) 由 $\bar{\boldsymbol{z}}(x)\triangleq\boldsymbol{z}(x)-\boldsymbol{z}_l$，温格尔不等式[128]，$\bar{\boldsymbol{z}}(0)=0$，$\mathrm{d}\bar{\boldsymbol{z}}(x)/\mathrm{d}x=\mathrm{d}\boldsymbol{z}(x)/\mathrm{d}x$ 推出；对于 $\boldsymbol{z}_l\triangleq\boldsymbol{z}(L)$ 的情况，可以类似地推导出不等式 (2.4.2)。

（2）对于 $\boldsymbol{z}_l\triangleq\boldsymbol{z}(\hat{l}), \hat{l}\subset(0,L)$ 的情况，不等式 (2.4.2) 很容易通过以下表达式得到

$$\begin{aligned}\int_0^L (\boldsymbol{z}(x)-\boldsymbol{z}_l)^{\mathrm{T}}\boldsymbol{W}(\boldsymbol{z}(x)-\boldsymbol{z}_l)\mathrm{d}x &= \int_0^{\hat{l}}(\boldsymbol{z}(x)-\boldsymbol{z}(\hat{l}))^{\mathrm{T}}\boldsymbol{W}(\boldsymbol{z}(x)-\boldsymbol{z}(\hat{l}))\mathrm{d}x \\ &\leqslant 4\hat{l}^2\pi^{-2}\int_0^{\hat{l}}(\mathrm{d}\boldsymbol{z}(x)/\mathrm{d}x)^{\mathrm{T}}\boldsymbol{W}(\mathrm{d}\boldsymbol{z}(x)/\mathrm{d}x)\,\mathrm{d}x+\end{aligned}$$

$$4(L-\hat{l})^2\pi^{-2}\int_{\hat{l}}^{L}(\mathrm{d}\boldsymbol{z}(x)/\mathrm{d}x)^{\mathrm{T}}\boldsymbol{W}(\mathrm{d}\boldsymbol{z}(x)/\mathrm{d}x)\,\mathrm{d}x \tag{2.4.3}$$

（3）对于 $\boldsymbol{z}_l \triangleq \dfrac{\int_{l_1}^{l_2}\boldsymbol{z}(x)\mathrm{d}x}{(l_2-l_1)}, [l_1,l_2]\subset[0,L]$ 的情况，不等式 (2.4.2) 由文献 [78] 中引理 2 的证明得到。

（4）对于 $\boldsymbol{z}_l \triangleq L^{-1}\int_0^L \boldsymbol{z}(x)\mathrm{d}x$ 的情况，不等式 (2.4.2) 由文献 [127] 中引理 1 和矩阵特征分解导出。

注2.2 对于 $\boldsymbol{z}_l \triangleq \boldsymbol{z}(0)$ 或 $\boldsymbol{z}_l \triangleq \boldsymbol{z}(L)$ 的情况，不等式 (2.4.2) 是在文献 [76,77] 中报道的。虽然不等式 (2.4.2) 的形式不同于文献 [78] 中的引理 2（针对时空向量建立），但对于 $\boldsymbol{z}_l \triangleq \dfrac{\int_{l_1}^{l_2}\boldsymbol{z}(x)\mathrm{d}x}{l_2-l_1}, [l_1,l_2]\subset[0,L]$ 的情况，引理 2.1 本质上与文献 [78] 中的引理 2 相同。

下面介绍 Schur 补引理，这是一种将非线性矩阵不等式转化为 LMI 的有效方法。

引理2.2 (Schur 补)[129] 设给定矩阵 $\boldsymbol{S}\in\Re^{n\times n}$ 且

$$\boldsymbol{S}\triangleq\begin{bmatrix}\boldsymbol{S}_{11} & \boldsymbol{S}_{12}\\ \boldsymbol{S}_{21} & \boldsymbol{S}_{22}\end{bmatrix}$$

式中，假设 $r\times r$ 维矩阵 $\boldsymbol{S}_{11}$ 非奇异，则称 $\boldsymbol{S}_{22}-\boldsymbol{S}_{21}\boldsymbol{S}_{11}^{-1}\boldsymbol{S}_{12}$ 为 $\boldsymbol{S}_{11}$ 在 $\boldsymbol{S}$ 中的 Schur 补。以下三个条件是等价的。

(1) $\boldsymbol{S}<0$。

(2) $\boldsymbol{S}_{11}<0$，$\boldsymbol{S}_{22}-\boldsymbol{S}_{12}^{\mathrm{T}}\boldsymbol{S}_{11}^{-1}\boldsymbol{S}_{12}<0$。

(3) $\boldsymbol{S}_{22}<0$，$\boldsymbol{S}_{11}-\boldsymbol{S}_{12}\boldsymbol{S}_{11}^{-1}\boldsymbol{S}_{12}^{\mathrm{T}}<0$。

2.5 本章小结与文献说明

本章简要介绍了本书后续章节非线性抛物型 DPS 闭环性能分析所用到的 PDE 理论、稳定性理论、基于观测器的输出反馈控制及不等式技术，其中 PDE 理论部分详细论述参见文献 [74,130]，稳定性理论部分叙述参考了文献 [131]。

第 3 章　时空模糊系统

传统模糊系统，其模糊集合是由变量 (时间域) 与隶属度构成的二维信息集合 [见图 3.1.1(a)]，仅能刻画时间维度不确定问题。本书要解决的是具有显著空间分布特点的非线性 DPS 时空模糊控制设计问题，这本质上是一类时空不确定问题。为有效处理这一时空不确定问题，本章引入了一套建立在时空模糊集合基础上的时空模糊系统理论。

3.1　时空模糊集合

高维空间时空模糊集合，又称融合空间信息的三域模糊集合，主要由时空变量 (时间 + 空间)、隶属度及高维空间域构成。图 3.1.1(b) 给出了一维空间时空模糊集合。在传统模糊集合的基础上，增加了表征空间信息的第三域，这为高维空间时空不确定信息的表征和处理奠定了理论基础。

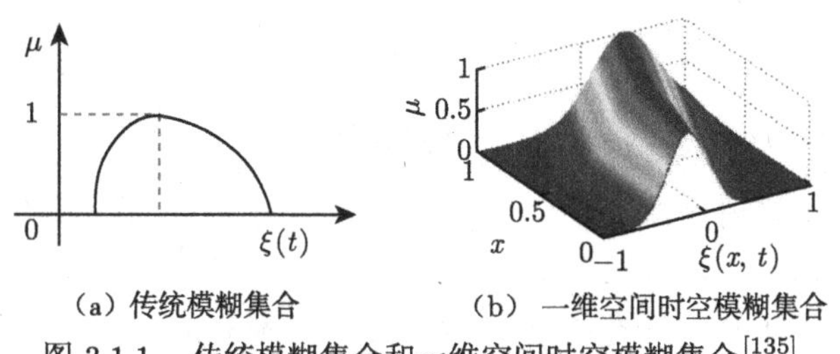

(a) 传统模糊集合　　(b) 一维空间时空模糊集合

图 3.1.1　传统模糊集合和一维空间时空模糊集合[135]

令论域 $\varUpsilon$ 是一个定义在实可分希尔伯特空间上的开集。

定义3.1(高维空间时空模糊集合)　在论域 $\varUpsilon$ 和高维空间 $X \subset \Re^N$ 上，时空模糊集合 $\bar{V}$ 可由下式表示：

$$\bar{V} \triangleq \{ ((\xi(\bar{\boldsymbol{x}},t),\bar{\boldsymbol{x}}),\mu_{\bar{V}}(\xi,\bar{\boldsymbol{x}}) | \forall \xi(\bar{\boldsymbol{x}},t) \in \varUpsilon, \bar{\boldsymbol{x}} \in X \}$$

式中，$\mu_{\bar{V}}(\xi,\bar{\boldsymbol{x}})$ 是 ξ 与 $\bar{\boldsymbol{x}} \triangleq [\ x_1 \quad x_2 \quad \cdots \quad x_N\ ]^{\mathrm{T}} \in \Re^N$ 有关的空间隶属度，且 $0 \leqslant \mu_{\bar{V}}(\xi,\bar{\boldsymbol{x}}) \leqslant 1$。

当论域 Υ 和空间 X 均连续时，通常 $\bar{V}$ 可写成

$$\bar{V} = \prod_{\bar{x}\in X}\prod_{\xi\in\Upsilon}\mu_{\bar{V}}(\xi,\bar{\boldsymbol{x}})/(\xi,\bar{\boldsymbol{x}})$$

式中，$\prod\prod$ 表示 Υ 和 X 上隶属度为 $\mu_{\bar{V}}(\xi,\bar{\boldsymbol{x}})$ 的所有连续点 ξ 与 $\bar{\boldsymbol{x}}$ 的集合。

当论域 Υ 和空间 X 均离散时，通常 $\bar{V}$ 可写成

$$\bar{V} = \sum_{\bar{x}\in X}\sum_{\xi\in\Upsilon}\mu_{\bar{V}}(\xi,\bar{\boldsymbol{x}})/(\xi,\bar{\boldsymbol{x}})$$

式中，$\sum\sum$ 表示 Υ 和 X 上隶属度为 $\mu_{\bar{V}}(\xi,\bar{\boldsymbol{x}})$ 的所有离散点 ξ 与 $\bar{\boldsymbol{x}}$ 的集合。

注 3.1 当 $N=1$ 时，本章所定义的高维空间时空模糊集合将退化为文献 [135,136] 中所定义的一维空间三域模糊集合。进一步，如果令 $N=0$，那么高维空间时空模糊集合将退化为文献 [132~134] 所讨论的传统模糊集合。

3.2 逻辑运算法则

根据 3.1 节定义的高维空间时空模糊集合，本节给出时空模糊集合的基本逻辑运算法则，包括相等、包含、并、交、补。为此，假设有如下两个时空模糊集合

$$\bar{V}_1 \triangleq \{(\xi,\bar{\boldsymbol{x}}),\mu_{\bar{V}_1}(\xi,\bar{\boldsymbol{x}})|\,\forall\xi\in\Upsilon,\bar{\boldsymbol{x}}\in X\}$$

和

$$\bar{V}_2 \triangleq \{(\xi,\bar{\boldsymbol{x}}),\mu_{\bar{V}_2}(\xi,\bar{\boldsymbol{x}})|\,\forall\xi\in\Upsilon,\bar{\boldsymbol{x}}\in X\}$$

定义 3.2 如果对于所有 $\xi\in\Upsilon$ 和 $\bar{\boldsymbol{x}}\in X$，都有 $\mu_{\bar{V}_1}(\xi,\bar{\boldsymbol{x}})=\mu_{\bar{V}_2}(\xi,\bar{\boldsymbol{x}})$ 成立，那么 $\bar{V}_1$ 和 $\bar{V}_2$ 相等，即 $\bar{V}_1=\bar{V}_2$。

定义 3.3 如果对于所有 $\xi\in\Upsilon$ 和 $\bar{\boldsymbol{x}}\in X$，都有 $\mu_{\bar{V}_1}(\xi,\bar{\boldsymbol{x}})\leqslant\mu_{\bar{V}_2}(\xi,\bar{\boldsymbol{x}})$ 成立，那么 $\bar{V}_1$ 包含 $\bar{V}_2$，即 $\bar{V}_1\subset\bar{V}_2$。

定义 3.4 两个时空模糊集合 $\bar{V}_1$ 和 $\bar{V}_2$ 的并运算可由下式给出

$$\bar{V}_1\cup\bar{V}_2 \triangleq \{(\xi,\bar{\boldsymbol{x}}),\mu_{\bar{V}_1\cup\bar{V}_2}(\xi,\bar{\boldsymbol{x}})|\,\forall\xi\in\Upsilon,\bar{\boldsymbol{x}}\in X\}$$

式中，$\mu_{\bar{V}_1\cup\bar{V}_2}(\xi,\bar{\boldsymbol{x}})\triangleq S(\mu_{\bar{V}_1}(\xi,\bar{\boldsymbol{x}}),\mu_{\bar{V}_2}(\xi,\bar{\boldsymbol{x}}))$，且 $S(\cdot,\cdot)$ 是任意 S-norm/T-conorm 算子。

定义 3.5 两个时空模糊集合 $\bar{V}_1$ 和 $\bar{V}_2$ 的交运算可由下式给出

$$\bar{V}_1\cap\bar{V}_2 \triangleq \{(\xi,\bar{\boldsymbol{x}}),\mu_{\bar{V}_1\cap\bar{V}_2}(\xi,\bar{\boldsymbol{x}})|\,\forall\xi\in\Upsilon,\bar{\boldsymbol{x}}\in X\}$$

式中，$\mu_{\bar{V}_1\cap\bar{V}_2}(\xi,\bar{\boldsymbol{x}})\triangleq T(\mu_{\bar{V}_1}(\xi,\bar{\boldsymbol{x}}),\mu_{\bar{V}_2}(\xi,\bar{\boldsymbol{x}}))$，且 $T(\cdot,\cdot)$ 是任意 T-norm 算子。

定义3.6 时空模糊集合 $\bar{V}_1$ 的补运算可由下式给出

$$\bar{\bar{V}}_1 \triangleq \left\{ (\xi, \bar{\boldsymbol{x}}), \mu_{\bar{\bar{V}}_1}(\xi, \bar{\boldsymbol{x}}) \middle| \forall \xi \in \Upsilon, \bar{\boldsymbol{x}} \in X \right\}$$

式中，$\mu_{\bar{\bar{V}}_1}(\xi, \bar{\boldsymbol{x}}) = 1 - \mu_{\bar{V}_1}(\xi, \bar{\boldsymbol{x}})$。

注3.2 类似传统模糊集合，时空模糊集合的并和交运算也可借助

$$\mu_{\bar{V}_1 \cup \bar{V}_2}(\xi, \bar{\boldsymbol{x}}) \triangleq \max\left\{\mu_{\bar{V}_1}(\xi, \bar{\boldsymbol{x}}), \mu_{\bar{V}_2}(\xi, \bar{\boldsymbol{x}})\right\}$$

和

$$\mu_{\bar{V}_1 \cap \bar{V}_2}(\xi, \bar{\boldsymbol{x}}) \triangleq \min\left\{\mu_{\bar{V}_1}(\xi, \bar{\boldsymbol{x}}), \mu_{\bar{V}_2}(\xi, \bar{\boldsymbol{x}})\right\}$$

算子重新定义。

3.3 模糊关系、模糊规则与模糊推理

模糊关系是模糊集合理论的重要概念之一，用于刻画两个或多个模糊集合中元素之间存在或不存在关联或交互的程度。一组经典集合 $\Upsilon_1, \Upsilon_2, \cdots, \Upsilon_n$ 之间的经典关系定义为笛卡儿积 $\Upsilon_1 \times \Upsilon_2 \times \cdots \times \Upsilon_n$ 的子集。在模糊集合背景下，n 元模糊关系是一个笛卡儿积 $\Upsilon_1 \times \Upsilon_2 \times \cdots \times \Upsilon_n$ 上的一个模糊集合。

定义3.7(模糊关系) 令 $\Upsilon_1 \times \Upsilon_2 \times \cdots \times \Upsilon_n$ 为开集。笛卡儿积 $\Upsilon_1 \times \Upsilon_2 \times \cdots \times \Upsilon_n$ 上的一个 n 元模糊关系定义为

$$R(\xi, \bar{\boldsymbol{x}}) \triangleq \left\{ (\xi, \bar{\boldsymbol{x}}), \mu_R(\xi, \bar{\boldsymbol{x}}) | \forall \xi \triangleq \begin{bmatrix} \xi_1 & \xi_2 & \cdots & \xi_n \end{bmatrix}^{\mathrm{T}} \in \Upsilon_1 \times \Upsilon_2 \times \cdots \times \Upsilon_n, \bar{\boldsymbol{x}} \in X \right\}$$

式中，$\mu_R : \Upsilon_1 \times \Upsilon_2 \times \cdots \times \Upsilon_n \times X \to [0,1]$。

令 $R_1(\xi_1, \xi_2, \bar{\boldsymbol{x}}), (\xi_1, \xi_2, \bar{\boldsymbol{x}}) \in \Upsilon_1 \times \Upsilon_2 \times X$ 和 $R_2(\xi_2, \xi_3, \bar{\boldsymbol{x}}), (\xi_2, \xi_3, \bar{\boldsymbol{x}}) \in \Upsilon_2 \times \Upsilon_3 \times X$ 是两个模糊关系。定义 3.8 给出了模糊关系 $R_1(\xi_1, \xi_2, \bar{\boldsymbol{x}})$ 和 $R_2(\xi_2, \xi_3, \bar{\boldsymbol{x}})$ 的一般合成运算。

定义3.8(模糊关系的上确界 -* 合成) 模糊关系 $R_1(\xi_1, \xi_2, \bar{\boldsymbol{x}})$ 和 $R_2(\xi_2, \xi_3, \bar{\boldsymbol{x}})$ 的合成运算 $R_1 \circ R_2$ 定义为 $\Upsilon_1 \times \Upsilon_3 \times X$ 上的模糊关系，其模糊隶属度函数为

$$\mu_{R_1 \circ R_2}(\xi_1, \xi_3, \bar{\boldsymbol{x}}) \triangleq \sup_{\xi_2 \in \Upsilon_2} \left\{ T(\mu_{R_1}(\xi_1, \xi_2, \bar{\boldsymbol{x}}), \mu_{R_2}(\xi_2, \xi_3, \bar{\boldsymbol{x}})) \right\}$$
$$\xi_1 \in \Upsilon_1, \xi_2 \in \Upsilon_2, \xi_3 \in \Upsilon_3$$

式中，$(\xi_1, \xi_3) \in \Upsilon_1 \times \Upsilon_3$；$\circ$ 表示上确界 -* 算子；$T(\cdot, \cdot)$ 是任意 T-norm 算子。

上述模糊合成运算使得人们能够表达模糊和定性的关系，并以预先指定的方式建立二者的关系。此外，通过此合成运算定义在不同乘积空间的模糊关系可以相互组合。若将 $T(\cdot, \cdot)$ 替换为取最小值和代数乘积运算，则可得如下两类模糊合成运算。

定义 3.9 (上确界–最小值合成) 模糊关系 $R_1(\xi_1,\xi_2,\bar{x})$ 和 $R_2(\xi_2,\xi_3,\bar{x})$ 的上确界–最小值合成是一个由如下模糊隶属度函数刻画的模糊集合：

$$\mu_{R_1\circ R_2}(\xi_1,\xi_3,\bar{x}) \triangleq \sup_{\xi_2\in\Upsilon_2}\{\min(\mu_{R_1}(\xi_1,\xi_2,\bar{x}),\mu_{R_2}(\xi_2,\xi_3,\bar{x}))\}$$
$$\xi_1\in\Upsilon_1,\xi_2\in\Upsilon_2,\xi_3\in\Upsilon_3$$

式中，$(\xi_1,\xi_3)\in\Upsilon_1\times\Upsilon_3$。

定义 3.10 (上确界–乘积合成) 模糊关系 $R_1(\xi_1,\xi_2,\bar{x})$ 和 $R_2(\xi_2,\xi_3,\bar{x})$ 的上确界–乘积合成是一个由如下模糊隶属度函数刻画的模糊集合：

$$\mu_{R_1\circ R_2}(\xi_1,\xi_3,\bar{x}) \triangleq \sup_{\xi_2\in\Upsilon_2}\{\mu_{R_1}(\xi_1,\xi_2,\bar{x})\mu_{R_2}(\xi_2,\xi_3,\bar{x})\}$$
$$\xi_1\in\Upsilon_1,\xi_2\in\Upsilon_2,\xi_3\in\Upsilon_3$$

式中，$(\xi_1,\xi_3)\in\Upsilon_1\times\Upsilon_3$。

根据时空模糊集合和模糊关系，**“如果–则”** 模糊规则具有如下形式：

$$\text{如果 } \xi \text{ 属于}A\text{，则 } y \text{ 属于}B \tag{3.3.1}$$

式中，A 和 B 分别是在论域 Υ 和 Y 上具有语言值的模糊集合。通常称“ξ 属于 A”为前件，称“y 属于 B”为结论/后件。例如，如果压力高，则体积小；如果温度高，则能耗大。这里的压力和温度是时空变量，对应模糊集合分别为“高”“小”“大”。模糊规则 (3.3.1) 可简记为 $A\to B$，又称**模糊蕴含**。

模糊推理，又称近似推理，是一种用于从一组 **“如果–则”** 模糊规则和一个或多个前件中得出后件的推理过程。

定义 3.11 (推理的合成法则) 令 A、A' 和 B 分别是论域 Υ_1 和 Υ_2 上的模糊集合。假设模糊规则 $A\to B$ 用于刻画 $\Upsilon_1\times\Upsilon_2$ 上的模糊关系 R，那么模糊集合 B' 由其模糊隶属度函数可推断为

$$\mu_{B'}(y,\bar{x}) \triangleq \sup_{\xi\in\Upsilon_1}\{T(\mu_{A'}(\xi,\bar{x}),\mu_{A\to B}(\xi,y,\bar{x}))\},\ \bar{x}\in X,\ y\in Y \tag{3.3.2}$$

式中，$T(\cdot,\cdot)$ 是任意 T-norm 算子。

注意到上述模糊推理可表述为 $B'=A'\circ R=A'\circ(A\to B)$，其中 $\circ$ 表示上确界 -* 算子。表达式 (3.3.2) 是模糊推理的一般形式。如果分别用 min 和 max 作为模糊与和或算子，那么模糊集合 B' 由其模糊隶属度函数可推断为

$$\mu_{B'}(y,\bar{x}) \triangleq \max_{\xi\in\Upsilon_1}\{\min(\mu_{A'}(\xi,\bar{x}),\mu_{A\to B}(\xi,y,\bar{x}))\},\ \bar{x}\in X,\ y\in Y \tag{3.3.3}$$

3.4 Mamdani 时空模糊系统

与传统模糊系统一样，图 3.4.1 的 Mamdani 时空模糊系统主要包括模糊化、规则库、模糊推理及去模糊化四个模块。因为此模糊系统包含空间信息，所以其输出是无限维的。如果针对有限维输出（不包含空间信息）情形，只需要在去模糊化模块后，增加一个空间信息集成模块，如图 3.4.2 所示。为了便于理解，我们将去模糊化和空间信息集成两个模块合并为输出处理模块。考虑到时空模糊集合的特点，下面将详细论述时空模糊系统中一些具体的运算过程。

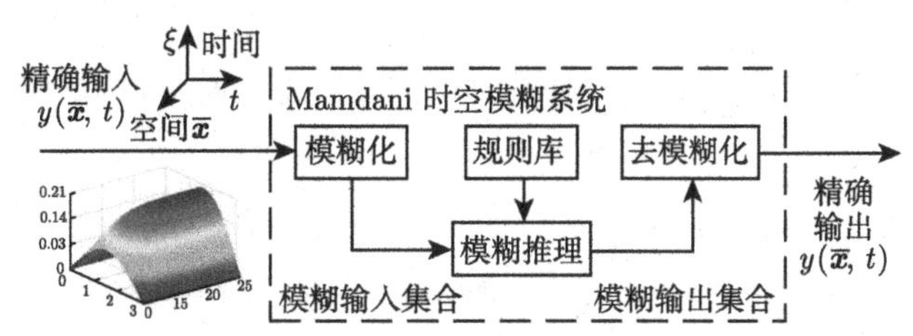

图 3.4.1 Mamdani 时空模糊系统：无限维输出

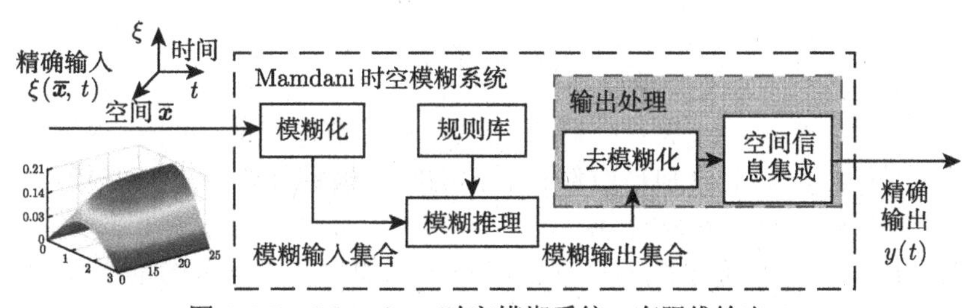

图 3.4.2 Mamdani 时空模糊系统：有限维输出 1

类似传统模糊化模块，Mamdani 时空模糊系统中的模糊化模块也主要有两种不同的模糊器：单值模糊器和非单值模糊器。

定义3.12(单值模糊器) 令 A 是时空模糊集合，$\xi \in \Upsilon$ 是精确值，且 $\bar{x} \in X$ 是空间位置。单值模糊器针对任意空间位置 $\bar{x} \in X$，将 Υ 中的 ξ 映射到 A，如果对于 $\bar{x} = \bar{x}'$，$\xi = \xi'$，有 $\mu_A(\xi, \bar{x}) = 1$，否则 $\mu_A(\xi, \bar{x}) = 0$，那么 A 是具有支集 $\bar{x}'$ 的模糊单态。

定义3.13(非单值模糊器) 令 A 是时空模糊集合，$\xi \in \Upsilon$ 是精确值，且 $\bar{x} \in X$ 是空间位置。非单值模糊器针对任意空间位置 $\bar{x} \in X$，将 Υ 中的 ξ 映射到 A，如果对于 $\bar{x} = \bar{x}'$，$\xi = \xi'$，有 $\mu_A(\xi, \bar{x}) = 1$ 且 $\mu_A(\xi, \bar{x})$，$x = \bar{x}'$ 随着 ξ 远离 ξ' 从 1 减小，对于 $\bar{x}' \neq \bar{x} \in X$，$\mu_A(\xi, \bar{x}) = 0$，那么 A 是具有支集 $\bar{x}'$ 的模糊单态。

令 $\xi(\bar{x}) \triangleq [\ \xi_1(\bar{x})\quad \xi_2(\bar{x})\quad \cdots\quad \xi_s(\bar{x})\ ]^{\mathrm{T}}$ 为 s 个精确输入变量，其中 $\bar{x} \in X$ 是空间位置且 $\xi_j(\bar{x}) \in \Upsilon_j, j \in \{1, 2, \cdots, s\}$ 表示空间输入变量。对于任意

$j \in \{1,2,\cdots,s\}$，精确空间输入变量 $\xi_j(\bar{x})$ 的模糊化都可表述为连续型时空模糊输入：

$$A_{\Upsilon_j} = \prod_{\bar{x}\in X}\prod_{\xi_j(\bar{x})\in\Upsilon_j} \mu_{\Upsilon_j}(\xi_j(\bar{x}),\bar{x})/(\xi_j(\bar{x}),\bar{x}) \tag{3.4.1}$$

s 个精确输入变量的模糊结果为

$$\begin{aligned}A_{\Upsilon} &= \prod_{\bar{x}\in X}\prod_{\xi_1(\bar{x})\in\Upsilon_1}\cdots\prod_{\xi_s(\bar{x})\in\Upsilon_s} \mu_{A_{\Upsilon}}(\xi_1(\bar{x}),\cdots,\xi_s(\bar{x}),\bar{x})/(\xi_1(\bar{x}),\cdots,\xi_s(\bar{x}),\bar{x})\\ &= \prod_{\bar{x}\in X}\prod_{\xi_1(\bar{x})\in\Upsilon_1}\cdots\prod_{\xi_s(\bar{x})\in\Upsilon_J} T(\mu_{\Upsilon_1}(\xi_1(\bar{x}),\bar{x}),\cdots,\mu_{\Upsilon_s}(\xi_s(\bar{x}),\bar{x}))/(\xi_1(\bar{x}),\cdots,\xi_s(\bar{x}),\bar{x})\end{aligned}$$

这里假设模糊隶属度函数 $\mu_{A_{\Upsilon}}(\xi_1(\bar{x}),\cdots,\xi_s(\bar{x}),\bar{x})$ 是可分的。

借鉴传统模糊规则库和推理过程，Mamdani 时空模糊系统规则库中第 l 条规则可表述如下。

规则 l：如果 $\xi_1(\bar{x})$ 属于 $A_1^l,\cdots,\xi_s(\bar{x})$ 属于 A_s^l，**则**

$$y(\bar{x}) \text{ 属于 } B^l \tag{3.4.2}$$

式中，$\xi_j(\bar{x}), \bar{x}\in X, j\in\{1,2,\cdots,s\}$ 是空间依赖的前件变量；$A_j^l, j\in\{1,2,\cdots,s\}$ 和 $B^l, l\in\{1,2,\cdots,r\}$ 分别是前件和后件的时空模糊集合，且 r 是模糊规则数；$y(\bar{x})$ 是空间依赖的模糊系统输出。

Mamdani 时空模糊系统的推理机是将时空模糊输入包含的信息经过必要推理转化为时空模糊输出。推理过程是将时空模糊集合经过并、交和补运算处理。考虑由式 (3.4.2) 刻画的模糊规则，该规则给出了模糊关系

规则 l：$A_1^l\times\cdots\times A_s^l \to B^l,\ l\in\{1,2,\cdots,r\}$

根据上述模糊关系和时空模糊输入即可获得一个时空模糊集合输出。

经过模糊推理，所得输出为时空模糊集合。为获得相应的精确输出，时空模糊集合还要经过去模糊化处理。类似传统去模糊化处理，去模糊化方法有很多，没有标准的去模糊化过程。这里给出重心去模糊化方法。重心去模糊化是将时空模糊集合 B 的模糊隶属度函数覆盖区域的中心 $y^*(\bar{x})$ 作为精确输出，即

$$y^*(\bar{x}) = \frac{\int_Y y\mu_B(y,\bar{x})\mathrm{d}y}{\int_Y \mu_B(y,\bar{x})\mathrm{d}y},\ \bar{x}\in X \tag{3.4.3}$$

式中，$\int_Y$ 是传统积分运算。考虑到模糊集合 B 通常是 r 个模糊集合的并或交，式 (3.4.3) 可近似为

$$y^*(\bar{\boldsymbol{x}}) = \frac{\sum_{l=1}^{r} \bar{y}_l(\bar{\boldsymbol{x}}) w_l(\bar{\boldsymbol{x}})}{\sum_{l=1}^{r} w_l(\bar{\boldsymbol{x}})}, \bar{\boldsymbol{x}} \in X \tag{3.4.4}$$

式中，$\bar{y}_l(\bar{\boldsymbol{x}})$ 是第 l 个模糊集合的中心；$w_l(\bar{\boldsymbol{x}})$ 是第 l 个模糊集合的高度。此类去模糊化器又称中心平均去模糊化器。

注3.3 如果 Mamdani 时空模糊系统输出不包含空间信息情形，那么空间信息集成模块主要包括空间积分或空间取极大值运算，精确输出 $y^*(\bar{\boldsymbol{x}})$ 经过空间积分或空间极大值运算等空间信息集成处理即可获得有限维输出。当然，也可以先进行空间信息集成，再进行去模糊化，如图 3.4.3 所示。两种方案，孰优孰略，有待于进一步研究。

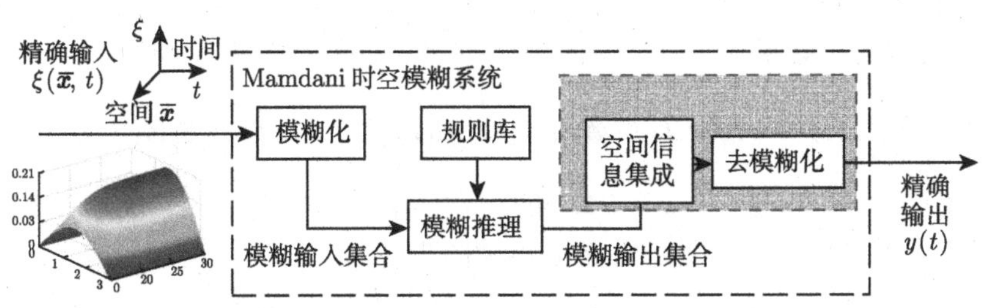

图 3.4.3 Mamdani 时空模糊系统：有限维输出 2

3.5 T-S 时空模糊系统

类似传统模糊系统[134]，除了由式 (3.4.2) 刻画的 Mamdani 时空模糊系统，还有一类由式 (3.5.1) 描述的 T-S 时空模糊系统

规则 l：**如果** $\xi_1(\bar{\boldsymbol{x}})$ 属于 $A_1^l, \cdots, \xi_s(\bar{\boldsymbol{x}})$ 属于 A_s^l，**则**

$$y(\bar{\boldsymbol{x}}) = f_l(\xi_1(\bar{\boldsymbol{x}}), \xi_2(\bar{\boldsymbol{x}}), \cdots, \xi_s(\bar{\boldsymbol{x}}), \bar{\boldsymbol{x}}) \tag{3.5.1}$$

式中，$\xi_j(\bar{\boldsymbol{x}})$，$\bar{\boldsymbol{x}} \in X$，$j \in \{1, 2, \cdots, s\}$ 是空间位置依赖的前件变量；A_j^l，$j \in \{1, 2, \cdots, s\}$，$l \in \{1, 2, \cdots, r\}$ 是前件中的时空模糊集合；$y(\bar{\boldsymbol{x}}) = f_l(\xi_1(\bar{\boldsymbol{x}}), \xi_2(\bar{\boldsymbol{x}}), \cdots, \xi_s(\bar{\boldsymbol{x}}), \bar{\boldsymbol{x}})$ 是输入变量 $\xi_1(\bar{\boldsymbol{x}}), \xi_2(\bar{\boldsymbol{x}}), \cdots, \xi_s(\bar{\boldsymbol{x}})$ 和空间变量 $\bar{\boldsymbol{x}}$ 的多项式函数。它可以是任意函数，只要能够在由前件规则刻画区域内适当地描述系统的输出。不同于

Mamdani 时空模糊系统 (3.4.2)，T-S 时空模糊系统的输出是每条模糊规则对应精确输出的加权平均。这避免了 Mamdani 时空模糊系统中耗时的去模糊化过程。在 T-S 时空模糊系统 (3.5.1) 的基础上，我们将进一步介绍由 T-S 模糊 PDE 模型刻画非线性 DPS 的复杂时空非线性动态具体过程。

3.5.1 T-S 模糊 PDE 模型的形式

考虑如下形式的非线性抛物型 PDE 模型：

$$\boldsymbol{y}_t(x,t)=\mathcal{A}\boldsymbol{y}(x,t)+\boldsymbol{f}(\boldsymbol{y}(x,t),x)+\boldsymbol{G}_u(\boldsymbol{y}(x,t),x)\boldsymbol{u}(x,t) \tag{3.5.2}$$

式中，$\boldsymbol{y}(\cdot,t)\in\mathcal{H}^n([0,L])$ 和 $\boldsymbol{u}(\cdot,t)\in\mathcal{H}^m([0,L])$ 分别表示系统的状态和分布控制输入；空间微分算子 $\mathcal{A}$ 已知且其定义为 $\mathcal{A}\boldsymbol{y}(x,t)\triangleq\boldsymbol{\Theta}_1\boldsymbol{y}_{xx}(x,t)+\boldsymbol{\Theta}_2\boldsymbol{y}_x(x,t)$，$t\geqslant 0$ 与 $x\in[0,L]$ 分别表示时间和空间位置，$L>0$ 为已知常数；非线性函数 $\boldsymbol{f}(\boldsymbol{y}(x,t),x)\in\Re^n$ 已知且满足 $\boldsymbol{f}(0,x)=0,x\in[0,L]$；$\boldsymbol{G}_u(\boldsymbol{y}(x,t),x)\in\Re^{n\times m}$ 为已知的矩阵函数。

类似文献 [133]，在 T-S 时空模糊系统 (3.5.1) 的基础上，非线性抛物型 PDE 模型 (3.5.2) 的复杂非线性时空演化动态可由如下“如果–则”模糊规则描述的 T-S 模糊 PDE 模型描述。

系统规则 i**：如果** $\xi_1(x,t)$ 属于 $F_{i1},\cdots,\xi_s(x,t)$ 属于 F_{is}，**则**

$$\boldsymbol{y}_t(x,t)=\mathcal{A}\boldsymbol{y}(x,t)+\boldsymbol{A}_i\boldsymbol{y}(x,t)+\boldsymbol{G}_{u,i}(x)\boldsymbol{u}(x,t),\ i\in\mathbb{R} \tag{3.5.3}$$

式中，$F_{ij},i\in\mathbb{R}\triangleq\{1,2,\cdots,r\},j\triangleq\{1,2,\cdots,s\}$ 为模糊集合；$\boldsymbol{A}_i$ 和 $\boldsymbol{G}_{u,i}(x),i\in\mathbb{R}$ 均为具有适当维数且关于空间位置 x 连续的矩阵函数，且 r 表示形如“如果–则”的模糊规则数；前件变量 $\xi_1(x,t),\cdots,\xi_s(x,t)$ 是关于状态 $\boldsymbol{y}(x,t)$ 的函数。后件是线性 PDE 模型，它刻画了非线性抛物型 PDE 模型 (3.5.2) 的局部输入与输出的线性关系。

通过单点模糊化、乘积推理、平均加权反模糊化方法，可得 T-S 模糊 PDE 模型 (3.5.3) 的全局模型如下：

$$\boldsymbol{y}_t(x,t)=\mathcal{A}\boldsymbol{y}(x,t)+\sum_{i=1}^{r}h_i(\boldsymbol{\xi}(x,t))[\boldsymbol{A}_i\boldsymbol{y}(x,t)+\boldsymbol{G}_{u,i}(x)\boldsymbol{u}(x,t)] \tag{3.5.4}$$

式中，$\boldsymbol{\xi}(x,t)\triangleq[\xi_1(x,t)\ \ \cdots\ \ \xi_s(x,t)]^{\mathrm{T}}$；$h_i(\boldsymbol{\xi}(x,t))\triangleq w_i(\boldsymbol{\xi}(x,t))\Big/\sum_{i=1}^{r}w_i(\boldsymbol{\xi}(x,t))$，$w_i(\boldsymbol{\xi}(x,t))\triangleq\prod_{j=1}^{s}F_{ij}(\xi_j(x,t)),i\in\mathbb{R}$。$F_{ij}(\xi_j(x,t)),i\in\mathbb{R}$ 表示前件变量 $\xi_j(x,t)$ 属于模糊集合 F_{ij} 的模糊隶属度函数梯度。对于所有 $x\in[l_1,l_2]$ 和 $t\geqslant 0$，假

设 $w_i(\boldsymbol{\xi}(x,t)) \geqslant 0, i \in \mathbb{R}$ 及 $\sum_{i=1}^{r} w_i(\boldsymbol{\xi}(x,t)) > 0$，则 $h_i(\boldsymbol{\xi}(x,t)), i \in \mathbb{R}$ 满足 $\sum_{i=1}^{r} h_i(\xi(x,t)) = 1$。

3.5.2　T-S 模糊 PDE 模型的构建

针对非线性抛物型 PDE 模型 (3.5.2)，要为其设计一个模糊控制器，首先需要构建一个形如式 (3.5.3) 的 T-S 模糊 PDE 模型，刻画其复杂的非线性时空动态。因此，在基于模糊模型的模糊控制方法中，T-S 模糊 PDE 模型的构建是一个重要且基本的过程。文献 [74] 系统地介绍了两种如何从给定的非线性时空动态模型中获得 T-S 模糊 PDE 模型的建模方法：参数依赖扇区非线性和参数依赖模糊划分空间。

1）参数依赖扇区非线性

参数依赖扇区非线性方法源于文献 [65]，并在文献 [74] 中得到了详细论述，用一个简单的非线性抛物型 PDE 模型的例子来阐述其主要思想。假设有以下非线性抛物型 PDE 模型：

$$y_t(x,t) = y_{xx}(x,t) + f(y(x,t),x) \tag{3.5.5}$$

式中，$f(0,x) = 0, x \in [0,L]$。参数依赖扇区非线性方法有全局扇区与局部扇区之分，全局扇区构建 T-S 模糊 PDE 模型的主要思想为对于任意给定的空间位置 x，寻找全局扇区使得 $f(y(x,t),x) \in [\ a_1(x)\ \ a_2(x)\ ]y(x,t), x \in [0,L]$。该方法能确保精确地构建 T-S 模糊 PDE 模型，相关示意图如图 3.5.1 所示[74]。然而对于实际问题，由于受非线性或其他因素影响，往往难以找到全局扇区。在此情形下，一种可行的方法是采用参数依赖局部扇区非线性方法来构建 T-S 模糊 PDE

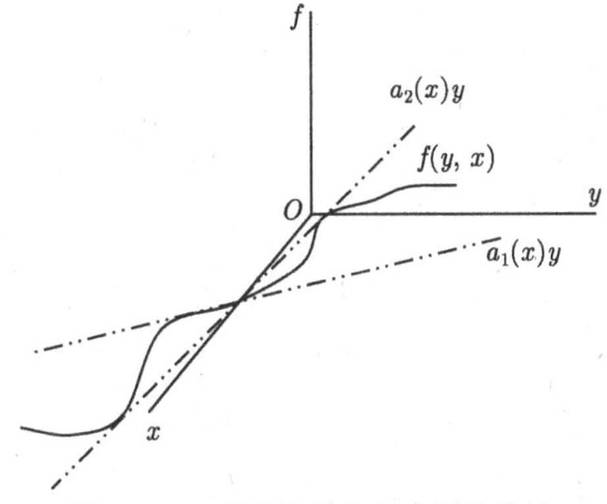

图 3.5.1　参数依赖全局扇区非线性

模型。该方法主要思想是，由于一般物理状态有界，因此可找到局部扇区 $d_1(x) \leqslant y(x,t) \leqslant d_2(x), x \in [0,L]$，在此扇区内精确地构建 T-S 模糊 PDE 模型，其示意图如图 3.5.2 所示[74]。

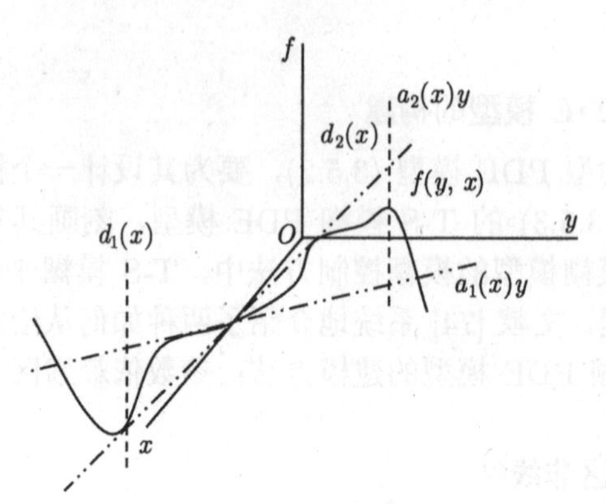

图 3.5.2　参数依赖局部扇区非线性

下面举个例子来介绍利用 T-S 模糊模型对非线性抛物型 PDE 建模的方法。

例 3.1　考虑如下标量非线性抛物型 PDE 模型：

$$y_t(x,t) = y_{xx}(x,t) + \frac{\sin(y(x,t)) + y^2(x,t)}{1 + y^2(x,t)} \tag{3.5.6}$$

式中，$y(\cdot,t) \in \mathcal{H}([0,1])$。

令 $\xi_1(x,t) \triangleq \dfrac{1}{1+y^2(x,t)}$，$\xi_2(x,t) \triangleq \sin(y(x,t))$ 和 $\xi_3(x,t) \triangleq y(x,t)$，则非线性抛物型 PDE 模型 (3.5.6) 可改写为

$$y_t(x,t) = y_{xx}(x,t) + \xi_1(x,t)\left(\xi_2(x,t) + \xi_3(x,t)y(x,t)\right)$$

对于任意给定的空间位置 $x, x \in [0,1]$ 和时间 t,在假设 $y(x,t) \in (-0.5\pi, 0.5\pi)$ 的情形下，可找到如下两个常数 $a_1 \triangleq \dfrac{1}{1+0.25\pi^2}$ 和 $a_2 \triangleq 1$，使得 $\xi_1(x,t) \in (a_1, a_2)$。因此，$\xi_1(x,t)$ 可表示为

$$\xi_1(x,t) = \alpha_1(x,t)a_1 + \alpha_2(x,t)a_2 \tag{3.5.7}$$

式中，$\alpha_1(x,t)$、$\alpha_2(x,t) \in [0,1]$ 且 $\alpha_1(x,t) + \alpha_2(x,t) = 1$。显然，通过求解代数方程 (3.5.7) 并考虑 $\alpha_1(x,t) + \alpha_2(x,t) = 1$ 可得

$$\alpha_1(x,t) \triangleq \frac{a_2 - \xi_1(x,t)}{a_2 - a_1},\ \alpha_2(x,t) \triangleq 1 - \alpha_1(x,t) \tag{3.5.8}$$

同样，在假设 $y(x,t) \in (-0.5\pi, 0.5\pi)$ 的情形下，可找到由两个平面 $b_1y(x,t)$ 和 $b_2y(x,t)$ 构成的局部扇区 $[b_1, b_2]$，其中 $b_1 \triangleq 2/\pi$ 和 $b_2 \triangleq 1$。因此，$\xi_2(x,t)$ 可表示为

$$\xi_2(x,t) = \beta_1(x,t)b_1y(x,t) + \beta_2(x,t)b_2y(x,t) \tag{3.5.9}$$

式中，$\beta_1(x,t)$、$\beta_2(x,t) \in [0,1]$，且 $\beta_1(x,t) + \beta_2(x,t) = 1$。通过求解代数方程 (3.5.9) 并考虑 $\beta_1(x,t)) + \beta_2(x,t) = 1$ 可得

$$\beta_1(x,t) \triangleq \begin{cases} \dfrac{b_2y(x,t) - \xi_2(x,t)}{(b_2 - b_1)y(x,t)} & y(x,t) \neq 0 \\ 1 & y(x,t) = 0 \end{cases}, \ \beta_2(x,t) \triangleq 1 - \beta_1(x,t) \tag{3.5.10}$$

在同样的假设下，$\xi_3(x,t)$ 可写成如下形式：

$$\xi_3(x,t) = \gamma_1(x,t)c_1 + \gamma_2(x,t)c_2 \tag{3.5.11}$$

式中，$c_1 \triangleq -0.5\pi$；$c_2 \triangleq 0.5\pi$；$\gamma_1(x,t)$、$\gamma_2(x,t) \in [0,1]$ 且 $\gamma_1(x,t) + \gamma_2(x,t) = 1$。求解代数方程 (3.5.11) 并考虑 $\gamma_1(x,t)) + \gamma_2(x,t) = 1$ 可得

$$\gamma_1(x,t) \triangleq \frac{c_2 - \xi_3(x,t)}{c_2 - c_1}, \ \gamma_2(x,t) \triangleq 1 - \gamma_1(x,t) \tag{3.5.12}$$

设模糊集合“小”“大”“零”“非零”“负”“正”及其相应的模糊隶属度函数分别由式 (3.5.8)、式 (3.5.10) 和式 (3.5.12) 定义。那么非线性抛物型 PDE 模型 (3.5.6) 可由如下模糊 PDE 模型精确刻画。

系统规则 1：

如果 $\xi_1(x,t)$ 属于“小”，$\xi_2(x,t)$ 属于“零”，$\xi_3(x,t)$ 属于“负”，**则**

$$y_t(x,t) = y_{xx}(x,t) + a_1(b_1 + c_1)y(x,t)$$

系统规则 2：

如果 $\xi_1(x,t)$ 属于“大”，$\xi_2(x,t)$ 属于“零”，$\xi_3(x,t)$ 属于“负”，**则**

$$y_t(x,t) = y_{xx}(x,t) + a_2(b_1 + c_1)y(x,t)$$

系统规则 3：

如果 $\xi_1(x,t)$ 属于“小”，$\xi_2(x,t)$ 属于“非零”，$\xi_3(x,t)$ 属于“负”，**则**

$$y_t(x,t) = y_{xx}(x,t) + a_1(b_2 + c_1)y(x,t)$$

系统规则 4：

如果 $\xi_1(x,t)$ 属于“大”，$\xi_2(x,t)$ 属于“非零”，$\xi_3(x,t)$ 属于“负”，则

$$y_t(x,t) = y_{xx}(x,t) + a_2(b_2 + c_1)y(x,t)$$

系统规则 5：
如果 $\xi_1(x,t)$ 属于“小”，$\xi_2(x,t)$ 属于“零”，$\xi_3(x,t)$ 属于“正”，则

$$y_t(x,t) = y_{xx}(x,t) + a_1(b_1 + c_2)y(x,t)$$

系统规则 6：
如果 $\xi_1(x,t)$ 属于“大”，$\xi_2(x,t)$ 属于“零”，$\xi_3(x,t)$ 属于“正”，则

$$y_t(x,t) = y_{xx}(x,t) + a_2(b_1 + c_2)y(x,t)$$

系统规则 7：
如果 $\xi_1(x,t)$ 属于“小”，$\xi_2(x,t)$ 属于“非零”，$\xi_3(x,t)$ 属于“正”，则

$$y_t(x,t) = y_{xx}(x,t) + a_1(b_2 + c_2)y(x,t)$$

系统规则 8：
如果 $\xi_1(x,t)$ 属于“大”，$\xi_2(x,t)$ 属于“非零”，$\xi_3(x,t)$ 属于“正”，则

$$y_t(x,t) = y_{xx}(x,t) + a_2(b_2 + c_2)y(x,t)$$

相应全局模糊 PDE 模型为

$$y_t(x,t) = y_{xx}(x,t) + \sum_{i=1}^{2}\sum_{j=1}^{2}\sum_{\kappa=1}^{2}\alpha_i(x,t)\beta_j(x,t)\gamma_\kappa(x,t)a_i(b_j + c_\kappa)y(x,t) \quad (3.5.13)$$

注意到在上述基于参数依赖扇区非线性 T-S 模糊 PDE 建模过程中，每个非线性项都要用两个扇区来精确刻画其复杂动态。因此，若非线性 PDE 模型中有 r 个非线性项，则需要用 2^r 条模糊规则才能准确刻画其复杂动态，即非线性抛物型 PDE 模型 (3.5.6) 包括 3 个非线性项，所构建的精确 T-S 模糊 PDE 模型有 8 条模糊规则 [见全局模糊 PDE 模型 (3.5.13)]。这说明虽然基于参数依赖扇区非线性 T-S 模糊 PDE 建模可保证精确 T-S 模糊 PDE 模型的构建，但该方法可能会导致“维数灾难”问题，即模糊规则数随着非线性系统中非线性项数呈指数增长，这将增加模糊控制器的设计困难。

2）参数依赖模糊划分空间

参数依赖模糊划分空间的基本思想是，在每个状态子空间内对非线性 PDE 模型动态先进行线性近似处理，以获得近似线性 PDE 模型，然后通过选择合适

的模糊隶属度函数“融合”这些近似线性 PDE 模型，以获得全局非线性 PDE 模型。由于该模糊建模方法允许建模误差存在，相对于基于参数依赖扇区非线性的 T-S 模糊 PDE 模型，模糊规则数可大大减少。这在一定程度上简化了模糊控制器的设计，但在后续闭环系统性能分析中必须考虑建模误差的影响。为此，还需要考虑模糊 PDE 建模误差量化问题。

针对非线性抛物型 PDE 模型 (3.5.6)，将局部区域 $(-0.5\pi, 0.5\pi)$ 划分为 3 个子区间：$(-0.5\pi, 0)$、(0) 和 $(0, 0.5\pi)$。在这 3 个子区间上，结合泰勒展开的线性化处理得到如下近似线性 PDE 模型。

- 当 $y(x,t)$ 在 -0.5π 附近时，非线性抛物型 PDE 模型 (3.5.6) 的复杂动态可近似为线性抛物型 PDE 模型 $y_t(x,t) = y_{xx}(x,t) - \dfrac{2\pi}{(1+0.25\pi^2)^2}y(x,t)$。
- 当 $y(x,t)$ 在 0 附近时，非线性抛物型 PDE 模型 (3.5.6) 的复杂动态可近似为线性抛物型 PDE 模型 $y_t(x,t) = y_{xx}(x,t) + y(x,t)$。
- 当 $y(x,t)$ 在 0.5π 附近时，非线性抛物型 PDE 模型 (3.5.6) 的复杂动态可近似为线性抛物型 PDE 模型 $y_t(x,t) = y_{xx}(x,t)$。

因此，根据上述分析，非线性 PDE 模型 (3.5.6) 可由如下 3 条模糊规则的模糊 PDE 模型近似刻画。

系统规则 1：

如果 $y(x,t)$ 属于“-0.5π”，**则**

$$y_t(x,t) = y_{xx}(x,t) + d_1 y(x,t)$$

式中，$d_1 = -\dfrac{2\pi}{(1+0.25\pi^2)^2}$。

系统规则 2：

如果 $y(x,t)$ 属于“0”，**则**

$$y_t(x,t) = y_{xx}(x,t) + d_2 y(x,t)$$

式中，$d_2 = 1$。

系统规则 3：

如果 $y(x,t)$ 属于“0.5π”，**则**

$$y_t(x,t) = y_{xx}(x,t) + d_3 y(x,t)$$

式中，$d_3 = 0$。

通过选择合适的模糊隶属度函数 $h_i(y(x,t)), i \in \{1,2,3\}$，可得如下全局 T-S 模糊 PDE 模型：

$$y_t(x,t) = y_{xx}(x,t) + \sum_{i=1}^{3} h_i(y(x,t)) d_i y(x,t) \tag{3.5.14}$$

该模糊模型的建模误差为

$$\varepsilon(y(x,t)) \triangleq \sum_{i=1}^{3} h_i(y(x,t))d_i y(x,t) - \frac{\sin(y(x,t)) + y^2(x,t)}{1 + y^2(x,t)}$$

3.6 时空模糊系统一致逼近性能分析及建模误差量化

针对 Mamdani 时空模糊系统 (3.4.2)，假设 $\bar{y}_l(\bar{\boldsymbol{x}})$ 是时空模糊集合 B^l 的中心位置，具有单值模糊器、乘积推理机和中心平均去模糊化器的 Mamdani 时空模糊系统 (3.4.2) 可写成

$$y(\xi,\bar{\boldsymbol{x}}) = \frac{\sum_{l=1}^{r} \bar{y}_l(\bar{\boldsymbol{x}}) \left(\prod_{i=1}^{s} \mu_{A_i^l}(\xi_i,\bar{\boldsymbol{x}}) \right)}{\sum_{l=1}^{r} \left(\prod_{i=1}^{s} \mu_{A_i^l}(\xi_i,\bar{\boldsymbol{x}}) \right)} \tag{3.6.1}$$

式中，$\mu_{A_i^l}(\xi_i,\bar{\boldsymbol{x}})$ 是 ξ_i 的模糊隶属度函数；$\bar{y}_l(\bar{\boldsymbol{x}})$ 是时空模糊集合 B^l 的中心。类似地，仅具有单值模糊器和乘积推理机的 T-S 时空模糊系统 (3.5.1) 可写成

$$y(\xi,\bar{\boldsymbol{x}}) = \frac{\sum_{l=1}^{r} f_l(\xi_1(\bar{\boldsymbol{x}}),\xi_2(\bar{\boldsymbol{x}}),\cdots,\xi_s(\bar{\boldsymbol{x}}),\bar{\boldsymbol{x}}) \left(\prod_{i=1}^{s} \mu_{A_i^l}(\xi_i,\bar{\boldsymbol{x}}) \right)}{\sum_{l=1}^{r} \left(\prod_{i=1}^{s} \mu_{A_i^l}(\xi_i,\bar{\boldsymbol{x}}) \right)} \tag{3.6.2}$$

令

$$h_l(\xi,\bar{\boldsymbol{x}}) \triangleq \frac{\prod_{i=1}^{s} \mu_{A_i^l}(\xi_i,\bar{\boldsymbol{x}})}{\sum_{l=1}^{r} \left(\prod_{i=1}^{s} \mu_{A_i^l}(\xi_i,\bar{\boldsymbol{x}}) \right)}$$

$$\boldsymbol{h}(\xi,\bar{\boldsymbol{x}}) \triangleq [\ h_1(\xi,\bar{\boldsymbol{x}}) \quad h_2(\xi,\bar{\boldsymbol{x}}) \quad \cdots \quad h_s(\xi,\bar{\boldsymbol{x}})\ ]^{\mathrm{T}}$$

$$\boldsymbol{\theta}(\bar{\boldsymbol{x}}) \triangleq [\ \bar{y}_1(\bar{\boldsymbol{x}}) \quad \bar{y}_2(\bar{\boldsymbol{x}}) \quad \cdots \quad \bar{y}_r(\bar{\boldsymbol{x}})\ ]^{\mathrm{T}}$$

则 Mamdani 时空模糊系统 (3.6.1) 可改写成如下向量形式：

$$\boldsymbol{y}(\xi,\bar{\boldsymbol{x}}) = \boldsymbol{h}^{\mathrm{T}}(\xi,\bar{\boldsymbol{x}})\boldsymbol{\theta}(\bar{\boldsymbol{x}}) \tag{3.6.3}$$

进一步令 $\boldsymbol{f}(\xi,\bar{\boldsymbol{x}}) \triangleq [\ f_1(\xi,\bar{\boldsymbol{x}})\quad f_2(\xi,\bar{\boldsymbol{x}})\quad \cdots\quad f_r(\xi,\bar{\boldsymbol{x}})\ ]^{\mathrm{T}}$，则 T-S 时空模糊系统 (3.6.2) 也可写成如下向量形式：

$$\boldsymbol{y}(\xi,\bar{\boldsymbol{x}}) = \boldsymbol{h}^{\mathrm{T}}(\xi,\bar{\boldsymbol{x}})\boldsymbol{f}(\xi,\bar{\boldsymbol{x}}) \tag{3.6.4}$$

显然，$h_l(\xi,\bar{\boldsymbol{x}})$ 满足 $\sum\limits_{l=1}^{r} h_l(\xi,\bar{\boldsymbol{x}}) = 1$。不失一般性，假设 $h_l(\xi,\bar{\boldsymbol{x}}) \geqslant 0, l \in \{1,2,\cdots,r\}$，则

$$\|\boldsymbol{h}(\xi,\bar{\boldsymbol{x}})\|^2 = \sum_{l=1}^{r} h_l^2(\xi,\bar{\boldsymbol{x}}) \leqslant 1 \tag{3.6.5}$$

对于函数 $h_l(\xi,\bar{\boldsymbol{x}}), l \in \{1,2,\cdots,r\}$，引入如下假设。

假设3.1　函数 $h_l(\xi,\bar{\boldsymbol{x}}), l \in \{1,2,\cdots,r\}$ 关于变量 ξ 是充分光滑的。

此假设是合理的。显然高斯型模糊隶属度函数 $\mu_{A_i^l}(\xi_i,\bar{\boldsymbol{x}})$ 满足假设 3.1。

根据假设 3.1 和实可分希尔伯特空间光滑函数对连续函数的一致逼近定理 [137]，定理 3.1 分析了 Mamdani 时空模糊系统 (3.6.1) 和 T-S 时空模糊系统 (3.6.2) 作为非线性函数映射的一致逼近能力。

定理3.1　假设输入 D 是一个实可分希尔伯特空间上的开子集。那么，对于任意定义在 D 上的实连续函数 $f(\xi,\bar{\boldsymbol{x}})$ 和连续正函数 $\varepsilon(\xi,\bar{\boldsymbol{x}}) : D \times X \to (0,+\infty)$，均能构建满足假设 3.1 且形如式 (3.6.1) 或式 (3.6.2) 的时空模糊系统 $y(\xi,\bar{\boldsymbol{x}})$，以保证 $|f(\xi,\bar{\boldsymbol{x}}) - y(\xi,\bar{\boldsymbol{x}})| < \varepsilon(\xi,\bar{\boldsymbol{x}})$ 对于所有 $(\xi,\bar{\boldsymbol{x}}) \in D \times X$ 均成立，且 $y(\xi,\bar{\boldsymbol{x}})$ 没有临界点，这里 $|\cdot|$ 表示绝对值。

值得注意的是，定理 3.1 的结论对任意实连续函数 $f(\xi,\bar{\boldsymbol{x}})$ 和连续正函数 $\varepsilon(\xi,\bar{\boldsymbol{x}}) : D \times X \to (0,+\infty)$ 均成立，其中函数 $\varepsilon(\xi,\bar{\boldsymbol{x}})$ 可刻画形如式 (3.6.1) 或式 (3.6.2) 的时空模糊系统 $y(\xi,\bar{\boldsymbol{x}})$ 近似 $f(\xi,\bar{\boldsymbol{x}})$ 的建模误差。显然，此模糊模型的建模误差依赖 ξ 和 $\bar{\boldsymbol{x}}$，从而具有明显的时空分布特点。函数 $\varepsilon(\xi,\bar{\boldsymbol{x}})$ 选择的任意性为时空模糊系统 $y(\xi,\bar{\boldsymbol{x}})$ 的建模误差量化提供了广阔的空间和自由度。例如，可以选择 $\varepsilon(\xi,\bar{\boldsymbol{x}}) = \varepsilon\xi^{\mathrm{T}}\xi$ 并将其上确界 $\sup\limits_{\xi\in D}\varepsilon(\xi,\bar{\boldsymbol{x}}) = \bar{\varepsilon}\sup\limits_{\xi\in D}\{\xi^{\mathrm{T}}\xi\}$ 作为建模误差的量化形式，其中 $\bar{\varepsilon} > 0$ 是事先给定的设计参数。当然，也有其他形式的建模误差和量化形式，这要结合具体问题，进行建模误差分析与量化研究。

根据定理 3.1，如果模糊 PDE 模型 (3.5.14) 中的模糊隶属度函数 $h_i(y(x,t))$, $i \in \{1,2,3\}$ 是关于自变量 $y(x,t)$ 的充分光滑函数，那么可借助最优化技术选择充分光滑的模糊隶属度函数 $h_i(y(x,t)), i \in \{1,2,3\}$，以实现建模误差 $\varepsilon(y(x,t))$ 最小。

3.7 本章小结与文献说明

本章受高维空间时空模糊集合[136] 启发，在现有模糊集合的基础上，引入了时空模糊集合的概念，并针对该模糊集合定义了逻辑运算法则、模糊关系、模糊规则和模糊推理。在此基础上，分别提出了 Mamdani 和 T-S 时空模糊系统，运用实可分希尔伯特空间光滑函数对连续函数的一致逼近定理解决了时空模糊系统的逼近性能分析及建模误差量化问题。本章内容将为后续章节的时空模糊控制设计奠定时空模糊模型基础。本章在定义时空模糊集合和逻辑运算法则时借鉴了文献 [132~136] 中的相关内容。

第 4 章　模糊边界镇定控制

4.1　引言

不同于双曲型和椭圆型 DPS，抛物型 DPS 广泛应用于刻画一类具有扩散–对流–反应现象的时空工业过程的复杂动态行为，如半导体热处理过程、等离子体反应器、晶体生长过程等[23,24]。为了实现抛物型 DPS 状态的调节，有必要开发一套概念简单但有效的 DPS 控制设计方法。然而此设计方法极具挑战性，因为其不仅需要考虑 DPS 的无限维动态，还要考虑执行器与传感器在空间域上的布放情况 (包括位置和形式)。相较于定义在标准欧氏空间上的有限维系统状态空间，DPS 的状态空间定义在无限维泛函空间。在欧氏空间上的一些良好性质在泛函空间上不再适用，如不同范数之间是不等价的，这些都增加了 DPS 控制设计的困难。

根据执行器和传感器在空间域上的不同布放情况，DPS 控制方式可以分为域内控制和边界控制 (布放位置)、空间域连续分布控制和空间域离散分布 (分段、点) 控制 (布放形式) 等。众所周知，边界控制在许多应用场合更具适用性，特别是针对控制驱动和测量是不可侵入性的应用场合 (如用于调节流体流动的控制驱动通常来自流域的壁[40])。同样，测量方式也有类似的分类，如边界测量、空间连续分布测量、空间离散分布测量等。此外，根据执行器与传感器布放数目与位置的不同，DPS 控制还有同位与非同位控制之分，如在同位边界测量情形下，要求系统的控制驱动器和测量传感器布放在相同区域 (边界 $x = L$)，且相应的闭环控制系统是耗散的。然而，在实际问题中，执行器和传感器仅能在一定程度上同位布放，这是因为其布放位置不能精确相同。因此，传感器与执行器的布放通常是非同位的，而且在某些情况下，非同位情形是有优势的。对于非同位情形，传感器可以根据性能要求而不是执行器位置布放，这意味着非同位系统性能优于同位系统。相较于非同位控制，同位控制虽较为简单，但是对抛物型 DPS 同位控制的研究是非同位控制的基础，且由于非同位闭环系统的非耗散性，控制一个非同位系统是困难的，其主要困难在于闭环系统的稳定性分析。

本章将在第 3 章提出的时空模糊系统的基础上，讨论一类由半线性抛物型 PDE 模型刻画的非线性 DPS 模糊边界镇定控制问题。这里分别考虑空间连续分布测量、同位边界测量、非同位空间离散测量 (空间点测量和空间局部分段观测) 和非同位边界测量等测量方式。本章首先应用第 3 章提出的 T-S 模糊 PDE 模型

来精确描述半线性抛物型 PDE 模型的复杂时空动态行为，以克服复杂非线性时空动态导致的设计困难。为此，假设半线性 PDE 模型的复杂非线性时空动态可由 T-S 模糊 PDE 模型精确刻画。根据所得的模糊 PDE 模型，针对空间连续分布测量、同位边界测量、非同位空间离散测量和非同位边界测量等测量方式，本章分别研究了在不同测量方式下的非线性 DPS 模糊边界镇定控制问题。特别地，针对由非同位观测带来的控制设计困难，本章引入了基于观测器的输出反馈控制，构建了模糊龙伯格型 PDE 观测器，以实现 PDE 系统状态的在线指数估计，提出了一个基于观测器的动态模糊边界补偿器，保证相应的闭环系统在 $\|\cdot\|_2$ 范数意义下是指数稳定的。值得注意的是，与非同位空间离散测量相比，在非同位边界测量情形下所设计的观测器输出校正项不仅出现在状态方程中，还存在于边界条件上，以实现对受边界条件约束的 PDE 系统更为精确的状态估计。应用 Lyapunov 直接法、分部积分技术和向量值庞加莱–温格尔不等式的变种形式 (引理 2.1)，以标准 LMI 形式给出了模糊补偿器存在的充分条件。由于控制驱动器仅作用于边界上，因此提出的模糊补偿器容易实现。最后，本章针对数值算例进行了大量数值仿真实验，以支撑所提出的控制设计方法。

本章后续部分的结构安排如下：4.2 节描述了所讨论的半线性抛物型 PDE 系统；4.3 节给出了半线性抛物型 PDE 系统的 T-S 时空模糊模型，并详细定义了模糊边界镇定控制设计问题；在 4.4 节中，分别针对空间连续分布测量、同位边界测量、非同位空间离散测量和非同位边界测量开发了相应的模糊边界镇定控制器，这是本章的主要理论结果；在 4.5 节中，大量数值仿真结果验证了所提出的控制设计方法的优越性和有效性；4.6 节总结了本章的研究工作，并对与本章研究课题相关的现有研究工作给出了必要说明。

4.2 系统描述

本章考虑如下具有纽曼边界控制输入与非同位边界观测输出的半线性抛物型 DPS：

$$\boldsymbol{y}_t(x,t) = \boldsymbol{\Theta}\boldsymbol{y}_{xx}(x,t) + \boldsymbol{f}(\boldsymbol{y}(x,t)),\ t>0,\ x\in(0,L) \tag{4.2.1}$$

受限于纽曼边界控制输入

$$\boldsymbol{y}_x(x,t)|_{x=0} = 0,\ \boldsymbol{y}_x(x,t)|_{x=L} = \boldsymbol{B}\boldsymbol{u}(t),\ t>0 \tag{4.2.2}$$

和初始条件

$$\boldsymbol{y}(x,0) = \boldsymbol{y}_0(x),\ x\in[0,L] \tag{4.2.3}$$

针对 DPS，传感器在空间域上的不同布放情况会产生不同的测量方式，有边界测量、空间连续分布测量、空间离散分布测量等。若传感器连续布放在整个空间域内，则相应的测量方式是空间连续分布测量：若传感器仅布放在空间域的边界上，则相应的测量方式是边界测量。对于空间连续分布测量，测量输出为

$$\boldsymbol{y}_{\text{out}}(t)=\int_0^L \boldsymbol{y}(x,t)\mathrm{d}x,\ t\geqslant 0 \tag{4.2.4}$$

对于同位边界测量 (执行器和传感器位于同一边界)，测量输出为

$$\boldsymbol{y}_{\text{out}}(t)=\boldsymbol{y}(L,t),\ t>0 \tag{4.2.5}$$

不同于上述空间连续分布测量和同位边界测量，在一些实际问题中，传感器仅能布放在空间域的一些特定位置或一部分区域 (如管式反应器中细长催化棒点式温度测量[23,149])，或者因实际工况、实现条件限制仅能布放在边界处 (如大型工业加热炉温度边界测量[24])。为了刻画这些传感器的布放情况，本章还考虑了如下非同位空间离散测量与非同位边界测量。对于非同位空间离散测量，测量输出为

$$\boldsymbol{y}_{\text{out}}(t)=\int_0^L \boldsymbol{C}(x)\boldsymbol{y}(x,t)\mathrm{d}x,\ t\geqslant 0 \tag{4.2.6}$$

式中，$\boldsymbol{y}_{\text{out}}(t)\in\Re^n$ 是系统测量输出；$\boldsymbol{C}(x)\triangleq[c_1(x)\boldsymbol{I}_n\quad c_2(x)\boldsymbol{I}_n\quad\cdots\quad c_m(x)\boldsymbol{I}_n]^{\mathrm{T}}\in\Re^{mn\times n}$ 是描述传感器分布的观测矩阵函数。根据传感器空间布放情况的不同，需要选择适当的分布函数 $c_q(x),q\in\mathcal{M}\triangleq\{1,2,\cdots,m\}$ 来刻画。通过选择以下两类函数来刻画空间点测量和空间局部分段均匀测量两种非同位空间离散测量。

情形 I：空间点测量。选择如下形式的函数：

$$c_q(x)\triangleq\delta(x-\bar{x}_q),\ q\in\mathcal{M} \tag{4.2.7}$$

式中，$\delta(\cdot)$ 是狄拉克分布[150]；$\bar{x}_q\in(0,L)$ 是第 q 个传感器的位置。该函数刻画了在位置 $\bar{x}_q$ 处的理想点观测。

情形 II：空间局部分段均匀测量。选择如下形式的函数：

$$c_q(x)\triangleq\begin{cases}\left(\bar{x}_q^R-\bar{x}_q^L\right)^{-1} & x\in[\bar{x}_q^L,\bar{x}_q^R]\\ 0 & \text{否则}\end{cases},\ q\in\mathcal{M} \tag{4.2.8}$$

该函数刻画了在子区间 $[\bar{x}_q^L,\bar{x}_q^R],q\in\mathcal{M}$ 上的分段均匀测量，其中 $0<\bar{x}_1^L<\bar{x}_1^R<\bar{x}_2^L<\bar{x}_2^R<\cdots<\bar{x}_m^L<\bar{x}_m^R<L$。

对于非同位边界测量，测量输出为

$$\boldsymbol{y}_{\text{out}}(t)=\boldsymbol{y}(0,t),\ t>0 \tag{4.2.9}$$

注 4.1 在非同位测量情形下，本章所考虑的模糊补偿器设计问题本质上是非同位控制设计问题，这是因为控制信号 $\boldsymbol{u}(t)$ 是由布放在边界 $x=L$ 处的控制驱动器提供的，而观测输出 $\boldsymbol{y}_{\text{out}}(t)$ 是通过作用在空间域 $(0,L)$ 上的特定点 $\bar{x}_q$ 处或子区间 $[\bar{x}_q^L,\bar{x}_q^R],q\in\mathcal{M}$ 上，或者由布放在边界 $x=L$ 处的测量传感器测量获得的。

根据文献 [76] 的适定性分析，非线性系统 (4.2.6) 可改写为抽象空间 $\mathcal{H}^n([0,L])$ 上的抽象发展方程：

$$\begin{cases}\dot{\boldsymbol{y}}(t)=\mathcal{A}\boldsymbol{y}(t)+\boldsymbol{f}(\boldsymbol{y}(t))+\mathcal{B}\boldsymbol{u}(t),\ \boldsymbol{y}(0)=\boldsymbol{y}_0(\cdot)\\ \boldsymbol{y}_{\text{out}}(t)=\mathcal{C}\boldsymbol{y}(t)\end{cases}\tag{4.2.10}$$

式中，$\boldsymbol{y}(t)=\boldsymbol{y}(\cdot,t)\triangleq\{\boldsymbol{y}(x,t),x\in[0,L]\}$；$\boldsymbol{f}(\boldsymbol{y}(t))\triangleq\boldsymbol{f}(\boldsymbol{y}(\cdot,t))$；定义 $\mathcal{A}$ 为 $\mathcal{A}\bar{\boldsymbol{y}}(x)\triangleq\boldsymbol{\Theta}\mathrm{d}^2\bar{\boldsymbol{y}}(x)/\mathrm{d}x^2$ 且 $\mathcal{D}(\mathcal{A})\triangleq\left\{\bar{\boldsymbol{y}}\in\mathcal{H}_n^2((0,L))\,|\,\mathrm{d}\bar{\boldsymbol{y}}(x)/\mathrm{d}x|_{x=0}=\mathrm{d}\bar{\boldsymbol{y}}(x)/\mathrm{d}x|_{x=L}=0\right\}$；$\mathcal{B}\triangleq\boldsymbol{\Theta}\boldsymbol{B}\delta(x-L)$；$\mathcal{C}\boldsymbol{y}(t)\triangleq\int_0^L\boldsymbol{C}(x)\boldsymbol{y}(x,t)\mathrm{d}x$，$\mathcal{B}$ 和 $\mathcal{C}$ 分别是关于 $\exp(\mathcal{A}(t))$ 的可容许输入算子和观测算子。根据文献 [76] 的研究工作，如果 $\boldsymbol{\Theta}>0$，那么 $\mathcal{A}$ 在 $\mathcal{H}^n([0,L])$ 上生成一个 C_0 半群 $\exp(\mathcal{A}(t))$。进一步运用定理 4.4.3[151] 可得，如果 $\boldsymbol{y}_0\in\mathcal{D}(\mathcal{A})$，$\boldsymbol{u}(t)\in H^1((0,\infty);\Re^p)$ 且 $\boldsymbol{u}(0)=0$，那么非线性系统 (4.2.10) 是适定的。

下面将在希尔伯特空间 $\mathcal{H}^n([0,L])$ 上引入局部指数稳定性定义。

定义 4.1 [76,77] 如果存在常数 $\sigma\geqslant1$，$\rho>0$，使得 $\|\boldsymbol{y}(\cdot,t)\|_2\leqslant\sigma\|\boldsymbol{y}_0(\cdot)\|_2\exp(-\rho t)$，$\boldsymbol{y}_0(\cdot)\in\Omega,t\geqslant0$，那么当 $\boldsymbol{u}(t)\equiv0$ 时，非线性系统 (4.2.6) 是局部指数稳定的。

4.3 T-S 时空模糊模型与问题描述

近年来，有限维 T-S 模糊控制技术已被用于非线性抛物型 PDE 系统的分析与控制综合[33,68,69]，其中 T-S 模糊 ODE 模型被用来刻画 PDE 系统的有限维近似 ODE 模型。不同于文献 [33,68,69]，最近在文献 [71,75] 中为一类半线性抛物型 PDE 系统提出了一种全新的 T-S 时空模糊模型 (T-S 模糊 PDE 模型)，其模糊规则后件是线性抛物型 PDE。受文献 [71,75] 研究工作的启发，在包含 Ω 的空间 $\mathcal{H}^n([0,L])$ 的子区域上，本节假设半线性抛物型 PDE(4.2.1)~(4.2.3) 的复杂非线性时空动态可由如下 T-S 模糊 PDE 模型精确描述。

系统规则 i:

如果 $\xi_1(x,t)$ 属于 $F_{i1},\xi_2(x,t)$ 属于 $F_{i2},\cdots,\xi_s(x,t)$ 属于 F_{is}，**则**

$$\boldsymbol{y}_t(x,t)=\boldsymbol{\Theta}\boldsymbol{y}_{xx}(x,t)+\boldsymbol{A}_i\boldsymbol{y}(x,t),\ i\in\mathbb{R}\triangleq\{1,2,\cdots,r\}\tag{4.3.1}$$

式中，$F_{io}, i \in \mathbb{R}, j \in \mathbb{S} \triangleq \{1, 2, \cdots, s\}$ 为模糊集合；$\boldsymbol{A}_i \in \Re^{n\times n}, i \in \mathbb{R}$ 是常数矩阵且 r 表示“如果–则”模糊规则数；$\xi_1(x,t), \xi_2(x,t), \cdots, \xi_s(x,t)$ 代表前件变量且假设其为 $\boldsymbol{y}(x,t)$ 的函数。

通过将式 (4.3.1) 中的局部线性 PDE 系统时空动态进行模糊“插值”可得全局 T-S 模糊 PDE 模型如下：

$$\boldsymbol{y}_t(x,t) = \boldsymbol{\Theta}\boldsymbol{y}_{xx}(x,t) + \sum_{i=1}^{r} h_i(\boldsymbol{\xi}(x,t))\boldsymbol{A}_i\boldsymbol{y}(x,t) \tag{4.3.2}$$

式中，$\boldsymbol{\xi}(x,t) \triangleq [\ \xi_1(x,t) \quad \xi_2(x,t) \quad \cdots \quad \xi_s(x,t)\ ]^{\mathrm{T}}$；$h_i(\boldsymbol{\xi}(x,t)), i \in \mathbb{R}$ 是模糊隶属度函数且对于任意 $x \in [0, L]$ 和 $t \geqslant 0$，都满足

$$h_i(\boldsymbol{\xi}(x,t)) \geqslant 0,\ \sum_{i=1}^{r} h_i(\boldsymbol{\xi}(x,t)) = 1,\ i \in \mathbb{R} \tag{4.3.3}$$

根据以上分析，构建如下形式的全局 T-S 模糊 PDE 系统，以准确描述给定区域上的非线性系统 (4.2.6) 的复杂时空动态：

$$\begin{cases} \boldsymbol{y}_t(x,t) = \boldsymbol{\Theta}\boldsymbol{y}_{xx}(x,t) + \sum\limits_{i=1}^{r} h_i(\boldsymbol{\xi}(x,t))\boldsymbol{A}_i\boldsymbol{y}(x,t),\ t > 0,\ x \in (0, L) \\ \boldsymbol{y}_x(x,t)|_{x=0} = 0,\ \boldsymbol{y}_x(x,t)|_{x=L} = \boldsymbol{B}\boldsymbol{u}(t),\ t > 0 \\ \boldsymbol{y}(x,0) = \boldsymbol{y}_0(x),\ x \in [0, L] \end{cases} \tag{4.3.4}$$

4.4　模糊边界镇定控制设计

4.4.1　静态模糊边界补偿器设计

针对空间连续分布测量与同位边界测量，基于 T-S 模糊 PDE 模型 (4.3.2)，本节分别考虑以下两种类型的静态模糊边界补偿器。一种是在空间连续分布测量情形下，即

$$\boldsymbol{u}(t) = -\int_0^L \sum_{i=1}^{r} h_i(\boldsymbol{\xi}(x,t))\boldsymbol{K}_i\boldsymbol{y}(x,t)\mathrm{d}x \tag{4.4.1}$$

另一种是在同位边界测量 (执行器和传感器位于同一边界) 情形下，即

$$\boldsymbol{u}(t) = -\sum_{i=1}^{r} h_i(\boldsymbol{\xi}(L,t))\boldsymbol{K}_i\boldsymbol{y}(L,t) \tag{4.4.2}$$

式中，$\boldsymbol{K}_i, i \in \mathbb{R}$ 是待定的 $n \times n$ 补偿器增益实矩阵。

注 4.2 在空间连续分布测量与同位边界测量情形下，假设在非线性 DPS (4.2.1)~(4.2.3) 中，$\boldsymbol{B}=\boldsymbol{0}$。$\boldsymbol{B}\neq\boldsymbol{0}$ 的情况参见非同位空间离散测量。

本节的主要目的是针对非线性 DPS(4.2.1)~(4.2.3)，根据 T-S 模糊 PDE 模型 (4.3.2)，开发一种概念简单但有效的方法，确定形如式 (4.4.1) 和式 (4.4.2) 的两类模糊边界补偿器的增益矩阵，使得相应的闭环系统在 $\|\cdot\|_2$ 范数意义下是指数稳定的。

针对 4.3 节定义的边界模糊补偿器设计问题，本节结合 Lyapunov 直接法、分部积分技术和向量值庞加莱–温格尔不等式的变种形式 (引理 2.1)，以标准 LMI 形式分别给出了存在模糊边界补偿器 (4.4.1) 和 (4.4.2) 的充分条件。

为此，考虑如下 Lyapunov 函数：

$$V(t)=\int_0^L \boldsymbol{y}^{\mathrm{T}}(x,t)\boldsymbol{P}\boldsymbol{y}(x,t)\mathrm{d}x \tag{4.4.3}$$

式中，$0<\boldsymbol{P}\in\Re^{n\times n}$ 是待定的 Lyapunov 参数矩阵。沿 T-S 模糊 PDE 模型 (4.3.2) 的解轨迹，对 $V(t)$ 关于时间变量 t 进行求导运算，可得其微分形式为

$$\begin{aligned}\dot{V}(t)&=2\int_0^L \boldsymbol{y}^{\mathrm{T}}(x,t)\boldsymbol{P}\boldsymbol{y}_t(x,t)\mathrm{d}x\\&=2\int_0^L \boldsymbol{y}^{\mathrm{T}}(x,t)\boldsymbol{P}\boldsymbol{\Theta}\boldsymbol{y}_{xx}(x,t)\mathrm{d}x+\\&\quad\int_0^L\sum_{i=1}^{r}h_i(\boldsymbol{\xi}(x,t))\boldsymbol{y}^{\mathrm{T}}(x,t)[\boldsymbol{P}\boldsymbol{A}_i+*]\boldsymbol{y}(x,t)\mathrm{d}x\end{aligned} \tag{4.4.4}$$

1）空间连续分布测量

在空间连续分布测量情形下，模糊边界补偿器 (4.4.1) 存在的充分条件由定理 4.1 给出。

定理 4.1 考虑半线性抛物型 PDE 系统 (4.2.1)~(4.2.3) 和 T-S 模糊 PDE 模型 (4.3.2)。如果存在 $n\times n$ 维实矩阵 $\boldsymbol{X}>0$ 和 $\boldsymbol{Z}_i, i\in\mathbb{R}$，满足

$$[\boldsymbol{\Theta}\boldsymbol{X}+*]>0 \tag{4.4.5}$$

$$\boldsymbol{\Xi}_i\triangleq\begin{bmatrix}-\dfrac{\pi^2}{4L^2}[\boldsymbol{\Theta}\boldsymbol{X}+*] & \boldsymbol{\Theta}\boldsymbol{Z}_i\\ * & [\boldsymbol{A}_i\boldsymbol{X}-\boldsymbol{\Theta}\boldsymbol{Z}_i+*]\end{bmatrix}<0,\ i\in\mathbb{R} \tag{4.4.6}$$

那么存在形如式 (4.4.1) 的模糊边界补偿器，使得受限于闭环边界条件 (4.4.10) 的 T-S 模糊 PDE 模型 (4.3.2) 在 $\|\cdot\|_2$ 范数意义下是指数稳定的。在此情形下，控

制增益矩阵 $\boldsymbol{K}_i, i \in \mathbb{R}$ 由下式确定：

$$\boldsymbol{K}_i = \boldsymbol{Z}_i \boldsymbol{X}^{-1},\ i \in \mathbb{R} \tag{4.4.7}$$

证明 1　假设存在 $n \times n$ 维实矩阵 $\boldsymbol{X} > 0$ 和 $\boldsymbol{Z}_i, i \in \mathbb{R}$，使得 LMIs(4.4.5) 和 (4.4.6) 是可行的。选用式 (4.4.3) 形式的 Lyapunov 函数进行稳定性分析，由式 (4.4.4) 可得其微分形式。令

$$\boldsymbol{X} = \boldsymbol{P}^{-1},\ \boldsymbol{Z}_i = \boldsymbol{K}_i \boldsymbol{X} \tag{4.4.8}$$

在 LMI(4.4.5) 左右两边分别乘以矩阵 $\boldsymbol{P} > 0$ 并考虑式 (4.4.9)，可以得到

$$\boldsymbol{P}[\boldsymbol{\Theta} \boldsymbol{X} + *]\boldsymbol{P} = [\boldsymbol{P}\boldsymbol{\Theta} + *] > 0 \tag{4.4.9}$$

进一步，先将模糊边界补偿器 (4.4.1) 代入边界条件 (4.2.2)，得到相应的闭环系统受限于如下闭环边界条件：

$$\boldsymbol{y}_x(x,t)|_{x=0} = 0,\ \boldsymbol{y}_x(x,t)|_{x=L} = -\int_0^L \sum_{i=1}^r h_i(\boldsymbol{\xi}(x,t))\boldsymbol{K}_i \boldsymbol{y}(x,t)\mathrm{d}x \tag{4.4.10}$$

运用分部积分技术并考虑边界条件 (4.4.10)，可得

$$\begin{aligned}\int_0^L \boldsymbol{y}^{\mathrm{T}}(x,t)\boldsymbol{P}\boldsymbol{\Theta}\boldsymbol{y}(x,t)\mathrm{d}x &= \boldsymbol{y}^{\mathrm{T}}(x,t)\boldsymbol{P}\boldsymbol{\Theta}\boldsymbol{y}_x(x,t)\big|_{x=0}^{x=L} - \\ &\quad \int_0^L \boldsymbol{y}_x^{\mathrm{T}}(x,t)\boldsymbol{P}\boldsymbol{\Theta}\boldsymbol{y}_x(x,t)\mathrm{d}x \\ &= -\boldsymbol{y}^{\mathrm{T}}(L,t)\boldsymbol{P}\boldsymbol{\Theta}\int_0^L \sum_{i=1}^r h_i(\boldsymbol{\xi}(x,t))\boldsymbol{K}_i\boldsymbol{y}(x,t)\mathrm{d}x - \\ &\quad \int_0^L \boldsymbol{y}_x^{\mathrm{T}}(x,t)\boldsymbol{P}\boldsymbol{\Theta}\boldsymbol{y}_x(x,t)\mathrm{d}x \end{aligned} \tag{4.4.11}$$

根据式 (4.4.11)，式 (4.4.4) 可进一步写为

$$\begin{aligned}\dot{V}(t) = {} & 2\int_0^L \sum_{i=1}^r h_i(\boldsymbol{\xi}(x,t))[\boldsymbol{y}^{\mathrm{T}}(x,t) - \boldsymbol{y}^{\mathrm{T}}(L,t)]\boldsymbol{P}\boldsymbol{\Theta}\boldsymbol{K}_i\boldsymbol{y}(x,t)\mathrm{d}x - \\ & 2\int_0^L \boldsymbol{y}_x^{\mathrm{T}}(x,t)\boldsymbol{P}\boldsymbol{\Theta}\boldsymbol{y}_x(x,t)\mathrm{d}x + \\ & \int_0^L \sum_{i=1}^r h_i(\boldsymbol{\xi}(x,t))\boldsymbol{y}^{\mathrm{T}}(x,t)[\boldsymbol{P}\boldsymbol{A}_i - \boldsymbol{P}\boldsymbol{\Theta} + *]\boldsymbol{y}(x,t)\mathrm{d}x \end{aligned} \tag{4.4.12}$$

应用引理 2.1 并考虑 $[\boldsymbol{P\Theta}+*]>0$，有如下不等式成立：

$$
\begin{aligned}
&-\int_0^L \boldsymbol{y}_x^{\mathrm{T}}(x,t)[\boldsymbol{P\Theta}+*]\boldsymbol{y}_x(x,t)\mathrm{d}x \\
&\leqslant -\frac{\pi^2}{4L^2}\int_0^L [\boldsymbol{y}(x,t)-\boldsymbol{y}(L,t)]^{\mathrm{T}}[\boldsymbol{P\Theta}+*][\boldsymbol{y}(x,t)-\boldsymbol{y}(L,t)]\mathrm{d}x
\end{aligned}
\tag{4.4.13}
$$

利用式 (4.4.13)，式 (4.4.12) 可改写为

$$
\begin{aligned}
\dot{V}(t) \leqslant\ & 2\int_0^L \sum_{i=1}^r h_i(\boldsymbol{\xi}(x,t))[\boldsymbol{y}^{\mathrm{T}}(x,t)-\boldsymbol{y}^{\mathrm{T}}(L,t)]\boldsymbol{P\Theta K}_i\boldsymbol{y}(x,t)\mathrm{d}x- \\
& \frac{\pi^2}{4L^2}\int_0^L [\boldsymbol{y}(x,t)-\boldsymbol{y}(L,t)]^{\mathrm{T}}\boldsymbol{P\Theta}[\boldsymbol{y}(x,t)-\boldsymbol{y}(L,t)]\mathrm{d}x+ \\
& \int_0^L \sum_{i=1}^r h_i(\boldsymbol{\xi}(x,t))\boldsymbol{y}^{\mathrm{T}}(x,t)[\boldsymbol{PA}_i-\boldsymbol{P\Theta}+*]\boldsymbol{y}(x,t)\mathrm{d}x \\
=\ & \int_0^L \sum_{i=1}^r h_i(\boldsymbol{\xi}(x,t))\tilde{\boldsymbol{y}}^{\mathrm{T}}(x,t)\tilde{\boldsymbol{\Xi}}_i\tilde{\boldsymbol{y}}(x,t)\mathrm{d}x
\end{aligned}
\tag{4.4.14}
$$

式中

$$
\tilde{\boldsymbol{y}}(x,t) \triangleq \begin{bmatrix} \boldsymbol{y}^{\mathrm{T}}(x,t)-\boldsymbol{y}^{\mathrm{T}}(L,t) & \boldsymbol{y}^{\mathrm{T}}(x,t) \end{bmatrix}^{\mathrm{T}}
$$

$$
\tilde{\boldsymbol{\Xi}}_i = \begin{bmatrix} -\frac{\pi^2}{4L^2}[\boldsymbol{P\Theta}+*] & \boldsymbol{P\Theta K}_i \\ * & [\boldsymbol{PA}_i-\boldsymbol{P\Theta}+*] \end{bmatrix}
$$

在 LMIs(4.4.6) 左右两边同乘分块对角矩阵 $\boldsymbol{\mathcal{P}} \triangleq \text{block-diag}\{\boldsymbol{P},\boldsymbol{P},\boldsymbol{P},\boldsymbol{P}\}$，通过模糊隶属度函数 $h_i(\boldsymbol{\xi})$ 的性质 (4.3.3) 并考虑式 (4.4.9)，可以得到对于任意 $i\in\mathbb{R}$，都有

$$
\tilde{\boldsymbol{\Xi}}_i = \boldsymbol{\mathcal{P}}\boldsymbol{\Xi}_i\boldsymbol{\mathcal{P}} < 0 \tag{4.4.15}
$$

该式还可写为

$$
\tilde{\boldsymbol{\Xi}}_i + \kappa\boldsymbol{I} \leqslant 0,\ i\in\mathbb{R} \tag{4.4.16}
$$

式中，$0<\kappa<\min\limits_{i\in\mathbb{R}}\lambda_{\min}(-\tilde{\boldsymbol{\Xi}}_i)$。进一步，不等式 (4.4.14) 可以写成

$$
\dot{V}(t) \leqslant -\kappa\,\|\tilde{\boldsymbol{y}}(\cdot,t)\|_2^2 \leqslant -\kappa\,\|\boldsymbol{y}(\cdot,t)\|_2^2 \tag{4.4.17}
$$

针对形如式 (4.4.3) 的 Lyapunov 函数，显然存在两个常数 $\eta_1 \triangleq \lambda_{\min}(\boldsymbol{P})$ 和 $\eta_2 \triangleq \lambda_{\max}(\boldsymbol{P})$，使得

$$\eta_1 \|\boldsymbol{y}(\cdot,t)\|_2^2 \leqslant V(t) \leqslant \eta_2 \|\boldsymbol{y}(\cdot,t)\|_2^2 \tag{4.4.18}$$

借助不等式 (4.4.18)，不等式 (4.4.17) 可改写为 $\dot{V}(t) \leqslant -\kappa\eta_2^{-1}V(t)$，进一步可得

$$V(t) \leqslant V(0)\exp(-\kappa\eta_2^{-1}t) \tag{4.4.19}$$

利用不等式 (4.4.18) 和 (4.4.19)，经过整理可得 $\|\boldsymbol{y}(\cdot,t)\|_2 \leqslant \sqrt{\eta_2\eta_1^{-1}}\|\boldsymbol{y}_0(\cdot)\|_2$ $\exp(-0.5\kappa\eta_2^{-1}t)$，这意味着受限于闭环边界条件 (4.4.10) 和初始条件 (4.2.3) 的 T-S 模糊 PDE 模型 (4.3.2) 在 $\|\cdot\|_2$ 范数意义下是指数稳定的。表达式 (4.4.7) 可由表达式 (4.4.9) 得到。

定理 4.1 以 LMI 形式为半线性抛物型 PDE 系统 (4.2.1)~(4.2.3) 提供了模糊边界补偿器 (4.4.1) 的设计方法。如果 LMIs(4.4.6) 存在可行解，那么相应的增益参数矩阵可根据式 (4.4.7) 计算得到。然而，由于需要获得 PDE 系统的全状态信息 (空间连续分布测量)，因此模糊边界补偿器 (4.4.1) 的实现比较困难且成本高昂。为了使得控制设计更符合实际应用需求，通常要求所设计的控制策略实现仅需少量的执行器和传感器。在本节下一部分我们将为半线性 PDE 系统 (4.2.1)~(4.2.3) 介绍一种形如模糊边界补偿器 (4.4.2) 的设计方法，其实现仅需少量的执行器和传感器。

注4.3　注意根据反步法，文献 [140] 提出了一种基于同位边界测量和域内平均测量的边界控制律，用于镇定具有纽曼边界条件的线性抛物型 PDE 系统。不同于文献 [140] 的研究工作，本节借助向量值庞加莱–温格尔不等式的变种形式 (引理 2.1) 提出了一种基于 LMI 的简单方法来设计模糊边界补偿器 (4.4.1)。

2）同位边界测量

在同位边界测量情形下，定理 4.2 以 LMI 形式给出了存在模糊边界补偿器 (4.4.2) 的充分条件。

定理 4.2　考虑半线性抛物型 PDE 系统 (4.2.1)~(4.2.3) 和 T-S 模糊 PDE 模型 (4.3.2)。如果存在 $n \times n$ 维矩阵 $\boldsymbol{X} > 0$ 和 $\boldsymbol{Z}_i, i \in \mathbb{R}$，满足

$$\boldsymbol{\Sigma}_{ij} \triangleq \begin{bmatrix} -\dfrac{\pi^2}{4L^2}[\boldsymbol{\Theta X}+*]+[\boldsymbol{A}_i\boldsymbol{X}+*] & \dfrac{\pi^2}{4L^2}[\boldsymbol{\Theta X}+*] \\ * & -\dfrac{\pi^2}{4L^2}[\boldsymbol{\Theta X}+*]-L^{-1}[\boldsymbol{\Theta Z}_j+*] \end{bmatrix} < 0$$

$$i,j \in \mathbb{R} \tag{4.4.20}$$

那么存在一个模糊边界补偿器 (4.4.2)，使得受限于闭环边界条件 (4.4.23) 的 T-S 模糊 PDE 模型 (4.3.2) 在 $\|\cdot\|_2$ 范数意义下是指数稳定的。在此情况下，相应增益矩阵 $\boldsymbol{K}_j, j \in \mathbb{R}$ 由下式确定：

$$\boldsymbol{K}_j = \boldsymbol{Z}_j \boldsymbol{X}^{-1},\ j \in \mathbb{R} \tag{4.4.21}$$

证明 2 假设存在 $n \times n$ 维矩阵 $\boldsymbol{X} > 0$ 和 $\boldsymbol{Z}_j, j \in \mathbb{R}$ 满足 LMIs(4.4.20)。同样选用式 (4.4.3) 形式的 Lyapunov 函数进行稳定性分析。令

$$\boldsymbol{X} = \boldsymbol{P}^{-1},\ \boldsymbol{Z}_i = \boldsymbol{K}_i \boldsymbol{X} \tag{4.4.22}$$

为进行下一步推导，先将式 (4.4.2) 代入边界条件 (4.2.2) 中得到如下闭环边界条件：

$$\boldsymbol{y}_x(x,t)|_{x=0} = 0,\ \boldsymbol{y}_x(x,t)|_{x=L} = -\sum_{i=1}^{l} h_j(\boldsymbol{\xi}(L,t))\boldsymbol{K}_j \boldsymbol{y}(L,t) \tag{4.4.23}$$

运用分部积分技术并考虑闭环边界条件 (4.4.23)，可得

$$\begin{aligned}
\int_0^L \boldsymbol{y}^{\mathrm{T}}(x,t)\boldsymbol{P\Theta}\boldsymbol{y}_{xx}(x,t)\mathrm{d}x &= \boldsymbol{y}^{\mathrm{T}}(x,t)\boldsymbol{P\Theta}\boldsymbol{y}_x(x,t)\Big|_{x=0}^{x=L} - \\
&\quad \int_0^L \boldsymbol{y}_x^{\mathrm{T}}(x,t)\boldsymbol{P\Theta}\boldsymbol{y}_x(x,t)\mathrm{d}x \\
&= -\boldsymbol{y}^{\mathrm{T}}(L,t)\boldsymbol{P\Theta}\sum_{j=1}^{l} h_j(\boldsymbol{\xi}(L,t))\boldsymbol{K}_j \boldsymbol{y}(L,t) - \\
&\quad \int_0^L \boldsymbol{y}_x^{\mathrm{T}}(x,t)\boldsymbol{P\Theta}\boldsymbol{y}_x(x,t)\mathrm{d}x
\end{aligned} \tag{4.4.24}$$

通过式 (4.4.24)，表达式 (4.4.4) 可改写为

$$\begin{aligned}
\dot{V}(t) = &-2\boldsymbol{y}^{\mathrm{T}}(L,t)\boldsymbol{P\Theta}\sum_{j=1}^{l} h_j(\boldsymbol{\xi}(L,t))\boldsymbol{K}_j \boldsymbol{y}(L,t) - \\
&2\int_0^L \boldsymbol{y}_x^{\mathrm{T}}(x,t)\boldsymbol{P\Theta}\boldsymbol{y}_x(x,t)\mathrm{d}x + \\
&\int_0^L \sum_{i=1}^{r} h_i(\boldsymbol{\xi}(x,t))\boldsymbol{y}^{\mathrm{T}}(x,t)[\boldsymbol{PA}_i + *]\boldsymbol{y}(x,t)\mathrm{d}x
\end{aligned} \tag{4.4.25}$$

通过式 (4.4.13)，由式 (4.4.25) 可以得到

$$\begin{aligned}\dot{V}(t)\leqslant&-2\boldsymbol{y}^{\mathrm{T}}(L,t)\boldsymbol{P\Theta}\sum_{j=1}^{l}h_j(\boldsymbol{\xi}(L,t))\boldsymbol{K}_j\boldsymbol{y}(L,t)-\\&\frac{\pi^2}{4L^2}\int_0^L[\boldsymbol{y}(x,t)-\boldsymbol{y}(L,t)]^{\mathrm{T}}\boldsymbol{P\Theta}[\boldsymbol{y}(x,t)-\boldsymbol{y}(L,t)]\mathrm{d}x+\\&\int_0^L\sum_{i=1}^{r}h_i(\boldsymbol{\xi}(x,t))\boldsymbol{y}^{\mathrm{T}}(x,t)[\boldsymbol{PA}_i+*]\boldsymbol{y}(x,t)\mathrm{d}x\\=&\int_0^L\sum_{i=1}^{r}\sum_{j=1}^{l}h_i(\boldsymbol{\xi}(x,t))h_j(\boldsymbol{\xi}(L,t))\bar{\boldsymbol{y}}^{\mathrm{T}}(x,t)\bar{\boldsymbol{\Sigma}}_{ij}\bar{\boldsymbol{y}}(x,t)\mathrm{d}x\end{aligned}\tag{4.4.26}$$

式中，$\bar{\boldsymbol{y}}(x,t)\triangleq[\ \boldsymbol{y}^{\mathrm{T}}(x,t)\quad \boldsymbol{y}^{\mathrm{T}}(L,t)\ ]^{\mathrm{T}}$

$$\bar{\boldsymbol{\Sigma}}_{ij}\triangleq\begin{bmatrix}-\dfrac{\pi^2}{4L^2}[\boldsymbol{P\Theta}+*]+[\boldsymbol{PA}_i+*] & \dfrac{\pi^2}{4L^2}[\boldsymbol{P\Theta}+*]\\ * & -\dfrac{\pi^2}{4L^2}[\boldsymbol{P\Theta}+*]-L^{-1}[\boldsymbol{P\Theta K}_j+*]\end{bmatrix}$$

类似定理 4.1 的证明，根据不等式 (4.4.26) 容易证明：如果存在 $n\times n$ 维矩阵 $\boldsymbol{X}>0$ 和 $\boldsymbol{Z}_j, j\in\mathbb{R}$ 满足 LMIs(4.4.20)，那么受闭环边界条件 (4.4.23) 约束的 T-S 模糊 PDE 模型 (4.3.2) 在 $\|\cdot\|_2$ 范数意义下是指数稳定的。

定理 4.2 为半线性抛物型 PDE 系统 (4.2.1)~(4.2.3) 提出了基于 LMI 的模糊边界补偿器 (4.4.2) 的设计方法。该模糊边界补偿器的工程实现相对容易，因为其工程实现仅需少量同位边界执行器和传感器。

注4.4　注意到文献 [71,75] 已经针对一类半线性抛物型 PDE 系统提出了分布式模糊控制设计方法。不同于文献 [71,75] 的研究工作，本节针对空间连续分布测量和同位边界测量两种情形提出了一种简洁但有效的模糊边界补偿器的控制设计方法，而且控制器实现仅要求执行器作用于边界上。因此本节所提出的控制设计方法在实践中要比文献[71,75] 提出的控制设计方法更有实践指导意义。本节主要结果是以标准 LMI 形式给出的，可由现有的凸优化技术 [141,142] 直接求解。

注4.5　虽然本节主要结果是针对纽曼边界条件 (4.2.2) 给出的，但也可以扩展到控制执行器作用于边界 $x=0$ 的情形 ($\boldsymbol{y}_x(x,t)|_{x=0}=\boldsymbol{u}(t)$，$\boldsymbol{y}_x(x,t)|_{x=L}=0$)，或者控制执行器同时作用于边界 $x=0$ 和 $x=L$ 的情形 ($\boldsymbol{y}_x(x,t)|_{x=0}=\boldsymbol{u}(t)$，$\boldsymbol{y}_x(x,t)|_{x=L}=\boldsymbol{v}(t)$)。

4.4.2　基于观测器的动态边界模糊补偿器设计

基于 T-S 模糊 PDE 模型 (4.3.1)，本节分别针对非同位空间离散测量（空间点测量和空间局部分段均匀测量）和非同位边界测量两种情形研究非线性 DPS

模糊边界镇定控制问题。为了克服由非同位测量带来的控制设计困难，本节引入基于观测器的输出反馈控制，首先构建龙伯格观测器以实现系统状态估计，然后在此基础上设计基于观测器的动态模糊边界补偿器以实现相应闭环系统的指数稳定，最后运用 Lyapunov 直接法、分部积分技术和向量值庞加莱—温格尔不等式的变种型式（引理 2.1）, 以标准 LMI 形式给出模糊补偿器存在的充分条件。

1）非同位空间离散测量

本节在非同位空间离散测量情形下展开研究，具体根据传感器观测矩阵函数的不同，又分为非同位空间点测量 (4.2.7)（情形 I）和非同位空间局部分段均匀测量 (4.2.8)（情形 II）两种。根据 T-S 模糊 PDE 模型 (4.3.1)，构建如下龙伯格型 T-S 模糊 PDE 观测器。

观测器规则 j：

如果 $\hat{\xi}_1(x,t)$ 属于 $\hat{F}_{j1},\hat{\xi}_2(x,t)$ 属于 $\hat{F}_{j2},\cdots,\hat{\xi}_s(x,t)$ 属于 $\hat{F}_{js}$，**则**

$$\hat{\boldsymbol{y}}_t(x,t)=\boldsymbol{\Theta}\hat{\boldsymbol{y}}_x(x,t)+\boldsymbol{A}_j\hat{\boldsymbol{y}}(x,t)+\boldsymbol{L}_j(x)(\boldsymbol{y}_{\text{out}}(t)-\hat{\boldsymbol{y}}_{\text{out}}(t)),\ j\in\mathbb{R} \quad (4.4.27)$$

式中，$\hat{F}_{jo},j\in\mathbb{R},o\in\mathbb{S}$ 为观测器的模糊集合；$\hat{\boldsymbol{y}}(x,t)$ 是观测器状态；$\hat{\xi}_1(x,t)$, $\hat{\xi}_2(x,t),\cdots,\hat{\xi}_s(x,t)$ 为模糊规则前件变量，并假设其依赖 $\hat{\boldsymbol{y}}(x,t)$；矩阵函数

$$\boldsymbol{L}_j(x)\triangleq[\ \varphi_1(x)\boldsymbol{L}_{1j}\quad \varphi_2(x)\boldsymbol{L}_{2j}\quad\cdots\quad\varphi_m(x)\boldsymbol{L}_{mj}\ ]\in\Re^{n\times mn},\ j\in\mathbb{R}$$

是待定的观测器增益，$\varphi_q(x)=\begin{cases}1, & x\in[x_q,x_{q+1}]\\ 0, & \text{否则}\end{cases}$，$q\in\mathcal{M}$；$\hat{\boldsymbol{y}}_{\text{out}}(t)=\int_0^L\boldsymbol{C}(x)$; $\hat{\boldsymbol{y}}(x,t)\mathrm{d}x$ 是观测器输出。

为了保证其解的存在性和唯一性，假设模糊 PDE 观测器 (4.4.27) 受限于边界条件 $\hat{\boldsymbol{y}}_x(x,t)|_{x=0}=0$，$\hat{\boldsymbol{y}}_x(x,t)|_{x=L}=\boldsymbol{B}\boldsymbol{u}(t)$ 和初值 $\hat{\boldsymbol{y}}(x,0)=\hat{\boldsymbol{y}}_0(x)$。结合模糊隶属度函数，通过将模糊 PDE 观测器 (4.4.27) 中的局部线性 PDE 系统时空动态进行模糊“插值”可得其全局形式为

$$\begin{cases}\hat{\boldsymbol{y}}_t(x,t)=\boldsymbol{\Theta}\hat{\boldsymbol{y}}_{xx}(x,t)+\sum\limits_{j=1}^{r}h_j(\hat{\boldsymbol{\xi}}(x,t))\boldsymbol{A}_j\hat{\boldsymbol{y}}(x,t)+\sum\limits_{j=1}^{r}h_j(\hat{\boldsymbol{\xi}}(x,t))\sum\limits_{q=1}^{m}\varphi_q(x)\boldsymbol{L}_{qj}\times\\ \qquad\displaystyle\int_0^L c_q(x)(\boldsymbol{y}(x,t)-\hat{\boldsymbol{y}}(x,t))\mathrm{d}x,\ x\in(0,L),\ t>0\\ \hat{\boldsymbol{y}}_x(x,t)|_{x=0}=0,\ \hat{\boldsymbol{y}}_x(x,t)|_{x=L}=\boldsymbol{B}\boldsymbol{u}(t),t>0\\ \hat{\boldsymbol{y}}(x,0)=\hat{\boldsymbol{y}}_0(x),x\in[0,L]\end{cases} \quad (4.4.28)$$

式中，$\hat{\boldsymbol{\xi}}(x,t)\triangleq[\ \hat{\xi}_1(x,t)\quad\hat{\xi}_2(x,t)\quad\cdots\quad\hat{\xi}_s(x,t)\ ]^{\mathrm{T}}$；$h_j(\hat{\boldsymbol{\xi}}(x,t)),j\in\mathbb{R}$ 是模糊 PDE 观测器 (4.4.28) 的模糊隶属度函数，是通过将式 (4.3.2) 中的 $\boldsymbol{\xi}(x,t)$ 替换为 $\hat{\boldsymbol{\xi}}(x,t)$

获得的。显然，对于任意 $x \in [0, L]$ 和 $t > 0$，都满足

$$h_j(\hat{\boldsymbol{\xi}}(x,t)) \geqslant 0, \quad \sum_{j=1}^{r} h_j(\hat{\boldsymbol{\xi}}(x,t)) = 1, \quad j \in \mathbb{R} \tag{4.4.29}$$

定义 $\boldsymbol{e}(x,t) \triangleq \boldsymbol{y}(x,t) - \hat{\boldsymbol{y}}(x,t)$，其时空演化动态可由如下模糊估计误差 PDE 模型刻画：

$$\begin{cases} \boldsymbol{e}_t(x,t) = \boldsymbol{\Theta} \boldsymbol{e}_{xx}(x,t) + \sum_{i=1}^{r} h_i(\boldsymbol{\xi}(x,t)) \boldsymbol{A}_i \boldsymbol{y}(x,t) - \\ \qquad \sum_{j=1}^{r} h_j(\hat{\boldsymbol{\xi}}(x,t)) \boldsymbol{A}_j \boldsymbol{y}(x,t) + \sum_{j=1}^{r} h_j(\hat{\boldsymbol{\xi}}(x,t)) \boldsymbol{A}_j \boldsymbol{e}(x,t) - \\ \qquad \sum_{j=1}^{r} h_j(\hat{\boldsymbol{\xi}}(x,t)) \sum_{q=1}^{m} \varphi_q(x) \boldsymbol{L}_{qj} \int_0^L c_q(x) \boldsymbol{e}(x,t) \mathrm{d}x, \ x \in (0,L), \ t > 0 \\ \boldsymbol{e}_x(x,t)|_{x=0} = \boldsymbol{e}_x(x,t)|_{x=L} = 0, t > 0 \\ \boldsymbol{e}(x,0) = \boldsymbol{e}_0(x), x \in [0,L] \end{cases} \tag{4.4.30}$$

式中，$\boldsymbol{e}_0(x) \triangleq \boldsymbol{y}_0(x) - \hat{\boldsymbol{y}}_0(x)$ 是初值。

根据模糊 PDE 观测器 (4.4.28) 提供的状态估计 $\hat{\boldsymbol{y}}(x,t)$，设计如下形式的模糊补偿器：

$$\boldsymbol{u}(t) = \int_0^L \sum_{j=1}^{r} h_j(\hat{\boldsymbol{\xi}}(x,t)) \boldsymbol{K}_j \hat{\boldsymbol{y}}(x,t) \mathrm{d}x \tag{4.4.31}$$

式中，$\boldsymbol{K}_j \in \Re^{p \times n}, j \in \mathbb{R}$ 是待定的控制增益。通过将式 (4.4.31) 代入式 (4.3.4) 并考虑 $\boldsymbol{e}(x,t)$ 的定义，经过整理可得由模糊估计误差 PDE 模型 (4.4.30) 和如下模糊 PDE 模型耦合的闭环系统：

$$\begin{cases} \boldsymbol{y}_t(x,t) = \boldsymbol{\Theta} \boldsymbol{y}_{xx}(x,t) + \sum_{i=1}^{r} h_i(\boldsymbol{\xi}(x,t)) \boldsymbol{A}_i \boldsymbol{y}(x,t), \ t > 0, \ x \in (0,L) \\ \boldsymbol{y}_x(x,t)|_{x=0} = 0 \\ \boldsymbol{y}_x(x,t)|_{x=L} = \boldsymbol{B} \int_0^L \sum_{j=1}^{r} h_j(\hat{\boldsymbol{\xi}}(x,t)) \boldsymbol{K}_j (\boldsymbol{y}(x,t) - \boldsymbol{e}(x,t)) \mathrm{d}x, \ t > 0 \\ \boldsymbol{y}(x,0) = \boldsymbol{y}_0(x), \quad x \in [0,L] \\ \boldsymbol{y}_{\mathrm{out}}(t) = \int_0^L \boldsymbol{C}(x) \boldsymbol{y}(x,t) \mathrm{d}x, \ t \geqslant 0 \end{cases} \tag{4.4.32}$$

本节的主要目的是针对由式 (4.2.7) 和式 (4.2.8) 刻画的两类空间离散测量方式，为一类由半线性抛物型 PDE 刻画的非线性 DPS(4.2.6) 开发一种概念简单但有效的非线性边界补偿器设计方法，从而保证相应闭环系统在 $\|\cdot\|_2$ 范数意义下是指数稳定的。

为便于后续控制算法设计，关于空间域 $(0, L)$，引入如下假设。

假设4.1 假设空间域 $(0, L)$ 可分解为 m 个子区间 $(x_q, x_{q+1}), q \in \mathcal{M}$ 并满足

$$\bar{x}_q \in (x_q, x_{q+1}) \text{ 或 } [\bar{x}_q^L, \bar{x}_q^R] \subset (x_q, x_{q+1}),\ q \in \mathcal{M},\ 0 = x_1 < x_2 < \cdots < x_{m+1} = L$$

结合假设 4.1，运用 Lyapunov 直接法、分部积分技术及向量值庞加莱–温格尔不等式的变种形式 (引理 2.1)，定理 4.3 以 LMI 形式给出了保证闭环 PDE 耦合系统 (4.4.30) 和 (4.4.32) 指数稳定的充分条件。

定理4.3 考虑一类具有两种非同位空间离散测量情形 (4.2.7) 和 (4.2.8)(**情形 I** 和**情形 II**) 的非线性 PDE 系统 (4.2.6) 及 T-S 模糊 PDE 模型 (4.3.2)。对于给定常数 $\varepsilon > 0$，$\bar{x}_q$(或 $\bar{x}_q^L$，$\bar{x}_q^R$)$, q \in \mathcal{M}$，$x_1, x_2, \cdots, x_m$ 满足假设 4.1，如果存在矩阵 $0 < \boldsymbol{Q} \in \Re^{n\times n}$，$\boldsymbol{Z}_i \in \Re^{p\times n}$，$\boldsymbol{Y}_{qj} \in \Re^{n\times n}, q \in \mathcal{M}, i, j \in \mathbb{R}$ 保证以下 LMIs 成立：

$$\bar{\boldsymbol{\Psi}}_{qij} \triangleq \begin{bmatrix} \boldsymbol{\Phi}_{ij} & * \\ \hat{\boldsymbol{\Psi}}_{ij} & \varepsilon\bar{\boldsymbol{\Upsilon}}_{qj} \end{bmatrix} < 0,\ q \in \mathcal{M},\ i, j \in \mathbb{R} \tag{4.4.33}$$

式中

$$\boldsymbol{\Phi}_{ij} \triangleq \begin{bmatrix} [(\boldsymbol{A}_i\boldsymbol{Q} + \boldsymbol{\Theta}\boldsymbol{B}\boldsymbol{Z}_j) + *] & * \\ -\boldsymbol{\Theta}\boldsymbol{B}\boldsymbol{Z}_j & -0.25\pi^2 L^{-2}[\boldsymbol{\Theta}\boldsymbol{Q} + *] \end{bmatrix}$$

$$\hat{\boldsymbol{\Psi}}_{ij} \triangleq \begin{bmatrix} -\boldsymbol{Z}_j^{\mathrm{T}}\boldsymbol{B}^{\mathrm{T}}\boldsymbol{\Theta} + \varepsilon(\boldsymbol{A}_i - \boldsymbol{A}_j)\boldsymbol{Q} & \boldsymbol{Z}_j^{\mathrm{T}}\boldsymbol{B}^{\mathrm{T}}\boldsymbol{\Theta} \\ 0 & 0 \end{bmatrix}$$

$$\bar{\boldsymbol{\Upsilon}}_{qj} \triangleq \begin{bmatrix} [(\boldsymbol{A}_j\boldsymbol{Q} - \boldsymbol{Y}_{qj}) + *] & * \\ \boldsymbol{Y}_{qj}^{\mathrm{T}} & -0.25\pi^2\mu_q^{-1}[\boldsymbol{\Theta}\boldsymbol{Q} + *] \end{bmatrix}$$

且

$$\mu_q \triangleq \begin{cases} \max\{(\bar{x}_q - x_q)^2, (x_{q+1} - \bar{x}_q)^2\} & \textbf{情形 I} \\ \max\{(\bar{x}_q^R - x_q)^2, (x_{q+1} - \bar{x}_q^L)^2\} & \textbf{情形 II} \end{cases}, q \in \mathcal{M} \tag{4.4.34}$$

那么存在一个形如式 (4.4.28) 和式 (4.4.31) 的基于观测器动态模糊补偿器在 $\|\cdot\|_2$

范数意义下指数镇定的非线性 PDE 系统 (4.2.6)[保证由式 (4.4.30) 和式 (4.4.32) 描述的闭环耦合 PDE 系统在 $\|\cdot\|_2$ 范数意义下是局部指数稳定的]，其中补偿器增益矩阵 $\boldsymbol{K}_i, i \in \mathbb{R}$ 和 $\boldsymbol{L}_{qj}, q \in \mathcal{M}, j \in \mathbb{R}$ 可由下式确定：

$$\boldsymbol{K}_i = \boldsymbol{Z}_i \boldsymbol{Q}^{-1},\ \boldsymbol{L}_{qj} = \boldsymbol{Y}_{qj} \boldsymbol{Q}^{-1},\ q \in \mathcal{M},\ i, j \in \mathbb{R} \tag{4.4.35}$$

证明 3　假设存在矩阵 $0 < \boldsymbol{Q} \in \Re^{n\times n}$，$\boldsymbol{Z}_i \in \Re^{p\times n}$，$\boldsymbol{Y}_{qj} \in \Re^{n\times n}, q \in \mathcal{M}$，$i, j \in \mathbb{R}$ 保证 LMIs (4.4.33) 是可行的。选用以下 Lyapunov 函数对由式 (4.4.30) 和式 (4.4.32) 描述的闭环耦合 PDE 系统在 $\|\cdot\|_2$ 范数意义下进行指数稳定性分析：

$$V(t) = V_1(t) + V_2(t) \tag{4.4.36}$$

式中

$$V_1(t) = \int_0^L \boldsymbol{y}^{\mathrm{T}}(x,t)\boldsymbol{P}\boldsymbol{y}(x,t)\mathrm{d}x$$

$$V_2(t) = \varepsilon \int_0^L \boldsymbol{e}^{\mathrm{T}}(x,t)\boldsymbol{P}\boldsymbol{e}(x,t)\mathrm{d}x$$

这里 $0 < \boldsymbol{P} \in \Re^{n\times n}$ 是待定的 Lyapunov 矩阵，且 $\varepsilon > 0$ 是一个给定的设计参数。由式 (4.4.36) 可知，存在两个常数 $\eta_1 \triangleq \lambda_{\min}(\boldsymbol{P})\min\{1,\varepsilon\} > 0$ 和 $\eta_2 \triangleq \lambda_{\max}(\boldsymbol{P})\max\{1,\varepsilon\} > 0$，满足

$$\eta_1 \|\boldsymbol{\sigma}(\cdot,t)\|_2^2 \leqslant V(t) \leqslant \eta_2 \|\boldsymbol{\sigma}(\cdot,t)\|_2^2 \tag{4.4.37}$$

式中，$\boldsymbol{\sigma}(x,t) \triangleq [\ \boldsymbol{y}^{\mathrm{T}}(x,t)\quad \boldsymbol{e}^{\mathrm{T}}(x,t)\ ]^{\mathrm{T}}$。

沿子系统 (4.4.32) 的解轨迹，$\dot{V}_1(t)$ 可整理为

$$\begin{aligned}\dot{V}_1(t) = {} & 2\int_0^L \boldsymbol{y}^{\mathrm{T}}(x,t)\boldsymbol{P}\boldsymbol{\Theta}\boldsymbol{y}_{xx}(x,t)\mathrm{d}x + \\ & 2\int_0^L \sum_{i=1}^r h_i(\boldsymbol{\xi}(x,t))\boldsymbol{y}^{\mathrm{T}}(x,t)\boldsymbol{P}\boldsymbol{A}_i\boldsymbol{y}(x,t)\mathrm{d}x\end{aligned} \tag{4.4.38}$$

运用分部积分技术并考虑子系统 (4.4.32) 中的边界条件，可得

$$\begin{aligned}\int_0^L \boldsymbol{y}^{\mathrm{T}}(x,t)\boldsymbol{P}\boldsymbol{\Theta}\boldsymbol{y}_{xx}(x,t)\mathrm{d}x = {} & -\int_0^L \boldsymbol{y}_x^{\mathrm{T}}(x,t)\boldsymbol{P}\boldsymbol{\Theta}\boldsymbol{y}_x(x,t)\mathrm{d}x + \boldsymbol{y}^{\mathrm{T}}(L,t)\boldsymbol{P}\boldsymbol{\Theta}\boldsymbol{B}\times \\ & \int_0^L \sum_{j=1}^r h_j(\hat{\boldsymbol{\xi}}(x,t))\boldsymbol{K}_j(\boldsymbol{y}(x,t) - \boldsymbol{e}(x,t))\mathrm{d}x\end{aligned} \tag{4.4.39}$$

令

$$\boldsymbol{Q}=\boldsymbol{P}^{-1},\ \boldsymbol{Z}_i=\boldsymbol{K}_i\boldsymbol{Q},\ \boldsymbol{Y}_{qj}=\boldsymbol{L}_{qj}\boldsymbol{Q},\ q\in\mathcal{M},\ i,j\in\mathbb{R} \tag{4.4.40}$$

则 LMIs(4.4.33) 成立意味着

$$[\boldsymbol{\Theta}\boldsymbol{Q}+*]>0 \tag{4.4.41}$$

在不等式 (4.4.42) 左右两边同乘矩阵 $\boldsymbol{P}>0$ 并考虑式 (4.2.10)，可得

$$[\boldsymbol{P}\boldsymbol{\Theta}+*]>0 \tag{4.4.42}$$

通过应用引理 2.1 并考虑不等式 (4.4.42)，进一步可得

$$-\int_0^L \boldsymbol{y}_x^{\mathrm{T}}(x,t)[\boldsymbol{P}\boldsymbol{\Theta}+*]\boldsymbol{y}_x(x,t)\mathrm{d}x\leqslant-\frac{\pi^2}{4L^2}\int_0^L\tilde{\boldsymbol{y}}^{\mathrm{T}}(x,t)[\boldsymbol{P}\boldsymbol{\Theta}+*]\tilde{\boldsymbol{y}}(x,t)\mathrm{d}x \tag{4.4.43}$$

式中

$$\tilde{\boldsymbol{y}}(x,t)\triangleq\boldsymbol{y}(x,t)-\boldsymbol{y}(L,t),\ x\in[0,L] \tag{4.4.44}$$

考虑式 (4.4.39)、式 (4.4.43)、式 (4.4.44) 及 $0=x_1<x_2<\cdots<x_{m+1}=L$，式 (4.4.38) 可改写为

$$\begin{aligned}\dot{V}_1(t)\leqslant&\sum_{q=1}^{m}\int_{x_q}^{x_{q+1}}\boldsymbol{\varsigma}^{\mathrm{T}}(x,t)\boldsymbol{\Phi}(\boldsymbol{\xi},\hat{\boldsymbol{\xi}})\boldsymbol{\varsigma}(x,t)\mathrm{d}x-\\&2\sum_{q=1}^{m}\int_{x_q}^{x_{q+1}}\sum_{j=1}^{r}h_i(\hat{\boldsymbol{\xi}}(x,t))(\boldsymbol{y}^{\mathrm{T}}(x,t)-\tilde{\boldsymbol{y}}^{\mathrm{T}}(x,t))\boldsymbol{P}\boldsymbol{\Theta}\boldsymbol{B}\boldsymbol{K}_j\boldsymbol{e}(x,t)\mathrm{d}x\end{aligned} \tag{4.4.45}$$

式中，$\boldsymbol{\varsigma}(x,t)\triangleq[\ \boldsymbol{y}^{\mathrm{T}}(x,t)\quad\tilde{\boldsymbol{y}}^{\mathrm{T}}(x,t)\ ]^{\mathrm{T}}$；$\boldsymbol{\Phi}(\boldsymbol{\xi},\hat{\boldsymbol{\xi}})\triangleq\sum_{i=1}^{r}\sum_{j=1}^{r}h_i(\boldsymbol{\xi}(x,t))h_j(\hat{\boldsymbol{\xi}}(x,t))\boldsymbol{\Phi}_{ij}$

且

$$\boldsymbol{\Phi}_{ij}\triangleq\begin{bmatrix}[\boldsymbol{P}(\boldsymbol{A}_i+\boldsymbol{\Theta}\boldsymbol{B}\boldsymbol{K}_j)+*] & *\\ -\boldsymbol{P}\boldsymbol{\Theta}\boldsymbol{B}\boldsymbol{K}_j & -0.25L^{-2}\pi^2[\boldsymbol{P}\boldsymbol{\Theta}+*]\end{bmatrix},\ i,j\in\mathbb{R}$$

与式 (4.4.39) 类似，再次应用分部积分技术并考虑子系统 (4.4.30) 中的边界条件，可得

$$\int_0^L \boldsymbol{e}^{\mathrm{T}}(x,t)\boldsymbol{P}\boldsymbol{\Theta}\boldsymbol{e}_{xx}(x,t)\mathrm{d}x=-\int_0^L\boldsymbol{e}_x^{\mathrm{T}}(x,t)\boldsymbol{P}\boldsymbol{\Theta}\boldsymbol{e}_x(x,t)\mathrm{d}x \tag{4.4.46}$$

结合式 (4.4.46) 和 $0=x_1<x_2<\cdots<x_{m+1}=L$，$\dot{V}_2(t)$ 的表达式可改写为

$$
\begin{aligned}
\dot{V}_2(t)=&-\sum_{q=1}^{m}\varepsilon\int_{x_q}^{x_{q+1}}\boldsymbol{e}_x^{\mathrm{T}}(x,t)[\boldsymbol{P\Theta}+*]\boldsymbol{e}_x(x,t)\mathrm{d}x+\\
&\varepsilon\int_0^L\sum_{j=1}^{r}h_j(\hat{\boldsymbol{\xi}}(x,t))\boldsymbol{e}^{\mathrm{T}}(x,t)[\boldsymbol{PA}_j+*]\boldsymbol{e}(x,t)\mathrm{d}x+\\
&2\sum_{q=1}^{m}\varepsilon\int_{x_q}^{x_{q+1}}\boldsymbol{e}^{\mathrm{T}}(x,t)\boldsymbol{P}\sum_{i=1}^{r}h_i(\boldsymbol{\xi}(x,t))\boldsymbol{A}_i\boldsymbol{y}(x,t)\mathrm{d}x-\\
&2\sum_{q=1}^{m}\varepsilon\int_{x_q}^{x_{q+1}}\boldsymbol{e}^{\mathrm{T}}(x,t)\boldsymbol{P}\sum_{j=1}^{r}h_j(\hat{\boldsymbol{\xi}}(x,t))\boldsymbol{A}_j\boldsymbol{y}(x,t)\mathrm{d}x-\\
&2\sum_{q=1}^{m}\varepsilon\int_{x_q}^{x_{q+1}}\boldsymbol{e}^{\mathrm{T}}(x,t)\boldsymbol{P}\sum_{j=1}^{r}h_j(\hat{\boldsymbol{\xi}}(x,t))\boldsymbol{L}_{qj}\left(\int_0^L c_q(x)\boldsymbol{e}(x,t)\mathrm{d}x\right)\mathrm{d}x
\end{aligned}
\tag{4.4.47}
$$

再次应用引理 2.1 和式 (4.4.42)，对于任意 $q\in\mathcal{M}$ 和 $t>0$，都有

$$
-\int_{x_q}^{x_{q+1}}\boldsymbol{e}_x^{\mathrm{T}}(x,t)[\boldsymbol{P\Theta}+*]\boldsymbol{e}_x(x,t)\mathrm{d}x\leqslant-\frac{\pi^2}{4\mu_q}\int_{x_q}^{x_{q+1}}\tilde{\boldsymbol{e}}_q^{\mathrm{T}}(x,t)[\boldsymbol{P\Theta}+*]\tilde{\boldsymbol{e}}_q(x,t)\mathrm{d}x
\tag{4.4.48}
$$

式中，$\mu_q,q\in\mathcal{M}$ 由式 (4.4.34) 定义

$$
\tilde{\boldsymbol{e}}_q(x,t)\triangleq\boldsymbol{e}(x,t)-\int_0^L c_q(x)\boldsymbol{e}(x,t)\mathrm{d}x,\ q\in\mathcal{M}
\tag{4.4.49}
$$

这里的 $c_q(x),q\in\mathcal{M}$ 由式 (4.2.7) 和式 (4.2.8) 定义。

通过将式 (4.4.48) 代入式 (4.4.47) 并考虑 $\varepsilon>0$ 和式 (4.4.49)，经过整理可得

$$
\begin{aligned}
\dot{V}_2(t)\leqslant&\sum_{q=1}^{m}\varepsilon\int_{x_q}^{x_{q+1}}\boldsymbol{\vartheta}_q^{\mathrm{T}}(x,t)\boldsymbol{\Upsilon}(\hat{\boldsymbol{\xi}})\boldsymbol{\vartheta}_q(x,t)\mathrm{d}x+\\
&2\sum_{q=1}^{m}\varepsilon\int_{x_q}^{x_{q+1}}\boldsymbol{e}^{\mathrm{T}}(x,t)\boldsymbol{P}\sum_{i=1}^{r}h_i(\boldsymbol{\xi}(x,t))\boldsymbol{A}_i\boldsymbol{y}(x,t)\mathrm{d}x-\\
&2\sum_{q=1}^{m}\varepsilon\int_{x_q}^{x_{q+1}}\boldsymbol{e}^{\mathrm{T}}(x,t)\boldsymbol{P}\sum_{j=1}^{r}h_j(\hat{\boldsymbol{\xi}}(x,t))\boldsymbol{A}_j\boldsymbol{y}(x,t)\mathrm{d}x
\end{aligned}
\tag{4.4.50}
$$

式中，$\boldsymbol{\vartheta}_q(x,t)\triangleq[\ \boldsymbol{e}^{\mathrm{T}}(x,t)\quad\tilde{\boldsymbol{e}}_q^{\mathrm{T}}(x,t)\ ]^{\mathrm{T}}$；$\boldsymbol{\Upsilon}(\hat{\boldsymbol{\xi}})\triangleq\sum_{j=1}^{r}h_j(\hat{\boldsymbol{\xi}}(x,t))\boldsymbol{\Upsilon}_{qj}$；$\boldsymbol{\Upsilon}_{qj}\triangleq$

$$\begin{bmatrix} [\boldsymbol{P}(\boldsymbol{A}_j - \boldsymbol{L}_{qj}) + *] & * \\ \boldsymbol{L}_{qj}^{\mathrm{T}}\boldsymbol{P} & -0.25\pi^2\mu_q^{-1}[\boldsymbol{P\Theta} + *] \end{bmatrix},\ q \in \mathcal{M},\ j \in \mathbb{R}。$$

利用不等式 (4.4.45) 和 (4.4.50)，由式 (4.4.36) 定义的 Lyapunov 函数 $V(t)$ 的微分形式为

$$\dot{V}(t) \leqslant \sum_{q=1}^{m}\int_{x_q}^{x_{q+1}} \bar{\boldsymbol{\vartheta}}_q^{\mathrm{T}}(x,t)\boldsymbol{\Psi}_q(\boldsymbol{\xi},\hat{\boldsymbol{\xi}})\bar{\boldsymbol{\vartheta}}_q(x,t)\mathrm{d}x \tag{4.4.51}$$

式中，$\bar{\boldsymbol{\vartheta}}_q(x,t) \triangleq [\boldsymbol{\varsigma}^{\mathrm{T}}(x,t) \quad \boldsymbol{\vartheta}_q^{\mathrm{T}}(x,t)]^{\mathrm{T}}$；$\boldsymbol{\Psi}_q(\boldsymbol{\xi},\hat{\boldsymbol{\xi}}) \triangleq \begin{bmatrix} \boldsymbol{\Phi}(\boldsymbol{\xi},\hat{\boldsymbol{\xi}}) & * \\ \hat{\boldsymbol{\Psi}}_1(\boldsymbol{\xi},\hat{\boldsymbol{\xi}}) & \varepsilon\boldsymbol{\Upsilon}_q(\hat{\boldsymbol{\xi}}) \end{bmatrix}, q \in \mathcal{M}$,

$\hat{\boldsymbol{\Psi}}_1(\boldsymbol{\xi},\hat{\boldsymbol{\xi}}) \triangleq \sum_{i=1}^{r}\sum_{j=1}^{r} h_i(\boldsymbol{\xi}(x,t))h_j(\hat{\boldsymbol{\xi}}(x,t)) \begin{bmatrix} -\boldsymbol{K}_j^{\mathrm{T}}\boldsymbol{B}^{\mathrm{T}}\boldsymbol{\Theta P} + \varepsilon\boldsymbol{P}(\boldsymbol{A}_i - \boldsymbol{A}_j) & \boldsymbol{K}_j^{\mathrm{T}}\boldsymbol{B}^{\mathrm{T}}\boldsymbol{\Theta P} \\ 0 & 0 \end{bmatrix}$。

考虑模糊隶属度函数 $h_i(\boldsymbol{\xi}(x,t))$ 和 $h_j(\hat{\boldsymbol{\xi}}(x,t)), i,j \in \mathbb{R}$ 的性质 (4.3.3) 和 (4.4.29)，由 LMIs(4.4.33) 可得

$$\sum_{i=1}^{r}\sum_{j=1}^{r} h_i(\boldsymbol{\xi}(x,t))h_j(\hat{\boldsymbol{\xi}}(x,t))\bar{\boldsymbol{\Psi}}_{qij} < 0,\ x \in [x_q, x_{q+1}],\ q \in \mathcal{M},\ t > 0 \tag{4.4.52}$$

利用式 (4.4.40)，分别在 $\sum_{i=1}^{r}\sum_{j=1}^{r} h_i(\boldsymbol{\xi}(x,t))h_j(\hat{\boldsymbol{\xi}}(x,t))\bar{\boldsymbol{\Psi}}_{qij}, q \in \mathcal{M}$ 左右两边同乘块对角矩阵 $\boldsymbol{\mathcal{P}} \triangleq \text{block-diag}\{\boldsymbol{P}\ \boldsymbol{P}\ \boldsymbol{P}\ \boldsymbol{P}\}$，有

$$\boldsymbol{\Psi}_q(\boldsymbol{\xi},\hat{\boldsymbol{\xi}}) = \boldsymbol{\mathcal{P}}\sum_{i=1}^{r}\sum_{j=1}^{r} h_i(\boldsymbol{\xi}(x,t))h_j(\hat{\boldsymbol{\xi}}(x,t))\bar{\boldsymbol{\Psi}}_{qij}\boldsymbol{\mathcal{P}} \tag{4.4.53}$$

考虑不等式 $\boldsymbol{P} > 0$ 和式 (4.4.52)、式 (4.4.53)，可得

$$\boldsymbol{\Psi}_q(\boldsymbol{\xi},\hat{\boldsymbol{\xi}}) < 0,\ q \in \mathcal{M} \tag{4.4.54}$$

对于不等式 (4.4.54)，存在一个足够小的常数 $\kappa > 0$，使得

$$\boldsymbol{\Psi}_q(\boldsymbol{\xi},\hat{\boldsymbol{\xi}}) + \kappa\boldsymbol{I} \leqslant 0,\ q \in \mathcal{M} \tag{4.4.55}$$

根据 $\bar{\boldsymbol{\vartheta}}_q(x,t)$ 的定义和不等式 (4.4.55)，不等式 (4.4.51) 可写为

$$\dot{V}(t) \leqslant -\kappa\left\|\boldsymbol{\sigma}(\cdot,t)\right\|_2^2 \tag{4.4.56}$$

由不等式 (4.4.37) 和 (4.4.56) 可得 $\dot{V}(t) \leqslant -\kappa\eta_2^{-1}V(t)$，这意味着

$$V(t) \leqslant V(0)\exp(-\kappa\eta_2^{-1}t) \tag{4.4.57}$$

由不等式 (4.4.37) 和 (4.4.57) 可得

$$\|\boldsymbol{\sigma}(\cdot,t)\|_2 \leqslant \sqrt{\eta_1^{-1}\eta_2}\|\boldsymbol{\sigma}_0(\cdot)\|_2 \exp(-0.5\kappa\eta_2^{-1}t)$$

式中，$\boldsymbol{\sigma}_0(x) \triangleq [\ \boldsymbol{y}_0^{\mathrm{T}}(x) \quad \boldsymbol{e}_0^{\mathrm{T}}(x)\ ]^{\mathrm{T}}$。根据上述不等式和定义 4.1，可以得到如下结论：闭环耦合 PDE 系统 (4.4.30) 和 (4.4.32) 在 $\|\cdot\|_2$ 范数意义下是指数稳定的。表达式 (4.4.35) 可由式 (4.4.40) 得到。

针对由式 (4.2.7) 和式 (4.2.8) 刻画的两种非同位空间离散测量情形，定理 4.3 的以 LMIs(4.4.33) 形式为式 (4.2.6) 给出了基于 Lyapunov 直接法的动态模糊边界补偿器 (4.4.28) 和 (4.4.31) 的设计方法。如果 LMIs(4.4.33) 是可行的，那么控制器增益 $\boldsymbol{K}_i, i \in \mathbb{R}$ 和观测器增益 $\boldsymbol{L}_{qj}, q \in \mathcal{M}, j \in \mathbb{R}$ 可由其可行解根据式 (4.4.35) 确定。值得指出的是，所提出的动态模糊补偿器是相对容易实现的，其实现仅需有限数量的执行器布放在边界 $x = L$ 上，而传感器仅活跃于空间域 $(0, L)$ 中的某些特定位置 $\bar{x}_q$ 或局部子区间 $[\bar{x}_q^L, \bar{x}_q^R], q \in \mathcal{M}$。

注4.6　注意到文献 [152] 中开发的模糊观测器设计仅适用于一类半线性指数稳定 PDE 系统。不同于文献 [152]，本节所开发的动态边界模糊补偿器设计方法针对的是一类半线性不稳定 PDE 系统。另外，本节所提出的控制设计方法是通过构建具有相同 Lyapunov 参数矩阵 $\boldsymbol{P} > 0$ 的 Lyapunov 函数 (4.4.36) 而开发的，这导致了所提出的控制设计方法的保守性。为了降低保守性，在构建 Lyapunov 函数时引入了一个设计参数 $\varepsilon > 0$。当然，保守性可通过构建更为一般的 Lyapunov 函数来降低，但这超出了本节的研究范围。为此，我们将在后续工作中进一步讨论如何降低保守性。

注4.7　值得注意的是，在 4.4.1 节所考虑的半线性 PDE 系统中，控制执行器的数量等同于系统状态维数。与 4.4.1 节的研究工作相比，本节所考虑的非线性 PDE 系统控制执行器的数量是不同于系统状态维数的，即 $p \neq n$。另外，本节所提出的控制设计方法可扩展到具有如下形式的纽曼边界控制：作用于边界 $x = 0$ 处（$\boldsymbol{y}_x(x,t)|_{x=0} = \boldsymbol{B}\boldsymbol{u}(t)$，$\boldsymbol{y}_x(x,t)|_{x=0} = 0$）及同时作用于边界 $x = 0$ 和 $x = L$ 处（$\boldsymbol{y}_x(x,t)|_{x=0} = \boldsymbol{B}_1\boldsymbol{u}(t)$，$\boldsymbol{y}_x(x,t)|_{x=0} = \boldsymbol{B}_2\boldsymbol{v}(t)$）。

注4.8　最近，基于 T-S 模糊 PDE 模型的模糊控制已成功应用于解决局部分段控制[76,78] 和点控制[77] 情形下的半线性抛物型 PDE 系统智能控制设计，其中系统的控制驱动作用于空间域的部分子区域或某些特定位置上。虽然本节所提出的模糊控制器的镇定能力要弱于文献 [76~78] 中的模糊控制器，但它适用于一类控制驱动不可侵入的应用场合。

2）非同位边界测量

相较于非同位空间离散测量，在非同位边界测量情形下考虑半线性 PDE 系统受限于边界条件的特殊性，根据 T-S 模糊抛物型 PDE 模型 (4.3.2)，构建如下形式的 T-S 时空模糊观测器。

观测器规则 j：

如果 $\hat{\xi}_1(x,t)$ **属于** $\hat{F}_{j1},\cdots,\hat{\xi}_s(x,t)$ **属于** $\hat{F}_{js}$，**则**

$$\begin{aligned}&\hat{\boldsymbol{y}}_t(x,t)=\boldsymbol{\Theta}\hat{\boldsymbol{y}}_{xx}(x,t)+\boldsymbol{A}_j\hat{\boldsymbol{y}}(x,t)+\boldsymbol{L}_j(\boldsymbol{y}_{\text{out}}(t)-\hat{\boldsymbol{y}}_{\text{out}}(t))\\&\hat{\boldsymbol{y}}_x(x,t)|_{x=0}=\boldsymbol{L}_{0j}(\boldsymbol{y}_{\text{out}}(t)-\hat{\boldsymbol{y}}_{\text{out}}(t))\\&\hat{\boldsymbol{y}}_x(x,t)|_{x=L}=\boldsymbol{u}(t),\ \hat{\boldsymbol{y}}(x,0)=\hat{\boldsymbol{y}}_0(x)\end{aligned}\tag{4.4.58}$$

式中，$\hat{F}_{jo},j\in\mathbb{R}$，$o\in\mathbb{S}$ 为观测器的模糊集合；$\hat{\boldsymbol{y}}(x,t)$ 是估计状态；$\hat{\xi}_o(x,t)$ 为模糊规则前件变量，且假设其依赖估计状态 $\hat{\boldsymbol{y}}(x,t)$；$\boldsymbol{L}_j$ 和 $\boldsymbol{L}_{0j},j\in\mathbb{R}$ 是待定的观测器增益。模糊观测器输出为

$$\hat{\boldsymbol{y}}_{\text{out}}(t)=\hat{\boldsymbol{y}}(0,t)\tag{4.4.59}$$

注4.9 在非同位边界测量情形下，假设在系统 (4.2.1)~(4.2.3) 中，$\boldsymbol{B}=\boldsymbol{I}$，则 $\boldsymbol{B}\neq\boldsymbol{I}$ 的情况很容易得到。

注4.10 本节所提出的模糊观测器 (4.4.58) 与式 (4.4.28) 这一经典龙伯格观测器不同。主要区别在于前者输出校正项 $(\boldsymbol{y}_{\text{out}}(t)-\hat{\boldsymbol{y}}_{\text{out}}(t))$ 同时出现在系统状态方程与边界条件中，使得观测效果更加精确，而后者输出校正项只包含在状态方程中。这种类型的观测器已在文献 [87] 中提出，用于解决半线性抛物型 PDE 系统的在线状态估计问题。

同样地，对模糊观测器 (4.4.58) 中的线性 PDE 观测器进行模糊"插值"可得全局 T-S 模糊 PDE 观测器：

$$\begin{aligned}&\hat{\boldsymbol{y}}_t(x,t)=\boldsymbol{\Theta}\hat{\boldsymbol{y}}_{xx}(x,t)+\sum_{j=1}^{r}h_j(\hat{\boldsymbol{\xi}}(x,t))\boldsymbol{A}_j\hat{\boldsymbol{y}}(x,t)+\\&\qquad\sum_{j=1}^{r}h_j(\hat{\boldsymbol{\xi}}(x,t))\boldsymbol{L}_j(\boldsymbol{y}_{\text{out}}(t)-\hat{\boldsymbol{y}}_{\text{out}}(t))\\&\hat{\boldsymbol{y}}_x(x,t)|_{x=0}=\sum_{j=1}^{r}\int_0^L h_j(\hat{\boldsymbol{\xi}}(x,t))\mathrm{d}x\boldsymbol{L}_{0j}(\boldsymbol{y}_{\text{out}}(t)-\hat{\boldsymbol{y}}_{\text{out}}(t))\\&\hat{\boldsymbol{y}}_x(x,t)|_{x=L}=\boldsymbol{u}(t),\ \hat{\boldsymbol{y}}(x,0)=\hat{\boldsymbol{y}}_0(x)\end{aligned}\tag{4.4.60}$$

式中，$h_j(\hat{\boldsymbol{\xi}}(x,t)) \triangleq \dfrac{w_j(\hat{\boldsymbol{\mu}}(x,t))}{\sum\limits_{j=1}^{r}\omega_j(\hat{\boldsymbol{\xi}}(x,t))}, j \in \mathbb{R}$ 为模糊观测器 (4.4.58) 的模糊隶属度函数。对于任意 $x \in [0, L], t \geqslant 0$，$h_j(\hat{\boldsymbol{\xi}}(x,t)), j \in \mathbb{R}$ 都满足

$$h_j(\hat{\boldsymbol{\xi}}(x,t)) \geqslant 0,\ \sum_{j=1}^{r} h_j(\hat{\boldsymbol{\xi}}(x,t)) = 1,\ j \in \mathbb{R} \tag{4.4.61}$$

本节的主要目的是针对非线性抛物型 DPS(4.2.1)~(4.2.3)，在仅有非同位边界测量 (4.2.9) 的情形下，开发一种系统化、概念简单但有效的基于观测器的输出反馈模糊补偿器 (4.4.60) 和 (4.4.62) 的设计方法，使得相应闭环系统在 $\|\cdot\|_2$ 范数意义下是指数稳定的。

为简化符号，$\boldsymbol{\xi}$ 和 $\hat{\boldsymbol{\xi}}$ 在本节后续分别代表 $\boldsymbol{\xi}(x,t)$ 和 $\hat{\boldsymbol{\xi}}(x,t)$。利用模糊观测器 (4.4.60) 中的估计状态 $\hat{\boldsymbol{y}}(x,t)$，构建如下形式的反馈模糊补偿器：

$$\boldsymbol{u}(t) = \sum_{j=1}^{r} \int_0^L h_j(\hat{\boldsymbol{\xi}}) \boldsymbol{K}_j \hat{\boldsymbol{y}}(x,t) \mathrm{d}x \tag{4.4.62}$$

式中，$\boldsymbol{K}_j \in \Re^{n\times n}, j \in \mathbb{R}$ 是待定控制增益。

定义误差

$$\boldsymbol{e}(x,t) \triangleq \boldsymbol{y}(x,t) - \hat{\boldsymbol{y}}(x,t) \tag{4.4.63}$$

受限于如下 T-S 时空模糊系统：

$$\begin{cases} \boldsymbol{e}_t(x,t) = \boldsymbol{\Theta}\boldsymbol{e}_{xx}(x,t) + \displaystyle\sum_{i=1}^{r} h_i(\boldsymbol{\xi})\boldsymbol{A}_i\boldsymbol{y}(x,t) - \\ \qquad \displaystyle\sum_{j=1}^{r} h_j(\hat{\boldsymbol{\xi}})\boldsymbol{A}_j[\boldsymbol{y}(x,t) - \boldsymbol{e}(x,t)] - \sum_{j=1}^{r} h_j(\hat{\boldsymbol{\xi}})\boldsymbol{L}_j\boldsymbol{e}(0,t) \\ \boldsymbol{e}_x(x,t)|_{x=0} = -\displaystyle\sum_{j=1}^{r}\int_0^L h_j(\hat{\boldsymbol{\xi}})\mathrm{d}x\boldsymbol{L}_{0j}\boldsymbol{e}(0,t) \\ \boldsymbol{e}_x(x,t)|_{x=L} = 0,\ \boldsymbol{e}(x,0) = \boldsymbol{e}_0(x) \end{cases} \tag{4.4.64}$$

式中，$\boldsymbol{e}_0(x) \triangleq \boldsymbol{y}_0(x) - \boldsymbol{y}_0(x)$ 是初值。将式 (4.4.62) 代入式 (4.2.2) 并考虑式 (4.4.63)，可得由 PDE 模型 (4.4.64) 和 (4.4.65) 刻画的闭环耦合系统：

$$
\begin{cases}
\boldsymbol{y}_t(x,t) = \boldsymbol{\Theta}\boldsymbol{y}_{xx}(x,t) + \sum_{i=1}^{r} h_i(\boldsymbol{\xi})\boldsymbol{A}_i\boldsymbol{y}(x,t) \\
\boldsymbol{y}_x(x,t)|_{x=0} = 0 \\
\boldsymbol{y}_x(x,t)|_{x=L} = \sum_{j=1}^{r}\int_0^L h_j(\hat{\boldsymbol{\xi}})\boldsymbol{K}_j[\boldsymbol{y}(x,t) - \boldsymbol{e}(x,t)]\mathrm{d}x \\
\boldsymbol{y}(x,0) = \boldsymbol{y}_0(x)
\end{cases}
\tag{4.4.65}
$$

运用 Lyapunov 直接法和向量值庞加莱–温格尔不等式的变种形式 (引理 2.1)，定理 4.4 以 LMI 的形式给出了形如反馈模糊补偿器 (4.4.60) 和 (4.4.62) 存在的充分条件，该补偿器能保证相应闭环耦合系统 (4.4.64) 和 (4.4.65) 在 $\|\cdot\|_2$ 范数意义下是指数稳定的。

定理 4.4 考虑一类具有非同位边界测量 (4.2.9) 的半线性抛物型 DPS (4.2.1)~(4.2.3) 和 T-S 模糊 PDE 模型 (4.3.2)。对于给定常数 $\varepsilon > 0$，如果存在矩阵 $0 < \boldsymbol{X} \in \Re^{n\times n}$，$\boldsymbol{Z}_j \in \Re^{n\times n}$，$\boldsymbol{Y}_j \in \Re^{n\times n}$，$\boldsymbol{Y}_{0j} \in \Re^{n\times n}, j \in \mathbb{R}$，满足以下 LMIs:

$$
\boldsymbol{\Upsilon} \triangleq \boldsymbol{\Theta}\boldsymbol{X} + \boldsymbol{X}\boldsymbol{\Theta} > 0 \tag{4.4.66}
$$

$$
\boldsymbol{\Omega}_{ij} \triangleq \begin{bmatrix} \boldsymbol{\Omega}_{1,ij} & \boldsymbol{\Omega}_{3,ij} \\ \boldsymbol{\Omega}_{3,ij}^{\mathrm{T}} & \varepsilon\boldsymbol{\Omega}_{2,j} \end{bmatrix} < 0,\ i,j \in \mathbb{R} \tag{4.4.67}
$$

式中

$$
\boldsymbol{\Omega}_{1,ij} \triangleq \begin{bmatrix} [\boldsymbol{A}_i\boldsymbol{X} + \boldsymbol{\Theta}\boldsymbol{Z}_j + *] & * \\ -\boldsymbol{\Theta}\boldsymbol{Z}_j & -\dfrac{\pi^2\boldsymbol{\Upsilon}}{4L^2} \end{bmatrix}
$$

$$
\boldsymbol{\Omega}_{2,j} \triangleq \begin{bmatrix} [\boldsymbol{A}_j\boldsymbol{X} - \boldsymbol{Y}_j + *] & \boldsymbol{Y}_j \\ * & -\dfrac{\pi^2\boldsymbol{\Upsilon}}{4L^2} \end{bmatrix} + \begin{bmatrix} [\boldsymbol{\Theta}\boldsymbol{Y}_{0j} + *] & -[\boldsymbol{\Theta}\boldsymbol{Y}_{0j} + *] \\ * & [\boldsymbol{\Theta}\boldsymbol{Y}_{0j} + *] \end{bmatrix}
$$

$$
\boldsymbol{\Omega}_{3,ij} \triangleq \begin{bmatrix} -\boldsymbol{\Theta}\boldsymbol{Z}_j + \varepsilon\boldsymbol{X}(\boldsymbol{A}_i - \boldsymbol{A}_j)^{\mathrm{T}} & 0 \\ \boldsymbol{\Theta}\boldsymbol{Z}_j & 0 \end{bmatrix}
$$

那么存在一个基于观测器的反馈模糊补偿器 (4.4.60) 和 (4.4.62)，使得相应闭环耦合系统 (4.4.64) 和 (4.4.65) 在 $\|\cdot\|_2$ 范数意义下是指数稳定的。其中，补偿器增益 $\boldsymbol{K}_j$，$\boldsymbol{L}_j$ 和 $\boldsymbol{L}_{0j}, j \in \mathbb{R}$ 可由下式确定:

$$
\boldsymbol{K}_j = \boldsymbol{Z}_j\boldsymbol{X}^{-1},\ \boldsymbol{L}_j = \boldsymbol{Y}_j\boldsymbol{X}^{-1},\ \ \boldsymbol{L}_{0j} = \boldsymbol{Y}_{0j}\boldsymbol{X}^{-1},\ j \in \mathbb{R} \tag{4.4.68}
$$

证明 4 假设对于给定常数 $\varepsilon > 0$ 及矩阵 $\boldsymbol{X} > 0$，$\boldsymbol{Z}_j$，$\boldsymbol{Y}_j$ 和 $\boldsymbol{Y}_{0j}, j \in \mathbb{R}$，LMIs(4.4.66) 和 (4.4.67) 成立。选用 Lyapunov 函数对由式 (4.4.64) 和式 (4.4.65) 表示的闭环耦合系统在 $\|\cdot\|_2$ 范数意义下进行指数稳定性分析：

$$V(t) = V_1(t) + V_2(t) \tag{4.4.69}$$

式中

$$V_1(t) = \int_0^L \boldsymbol{y}^{\mathrm{T}}(x,t)\boldsymbol{P}\boldsymbol{y}(x,t)\mathrm{d}x$$

$$V_2(t) = \varepsilon\int_0^L \boldsymbol{e}^{\mathrm{T}}(x,t)\boldsymbol{P}\boldsymbol{e}(x,t)\mathrm{d}x$$

这里 $0 < \boldsymbol{P} \in \Re^{n\times n}$ 是待定的 Lyapunov 矩阵，且 $\varepsilon > 0$ 是给定的一个设计参数。

令

$$\boldsymbol{X} = \boldsymbol{P}^{-1},\ \boldsymbol{Z}_j = \boldsymbol{K}_j\boldsymbol{X},\ \boldsymbol{Y}_j = \boldsymbol{L}_j\boldsymbol{X},\ \boldsymbol{Y}_{0j} = \boldsymbol{L}_{0j}\boldsymbol{X},\ j \in \mathbb{R} \tag{4.4.70}$$

在 LMI(4.4.66) 左右两边分别乘以矩阵 $\boldsymbol{P} > 0$ 并考虑式 (4.4.70)，可得

$$\boldsymbol{P}\boldsymbol{\varUpsilon}\boldsymbol{P} = \boldsymbol{P}\boldsymbol{\varTheta} + \boldsymbol{\varTheta}\boldsymbol{P} \tag{4.4.71}$$

这意味着 LMIs(4.4.66) 等价于

$$\bar{\boldsymbol{\varUpsilon}} \triangleq \boldsymbol{P}\boldsymbol{\varTheta} + \boldsymbol{\varTheta}\boldsymbol{P} > 0 \tag{4.4.72}$$

由式 (4.4.69) 定义的 Lyapunov 函数可以写为

$$V(t) = \int_0^L \boldsymbol{\sigma}^{\mathrm{T}}(x,t)\text{block-diag}\{\boldsymbol{P}, \varepsilon\boldsymbol{P}\}\boldsymbol{\sigma}(x,t)\mathrm{d}x \tag{4.4.73}$$

且满足

$$\eta_1||\boldsymbol{\sigma}(\cdot,t)||_2^2 \leqslant V(t) \leqslant \eta_2||\boldsymbol{\sigma}(\cdot,t)||_2^2 \tag{4.4.74}$$

式中，$\boldsymbol{\sigma}(x,t) \triangleq [\boldsymbol{y}^{\mathrm{T}}(x,t)\ \ \boldsymbol{e}^{\mathrm{T}}(x,t)]^{\mathrm{T}}$；$\eta_1 \triangleq \lambda_{\min}(\text{block-diag}\{\boldsymbol{P},\ \varepsilon\boldsymbol{P}\})$；$\eta_2 \triangleq \lambda_{\max}$ $(\text{block-diag}\{\boldsymbol{P},\ \varepsilon\boldsymbol{P}\})$。

沿着系统 (4.4.65) 的解轨迹，对 $V_1(t)$ 关于时间 t 求导可得

$$\dot{V}_1(t) = 2\int_0^L \boldsymbol{y}^{\mathrm{T}}(x,t)\boldsymbol{P}\boldsymbol{\varTheta}\boldsymbol{y}_{xx}(x,t)\mathrm{d}x + \int_0^L \sum_{i=1}^{r} h_i(\boldsymbol{\xi})\boldsymbol{y}^{\mathrm{T}}(x,t)[\boldsymbol{P}\boldsymbol{A}_i + *]\boldsymbol{y}(x,t)\mathrm{d}x \tag{4.4.75}$$

应用分部积分技术并考虑式 (4.4.65) 中的边界条件，$\int_0^L \boldsymbol{y}^{\mathrm{T}}(x,t)\boldsymbol{P\Theta}\boldsymbol{y}_{xx}(x,t)\mathrm{d}x$ 可写为

$$\int_0^L \boldsymbol{y}^{\mathrm{T}}(x,t)\boldsymbol{P\Theta}\boldsymbol{y}_{xx}(x,t)\mathrm{d}x = -\int_0^L \boldsymbol{y}_x^{\mathrm{T}}(x,t)\boldsymbol{P\Theta}\boldsymbol{y}_x(x,t)\mathrm{d}x + \boldsymbol{y}^{\mathrm{T}}(L,t)\boldsymbol{P\Theta}\sum_{j=1}^{r}\int_0^L h_j(\hat{\boldsymbol{\xi}})\boldsymbol{K}_j[\boldsymbol{y}(x,t)-\boldsymbol{e}(x,t)]\mathrm{d}x \tag{4.4.76}$$

应用引理 2.1 并考虑不等式 (4.4.72)，进一步可得

$$-\int_0^L \boldsymbol{y}_x^{\mathrm{T}}(x,t)\bar{\boldsymbol{\Upsilon}}\boldsymbol{y}_x(x,t)\mathrm{d}x \leqslant -\frac{\pi^2}{4L^2}\int_0^L \tilde{\boldsymbol{y}}^{\mathrm{T}}(x,t)\bar{\boldsymbol{\Upsilon}}\tilde{\boldsymbol{y}}(x,t)\mathrm{d}x \tag{4.4.77}$$

式中，$\tilde{\boldsymbol{y}}(x,t) \triangleq \boldsymbol{y}(x,t)-\boldsymbol{y}(L,t), x\in[0,L]$。通过式 (4.4.76) 和式 (4.4.77)，式 (4.4.75) 可写为

$$\dot{V}_1(t) \leqslant \int_0^L \boldsymbol{\zeta}^{\mathrm{T}}(x,t)\boldsymbol{\Phi}(\boldsymbol{\xi},\hat{\boldsymbol{\xi}})\boldsymbol{\zeta}(x,t)\mathrm{d}x - 2\int_0^L \sum_{j=1}^{r} h_j(\hat{\boldsymbol{\xi}})[\boldsymbol{y}(x,t)-\tilde{\boldsymbol{y}}(x,t)]^{\mathrm{T}}\boldsymbol{P\Theta K}_j\boldsymbol{e}(x,t)\mathrm{d}x \tag{4.4.78}$$

式中，$\boldsymbol{\zeta}(x,t) \triangleq [\boldsymbol{y}^{\mathrm{T}}(x,t) \quad \tilde{\boldsymbol{y}}^{\mathrm{T}}(x,t)]^{\mathrm{T}}$；$\boldsymbol{\Phi}(\boldsymbol{\xi},\hat{\boldsymbol{\xi}}) \triangleq \sum_{i=1}^{r}\sum_{j=1}^{r} h_i(\boldsymbol{\xi})h_j(\hat{\boldsymbol{\xi}})\boldsymbol{\Phi}_{ij}$，$\boldsymbol{\Phi}_{ij} \triangleq \begin{bmatrix} [\boldsymbol{PA}_i+\boldsymbol{P\Theta K}_j+*] & -\boldsymbol{P\Theta K}_j \\ * & -\dfrac{\pi^2}{4L^2}\bar{\boldsymbol{\Upsilon}} \end{bmatrix}$，$i,j\in\mathbb{R}$。

类似不等式 (4.4.76)，再次运用分部积分技术并考虑系统 (4.4.64) 中的边界条件，可得

$$\int_0^L \boldsymbol{e}^{\mathrm{T}}(x,t)\boldsymbol{P\Theta}\boldsymbol{e}_{xx}(x,t)\mathrm{d}x = -\int_0^L \boldsymbol{e}_x^{\mathrm{T}}(x,t)\boldsymbol{P\Theta}\boldsymbol{e}_x(x,t)\mathrm{d}x + \sum_{j=1}^{r}\int_0^L \boldsymbol{e}^{\mathrm{T}}(0,t)h_j(\hat{\boldsymbol{\xi}})\boldsymbol{P\Theta L}_{0j}\boldsymbol{e}(0,t)\mathrm{d}x \tag{4.4.79}$$

结合不等式 (4.4.79)，沿着系统 (4.4.64) 的解轨迹，对 $V_2(t)$ 关于时间 t 求

导可得

$$\begin{aligned}\dot{V}_2(t)=&-\varepsilon\int_0^L \boldsymbol{e}_x^{\mathrm{T}}(x,t)\bar{\boldsymbol{\Upsilon}}\boldsymbol{e}_x(x,t)\mathrm{d}x+\\&\varepsilon\sum_{j=1}^{r}\int_0^L h_j(\hat{\boldsymbol{\xi}})\boldsymbol{e}^{\mathrm{T}}(x,t)[\boldsymbol{P}\boldsymbol{A}_j+*]\boldsymbol{e}(x,t)\mathrm{d}x+\\&2\varepsilon\int_0^L \boldsymbol{e}^{\mathrm{T}}(x,t)\boldsymbol{P}\sum_{i=1}^{r}h_i(\boldsymbol{\xi})\boldsymbol{A}_i\boldsymbol{y}(x,t)\mathrm{d}x-\\&2\varepsilon\int_0^L \boldsymbol{e}^{\mathrm{T}}(x,t)\boldsymbol{P}\sum_{j=1}^{r}h_j(\hat{\boldsymbol{\xi}})\boldsymbol{A}_j\boldsymbol{y}(x,t)\mathrm{d}x-\\&2\varepsilon\int_0^L \boldsymbol{e}^{\mathrm{T}}(x,t)\boldsymbol{P}\sum_{j=1}^{r}h_j(\hat{\boldsymbol{\xi}})\boldsymbol{L}_j\boldsymbol{e}(0,t)\mathrm{d}x\end{aligned}\tag{4.4.80}$$

再次应用引理 2.1 和式 (4.4.72)，对于任意 $t>0$，下列不等式成立：

$$-\int_0^L \boldsymbol{e}_x^{\mathrm{T}}(x,t)\bar{\boldsymbol{\Upsilon}}\boldsymbol{e}_x(x,t)\mathrm{d}x\leqslant-\frac{\pi^2}{4L^2}\int_0^L \tilde{\boldsymbol{e}}^{\mathrm{T}}(x,t)\bar{\boldsymbol{\Upsilon}}\tilde{\boldsymbol{e}}(x,t)\mathrm{d}x\tag{4.4.81}$$

式中，$\tilde{\boldsymbol{e}}(x,t)\triangleq\boldsymbol{e}(x,t)-\boldsymbol{e}(0,t)$。将式 (4.4.81) 代入式 (4.4.80) 并考虑 $\tilde{\boldsymbol{e}}(x,t)$ 的定义和 $\varepsilon>0$，可得

$$\begin{aligned}\dot{V}_2(t)\leqslant&\,\varepsilon\int_0^L \boldsymbol{\nu}^{\mathrm{T}}(x,t)\boldsymbol{\Upsilon}(\hat{\boldsymbol{\xi}})\boldsymbol{\nu}(x,t)\mathrm{d}x+2\varepsilon\int_0^L \boldsymbol{e}^{\mathrm{T}}(x,t)\boldsymbol{P}\sum_{i=1}^{r}h_i(\boldsymbol{\xi})\boldsymbol{A}_i\boldsymbol{y}(x,t)\mathrm{d}x-\\&2\varepsilon\int_0^L \boldsymbol{e}^{\mathrm{T}}(x,t)\boldsymbol{P}\sum_{j=1}^{r}h_j(\hat{\boldsymbol{\xi}})\boldsymbol{A}_j\boldsymbol{y}(x,t)\mathrm{d}x\end{aligned}\tag{4.4.82}$$

式中，$\boldsymbol{\nu}(x,t)\triangleq[\boldsymbol{e}(x,t)\tilde{\boldsymbol{e}}^{\mathrm{T}}(x,t)]^{\mathrm{T}}$；$\boldsymbol{\Upsilon}(\hat{\boldsymbol{\xi}})\triangleq\sum_{j=1}^{r}h_j(\hat{\boldsymbol{\xi}})\boldsymbol{\Upsilon}_j$，$\boldsymbol{\Upsilon}_j\triangleq\begin{bmatrix}[\boldsymbol{P}\boldsymbol{A}_j-\boldsymbol{P}\boldsymbol{L}_j+*] & \boldsymbol{P}\boldsymbol{L}_j\\ * & -\dfrac{\pi^2\bar{\boldsymbol{\Upsilon}}}{4L^2}\end{bmatrix}$ $+\begin{bmatrix}[\boldsymbol{P}\boldsymbol{\Theta}\boldsymbol{L}_{0j}+*] & -[\boldsymbol{P}\boldsymbol{\Theta}\boldsymbol{L}_{0j}+*]\\ * & [\boldsymbol{P}\boldsymbol{\Theta}\boldsymbol{L}_{0j}+*]\end{bmatrix}$。

利用不等式 (4.4.78) 和 (4.4.82)，沿着闭环耦合系统 (4.4.64) 和 (4.4.65) 的解轨迹，由式 (4.4.69) 定义的 Lyapunov 函数 $V(t)$ 的微分形式为

$$\dot{V}(t)\leqslant\int_0^L \bar{\boldsymbol{\nu}}^{\mathrm{T}}(x,t)\boldsymbol{\Psi}(\boldsymbol{\xi},\hat{\boldsymbol{\xi}})\bar{\boldsymbol{\nu}}(x,t)\mathrm{d}x\tag{4.4.83}$$

式中，$\bar{\boldsymbol{\nu}}(x,t) \triangleq \begin{bmatrix} \boldsymbol{\zeta}^{\mathrm{T}}(x,t) & \boldsymbol{\nu}^{\mathrm{T}}(x,t) \end{bmatrix}^{\mathrm{T}}$；$\boldsymbol{\Psi}(\boldsymbol{\xi},\hat{\boldsymbol{\xi}}) \triangleq \begin{bmatrix} \boldsymbol{\Phi}(\boldsymbol{\xi},\hat{\boldsymbol{\xi}}) & \hat{\boldsymbol{\Psi}}(\boldsymbol{\xi},\hat{\boldsymbol{\xi}}) \\ \hat{\boldsymbol{\Psi}}^{\mathrm{T}}(\boldsymbol{\xi},\hat{\boldsymbol{\xi}}) & \varepsilon\boldsymbol{\Upsilon}(\hat{\boldsymbol{\xi}}) \end{bmatrix}$，$\hat{\boldsymbol{\Psi}}(\boldsymbol{\xi},\hat{\boldsymbol{\xi}}) \triangleq \sum_{i=1}^{r}\sum_{j=1}^{r} h_i(\boldsymbol{\xi})h_j(\hat{\boldsymbol{\xi}})\hat{\boldsymbol{\Psi}}_{ij}$，$\hat{\boldsymbol{\Psi}}_{ij} \triangleq \begin{bmatrix} -\boldsymbol{P\Theta K}_j + \varepsilon(\boldsymbol{A}_i - \boldsymbol{A}_j)^{\mathrm{T}}\boldsymbol{P} & 0 \\ \boldsymbol{P\Theta K}_j & 0 \end{bmatrix}$。

在 LMIs(4.4.67) 左右两边同乘分块对角矩阵 $\boldsymbol{\mathcal{P}} \triangleq \text{block-diag}\{\boldsymbol{P},\boldsymbol{P},\boldsymbol{P},\boldsymbol{P}\}$，通过模糊隶属度函数 $h_i(\boldsymbol{\xi})$ 和 $h_j(\hat{\boldsymbol{\xi}}), i,j \in \mathbb{R}$ 的性质 (4.3.3) 和 (4.4.61) 并考虑式 (4.4.70) 和式 (4.4.84)，可得对于任意 $i,j \in \mathbb{R}$，都有

$$\begin{bmatrix} \boldsymbol{\Phi}_{ij} & \hat{\boldsymbol{\Psi}}_{ij} \\ \hat{\boldsymbol{\Psi}}_{ij}^{\mathrm{T}} & \varepsilon\boldsymbol{\Upsilon}_j \end{bmatrix} = \boldsymbol{\mathcal{P}\Omega}_{ij}\boldsymbol{\mathcal{P}} < 0 \tag{4.4.84}$$

该式可写为

$$\boldsymbol{\Psi}(\boldsymbol{\xi},\hat{\boldsymbol{\xi}}) + \phi\boldsymbol{I} < 0,\ i,j \in \mathbb{R} \tag{4.4.85}$$

式中，常数 ϕ 满足 $0 < \phi \leqslant \min\limits_{i,j\in\mathbb{R}} \lambda_{\min}(-\boldsymbol{\Psi}(\boldsymbol{\xi},\hat{\boldsymbol{\xi}}))$。

根据不等式 (4.4.85)，式 (4.4.83) 可写为

$$\dot{V}(t) \leqslant -\phi\int_0^L \bar{\boldsymbol{\nu}}^{\mathrm{T}}(x,t)\bar{\boldsymbol{\nu}}(x,t)\mathrm{d}x \leqslant -\phi||\boldsymbol{\sigma}(\cdot,t)||_2^2 \tag{4.4.86}$$

根据不等式 (4.4.74) 和 (4.4.86) 可得 $\dot{V}(t) \leqslant -\phi\eta_2^{-1}V(t)$，这意味着

$$V(t) \leqslant V(0)\exp(-\phi\eta_2^{-1}t) \tag{4.4.87}$$

将式 (4.4.87) 从 0 到 t 积分并考虑式 (4.4.74)，可得

$$||\boldsymbol{\sigma}(\cdot,t)||_2 \leqslant \sqrt{\eta_1^{-1}\eta_2}||\boldsymbol{\sigma}_0(\cdot)||_2\exp(-0.5\phi\eta_2^{-1}t) \tag{4.4.88}$$

式中，$\boldsymbol{\sigma}_0(x) \triangleq [\boldsymbol{y}_0^{\mathrm{T}}(x)\ \boldsymbol{e}_0^{\mathrm{T}}(x)]^{\mathrm{T}}$。根据不等式 (4.4.88) 及定义 4.1，可以得到如下结论：闭环耦合系统 (4.4.64) 和 (4.4.65) 在 $\|\cdot\|_2$ 范数意义下是指数稳定的。式 (4.4.68) 可由式 (4.4.70) 得到。

利用由式 (4.2.9) 刻画的非同位边界测量，定理 4.4 为非线性抛物型 DPS (4.2.1)~(4.2.3) 构建了一种基于观测器的输出反馈模糊补偿器 (4.4.60) 和 (4.4.62)，其存在的充分条件以 LMIs(4.4.66) 和 (4.4.67) 的形式给出。若 LMIs(4.4.66) 和 (4.4.67) 可行，则补偿器增益 $\boldsymbol{K}_j$、$\boldsymbol{L}_j$ 和 $\boldsymbol{L}_{0j}, j \in \mathbb{R}$ 可由其可行解及式 (4.4.68) 确定。LMIs(4.4.66) 和 (4.4.67) 的可行性及其可行解可由 MATLAB 的 LMI 控制工具箱[142] 中的 feasp 求解器直接验证并求解。值得注意的是，所提出的反馈模糊补偿器 (4.4.60) 和 (4.4.62) 相对容易实现，只需在边界 $x = L$ 处布放少量执行器及在边界 $x = 0$ 处布放少量传感器。

4.5　数值仿真

4.5.1　空间连续分布测量与同位边界测量仿真结果

本节将针对两个数值算例开展数值仿真实验，以验证 4.4.1 节在空间连续分布测量和同位边界测量情形下所提出的模糊边界补偿器设计方法的优点和可用性。这两个数值算例分别由半线性抛物型 PDE 刻画：标量反应–扩散方程和 FitzHugh-Nagumo(FHN) 方程。

例 4.1　考虑一个由以下标量反应–扩散方程刻画的半线性抛物型 PDE 系统：

$$y_t(x,t) = y_{xx}(x,t) + 0.5\sin(y(x,t)),\ t > 0,\ x \in (0,1) \tag{4.5.1}$$

受限于纽曼边界条件

$$y_x(x,t)|_{x=0} = 0,\ y_x(x,t)|_{x=1} = u(t),\ t > 0 \tag{4.5.2}$$

和初始条件

$$y(x,0) = y_0(x),\ x \in [0,1] \tag{4.5.3}$$

式中，$y(\cdot,t) \in \mathcal{H}([0,1])$ 是状态变量；$u(t) \in \Re$ 是边界控制输入；$t \geqslant 0$、$x \in [0,L]$ 和 L 分别表示时间、空间位置和空间域长度。非线性系统 (4.5.1)~(4.5.3) 可用于描述管式反应器中温度的时空动力学方程[24]。令 $u(t) = 0$，$y_0(x) = 1 + 1.3\cos(\pi x), x \in [0,1]$，图 4.5.1 展示了系统 (4.5.1)~(4.5.3) 的开环演化轮廓 $y(x,t)$ 和开环轨迹 $\|y(\cdot,t)\|_2$。从图 4.5.1 中可以明显看出，非线性系统 (4.5.1)~(4.5.3) 的平衡点 $y(\cdot,t) = 0$ 是不稳定的。

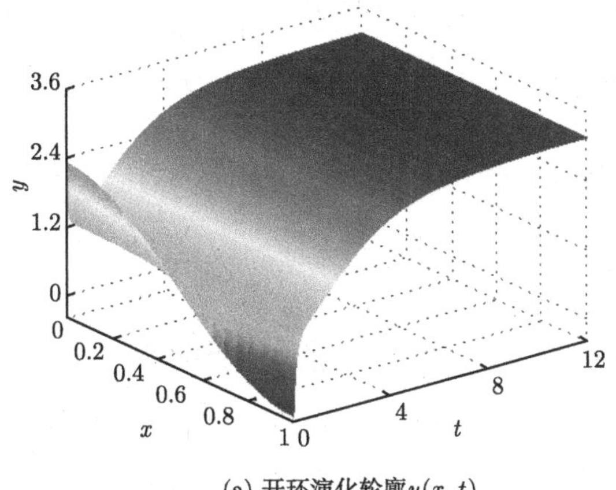

(a) 开环演化轮廓$y(x,\ t)$

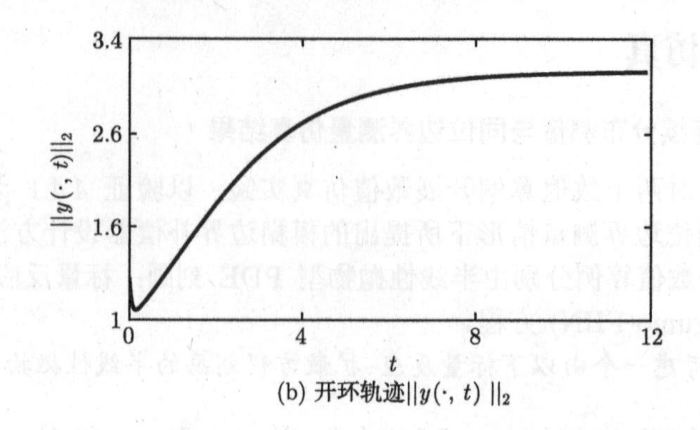

(b) 开环轨迹$\|y(\cdot,t)\|_2$

图 4.5.1 非线性系统 (4.5.1)~(4.5.3) 的开环数值仿真结果

通过假设 $y(x,t) \in (-\pi,\pi), x \in [0,1]$，结合 3.5.2 节介绍的参数依赖扇区非线性 T-S 模糊 PDE 建模方法，PDE 模型 (4.5.1) 中的非线性项 $\sin(y(x,t))$ 可精确表示为

$$\sin(y(x,t)) = h_1(y(x,t))y(x,t) + h_2(y(x,t))\varpi y(x,t) \tag{4.5.4}$$

式中，$\varpi \triangleq 0.01/\pi$；$h_1(y(x,t))$、$h_2(y(x,t)) \in [0,1]$ 且 $h_1(y(x,t))+h_2(y(x,t))=1$。求解上述方程式，可得模糊隶属度函数 $h_1(y(x,t))$ 和 $h_2(y(x,t))$：

$$h_1(y(x,t)) = \begin{cases} \dfrac{\sin(y(x,t)) - \varpi y(x,t)}{(1-\varpi)y(x,t)}, & y(x,t) \neq 0 \\ 1, & y(x,t) = 0 \end{cases} \tag{4.5.5}$$

$$h_2(y(x,t)) = 1 - h_1(y(x,t)) \tag{4.5.6}$$

式 (4.5.5) 和式 (4.5.6) 包含两种特殊情形：$h_1(y(x,t)) = 1$[如果 $y(x,t)=0$] 和 $h_2(y(x,t)) = 1$[如果 $y(x,t) = -\pi$ 或 π]。因此非线性系统 (4.5.1)~(4.5.3) 可由如下具有两条规则的 T-S 模糊 PDE 模型精确表示。

系统规则 **1**：

如果 $y(x,t)$ 属于“0”，则

$$y_t(x,t) = y_{xx}(x,t) + a_1 y(x,t)$$

系统规则 **2**：

如果 $y(x,t)$ 属于“$-\pi$ 或 π”，则

$$y_t(x,t) = y_{xx}(x,t) + a_2 y(x,t)$$

式中，$a_1 = 0.5$；$a_2 = 0.5\varpi$。

利用由式 (4.5.5) 和式 (4.5.6) 定义的模糊隶属度函数 $h_i(y(x,t)), i \in \{1,2\}$，全局 T-S 模糊 PDE 模型可写为

$$y_t(x,t) = y_{xx}(x,t) + \sum_{i=1}^{2} h_i(y(x,t))a_i y(x,t) \tag{4.5.7}$$

受限于边界条件 (4.5.2) 和初始条件 (4.5.3)

应用定理 4.1，空间连续分布测量情形下模糊边界补偿器 (4.4.1) 的增益为 $k_1 = 1.9165$ 和 $k_2 = 1.5843$。同样地，同位边界测量情形下模糊边界补偿器 (4.4.2) 的增益可根据定理 4.2 计算得到，$k_1 = 6.8715$ 和 $k_2 = 2.2021$。将这两个模糊边界补偿器应用于非线性系统 (4.5.1)~(4.5.3)，相应的闭环数值仿真结果 (闭环演化轮廓 $y(x,t)$ 及闭环演化轨迹 $\|y(\cdot,t)\|_2$) 如图 4.5.2 所示。

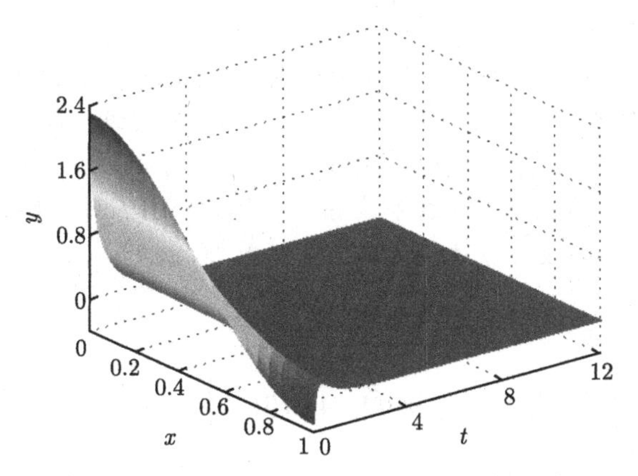

(a) 模糊边界补偿器(4.4.1)驱动下的闭环演化轮廓$y(x, t)$

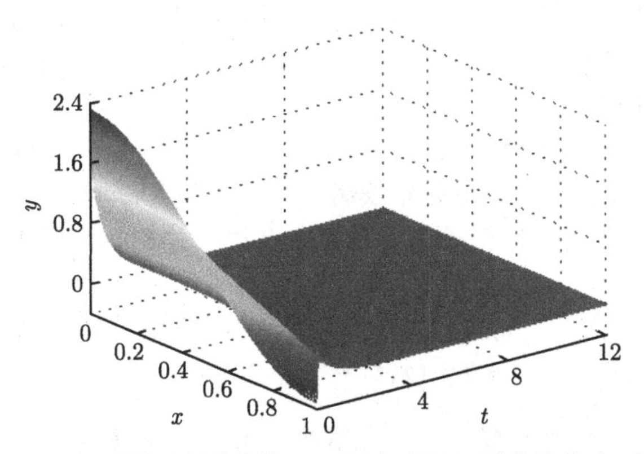

(b) 模糊边界补偿器(4.4.2)驱动下的闭环演化轮廓$y(x, t)$

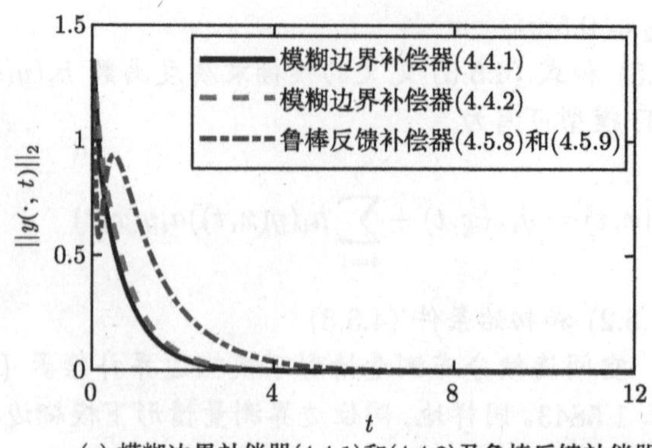

(c) 模糊边界补偿器(4.4.1)和(4.4.2)及鲁棒反馈补偿器(4.5.8)和(4.5.9)驱动下的闭环演化轨迹$\|y(\cdot,t)\|_2$

图 4.5.2　模糊边界补偿器 (4.4.1) 和 (4.4.2) 及鲁棒反馈补偿器 (4.5.8) 和 (4.5.9) 驱动下的非线性系统 (4.5.1)~(4.5.3) 的闭环数值仿真结果

接下来，将 4.4.1 节提出的模糊边界补偿器 (4.4.1) 和 (4.4.2) 与文献 [143] 中的鲁棒边界补偿器进行仿真比较研究。文献 [143] 中的设计思路是将系统无限维动态划分为有限维不稳定部分和无限维稳定部分。为此，首先引入状态分解以获得齐次边界条件，然后应用反馈控制来镇定不稳定部分，同时维持稳定部分稳定。根据文献 [143] 给出的设计方法构建如下鲁棒反馈补偿器：

$$\dot{u}(t) = -\kappa u(t) - v(t) \tag{4.5.8}$$

$$v(t) = -[\ 8.9000 \quad 4.9751\ ] \int_0^1 \eta(x,t)\mathrm{d}x \tag{4.5.9}$$

式中，$\kappa = 0.6$；$\eta(x,t) \triangleq [\ y(x,t) - b(x)u(t) \quad b(x)u(t)\ ]^{\mathrm{T}}$ 且 $b(x) \triangleq -\cos(\sqrt{\kappa}x)/\sqrt{\kappa}\sin(\sqrt{\kappa})$。将鲁棒反馈补偿器 (4.5.8) 和 (4.5.9) 应用到非线性系统 (4.5.1)~(4.5.3)，其闭环轨迹 $\|y(\cdot,t)\|_2$ 如图 4.5.2(c) 所示。从图 4.5.2 中可明显得到，与文献 [143] 提出的鲁棒边界补偿器相比，4.4.1 节提出的模糊边界补偿器 (4.4.1) 或 (4.4.2) 提供了更为平稳的收敛过程。

例 4.2　考虑 FHN 方程的边界控制问题，它是生物学[144] 和化学[145] 中广泛使用的可激发介质的波动行为模型。具有纽曼边界控制输入的 FHN 方程可写成

$$\begin{aligned} y_{1,t}(x,t) &= y_{1,xx}(x,t) + y_1(x,t) - y_2(x,t) - y_1^3(x,t),\ x\in(0,1),\ t>0 \\ y_{2,t}(x,t) &= y_{2,xx}(x,t) + \upsilon y_1(x,t) - \gamma y_2(x,t),\ x\in(0,1),\ t>0 \end{aligned} \tag{4.5.10}$$

式中，$\upsilon > 0$ 和 $\gamma > 0$ 是过程参数。受限于纽曼边界条件

$$y_{1,x}(x,t)|_{x=0} = y_{2,x}(x,t)|_{x=0} = 0,\ t>0$$

$$y_{1,x}(x,t)|_{x=1} = u_1(t), y_{2,x}(x,t)|_{x=1} = u_2(t),\ t > 0 \tag{4.5.11}$$

和初始条件

$$y_1(x,0) = y_{1,0}(x), y_2(x,0) = y_{2,0}(x),\ x \in [0,1] \tag{4.5.12}$$

式中，$y_i(x,t) \in \mathcal{H}([0,1]), i \in \{1,2\}$ 为状态变量，通常被称为“激活剂”和“抑制剂”的浓度；$u_i(t) \in \Re, i \in \{1,2\}$ 是受控边界输入；t、x 和 L 分别表示时间、空间变量和空间域的长度；$y_{1,0}(x)$ 和 $y_{2,0}(x)$ 是初始条件。

过程参数值为

$$L = 1,\ \upsilon = 0.45,\ \gamma = 0.1$$

运用上述参数值，通过数值仿真验证：系统 (4.5.10)~(4.5.12) 的工作稳态 $y_1(\cdot,t) = 0$ 和 $y_2(\cdot,t) = 0$ 是不稳定的 (开环状态从接近稳态的初始条件开始移动到系统的不稳定解)。假设初始条件 (4.5.12) 为 $y_{1,0}(x) = 0.5\cos(0.5\pi x)$ 和 $y_{2,0}(x) = 0.1\cos(\pi x), x \in [0,1]$。图 4.5.3 分别显示了 $y_1(x,t)$ 和 $y_2(x,t)$ 的开环演化轮廓和开环轨迹。从图 4.5.3 可得，对于任意空间位置 $\bar{x}, \bar{x} \in [0,1]$，系统 (4.5.10)~(4.5.12) 的开环状态 $y_1(\bar{x},t)$ 和 $y_2(\bar{x},t)$ 都是波浪图。

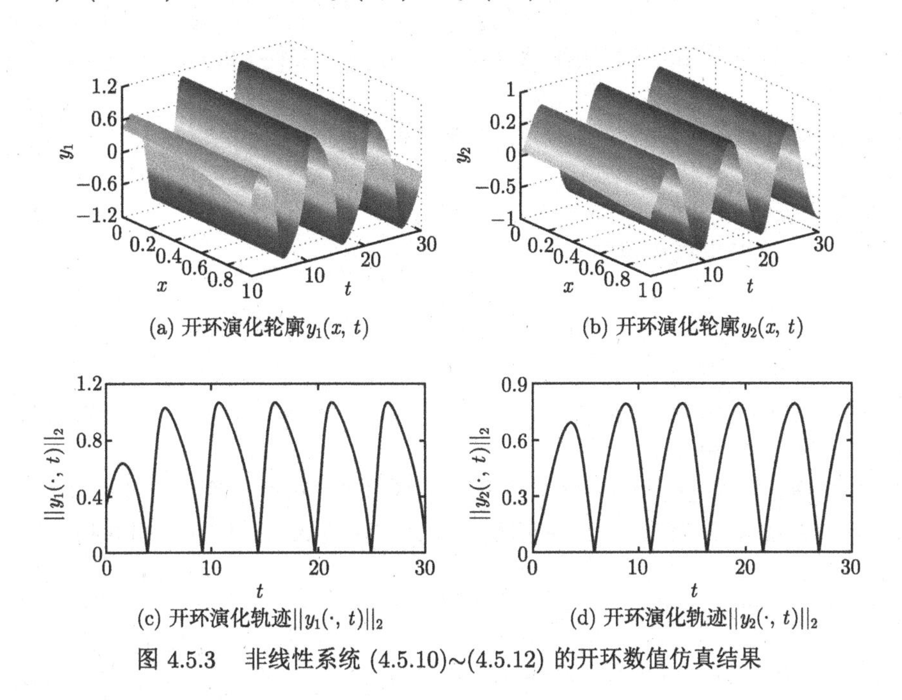

图 4.5.3　非线性系统 (4.5.10)~(4.5.12) 的开环数值仿真结果

令 $\boldsymbol{y}(x,t) \triangleq [\ y_1(x,t)\quad y_2(x,t)\ ]^{\mathrm{T}}$ 且 $\boldsymbol{u}(t) \triangleq [\ u_1(t)\quad u_2(t)\ ]^{\mathrm{T}}$，非线性系统 (4.5.10)~(4.5.12) 可改写为半线性抛物型 PDE 系统 (4.2.1)~(4.2.3) 的形式，其

中 $\alpha(x)=1, x\in[0,1]$ 且

$$\boldsymbol{f}(\boldsymbol{y}(x,t))\triangleq\begin{bmatrix} y_1(x,t)-y_2(x,t)-y_1^3(x,t)\\ \upsilon y_1(x,t)-\gamma y_2(x,t)\end{bmatrix}$$

类比文献 [71] Ⅳ 节中提出的 T-S 模糊 PDE 建模方法，系统 (4.5.10)~(4.5.12) 可以由以下受边界条件 (4.2.2) 约束的具有两条规则的 T-S 模糊 PDE 模型精确表示。

系统规则 1:

如果 $\xi(y_1(x,t))$ 属于“大”，则

$$\boldsymbol{y}_t(x,t)=\boldsymbol{\Theta}\boldsymbol{y}(x,t)+\boldsymbol{A}_1\boldsymbol{y}(x,t)$$

系统规则 2:

如果 $\xi(y_1(x,t))$ 属于“小”，则

$$\boldsymbol{y}_t(x,t)=\boldsymbol{\Theta}\boldsymbol{y}(x,t)+\boldsymbol{A}_2\boldsymbol{y}(x,t)$$

式中，$\xi(y_1(x,t))\triangleq y_1^2(x,t)$；$\boldsymbol{A}_1\triangleq\begin{bmatrix}1-\vartheta & -1\\ \upsilon & -\gamma\end{bmatrix}$；$\boldsymbol{A}_2\triangleq\begin{bmatrix}1 & -1\\ \upsilon & -\gamma\end{bmatrix}$ 且 $\vartheta\triangleq\max\limits_{y_1(x,t)} y_1^2(x,t)$。从图 4.5.3 中清晰地可以看出 $y_1(x,t)\in[-1.2,1.2], x\in[0,1], t\geqslant 0$。因此，通过简单计算可得 $\vartheta=1.44$，模糊隶属度函数 $h_1(\xi(y_1(x,t)))=\dfrac{\xi(y_1(x,t))}{\vartheta}$ 和 $h_2(\xi(y_1(x,t)))=1-\dfrac{\xi(y_1(x,t))}{\vartheta}$。

全局 T-S 时空模糊模型为

$$\boldsymbol{y}_t(x,t)=\boldsymbol{\Theta}\boldsymbol{y}(x,t)+\sum_{i=1}^{2}h_i(\xi(y_1(x,t)))\boldsymbol{A}_i\boldsymbol{y}(x,t)$$

关于 T-S 模糊 PDE 模型的详细内容，请参阅文献 [71] 中的相关描述。注意到在这个例子中 $\boldsymbol{\Theta}=\boldsymbol{I}$。

接下来，将所提出的空间连续分布测量情形下的模糊边界补偿器 (4.4.1) 和同位边界测量情形下的模糊边界补偿器 (4.4.2) 应用在系统 (4.5.10) (4.5.12) 上，进行数值仿真验证。

情形 I：空间连续分布测量

通过求解 LMIs(4.4.6)，得到其可行解为 $\boldsymbol{X}=\begin{bmatrix}5.1122 & 0.2263\\ 0.2263 & 5.4038\end{bmatrix}$，$\boldsymbol{Z}_1=\begin{bmatrix}11.5215 & -0.9665\\ -0.9665 & 7.9719\end{bmatrix}$ 和 $\boldsymbol{Z}_2=\begin{bmatrix}6.6138 & -1.0752\\ -1.0752 & 7.9719\end{bmatrix}$。利用式 (4.4.7) 可得模

糊边界补偿器 (4.4.1) 的增益矩阵为

$$\boldsymbol{K}_1 = \begin{bmatrix} 2.2658 & -0.2738 \\ -0.2548 & 1.4859 \end{bmatrix}, \ \boldsymbol{K}_2 = \begin{bmatrix} 1.3049 & -0.2536 \\ -0.2761 & 1.4868 \end{bmatrix}$$

将具有上述增益矩阵的模糊边界补偿器 (4.4.1) 应用到非线性 PDE 系统 (4.5.10)~(4.5.12)，相应的闭环数值仿真结果如图 4.5.4 所示。这些仿真结果说明了所构建的模糊边界补偿器 (4.4.1) 可镇定非线性 PDE 系统 (4.5.10)~(4.5.12)。模糊边界补偿器 (4.4.1) 的动态轨迹如图 4.5.5 所示。

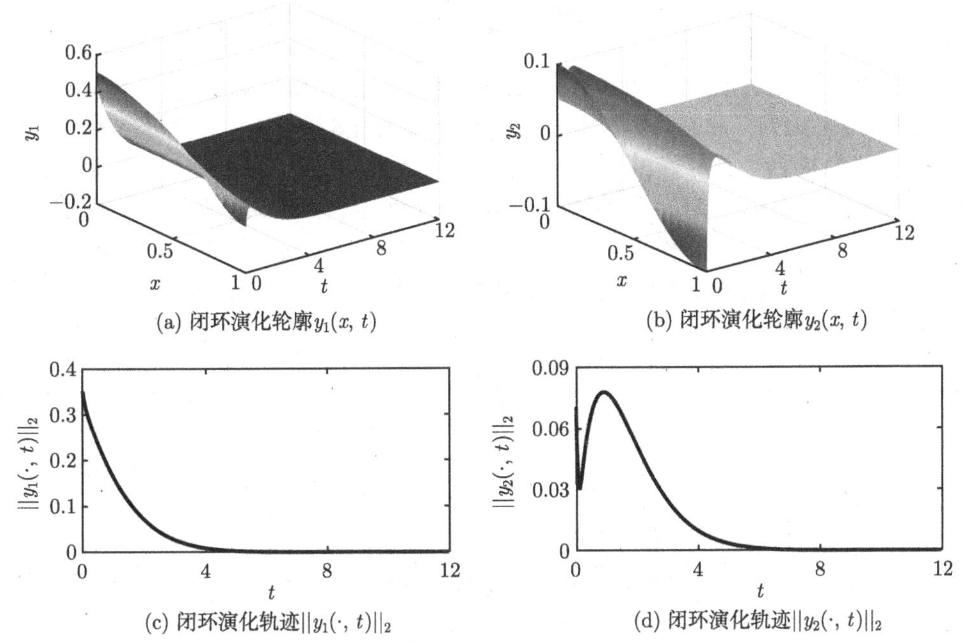

图 4.5.4　模糊边界补偿器 (4.4.1) 驱动下非线性 PDE 系统 (4.5.10)~(4.5.12) 的闭环数值仿真结果

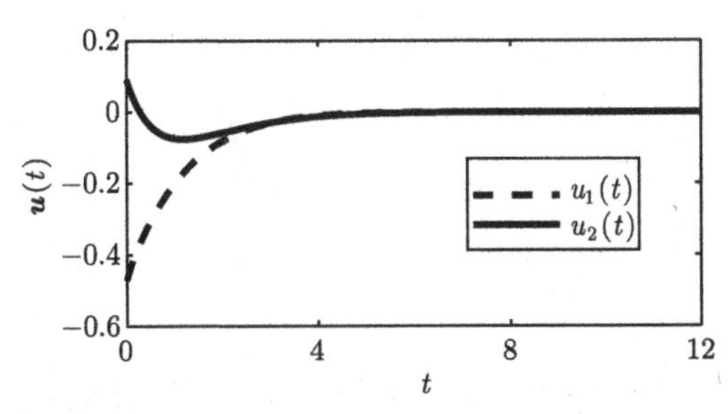

图 4.5.5　模糊边界补偿器 (4.4.1) 的动态轨迹

情形 II：同位边界测量

通过求解 LMIs (4.4.20)，其可行解为 $\boldsymbol{X} = \begin{bmatrix} 0.0903 & 0.0037 \\ 0.0037 & 0.0951 \end{bmatrix}$，$\boldsymbol{Z}_1 = \begin{bmatrix} 0.4260 & -0.0063 \\ -0.0121 & 0.4142 \end{bmatrix}$ 和 $\boldsymbol{Z}_2 = \begin{bmatrix} 0.4260 & -0.0159 \\ -0.0026 & 0.4142 \end{bmatrix}$。利用式 (4.4.7) 可得模糊边界补偿器 (4.4.2) 的增益矩阵为

$$\boldsymbol{K}_1 = \begin{bmatrix} 4.7289 & -0.2524 \\ -0.3155 & 4.3694 \end{bmatrix}, \quad \boldsymbol{K}_2 = \begin{bmatrix} 4.7331 & -0.3531 \\ -0.2095 & 4.3652 \end{bmatrix}$$

将具有上述增益矩阵的模糊边界补偿器 (4.4.2) 应用到非线性 PDE 系统 (4.5.10)~(4.5.12)，相应的闭环数值仿真结果如图 4.5.6 所示。这些仿真结果说明了所构建的模糊边界补偿器 (4.4.2) 可镇定非线性 PDE 系统 (4.5.10)~(4.5.12)。模糊边界补偿器 (4.4.2) 的动态轨迹如图 4.5.7 所示。注意到，若 FHN 方程的状态变量表示管式反应器中“激活剂”和“抑制剂”的浓度，则图 4.5.4 和图 4.5.6 意味着所提出的模糊边界补偿器驱动管式反应器中“激活剂”和“抑制剂”的浓度衰减到零。

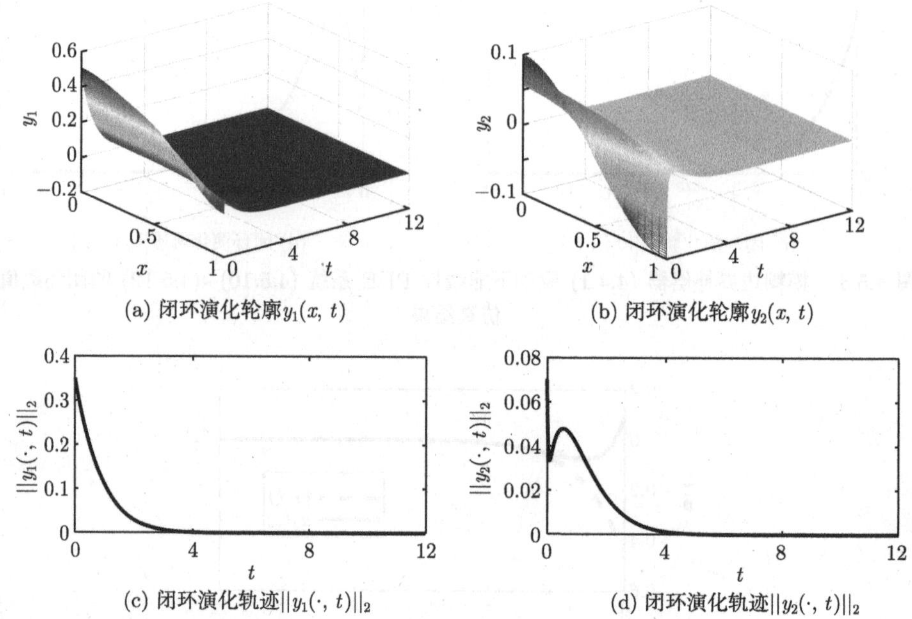

图 4.5.6　模糊边界补偿器 (4.4.2) 驱动下非线性 PDE 系统 (4.5.10)~(4.5.12) 的闭环数值仿真结果

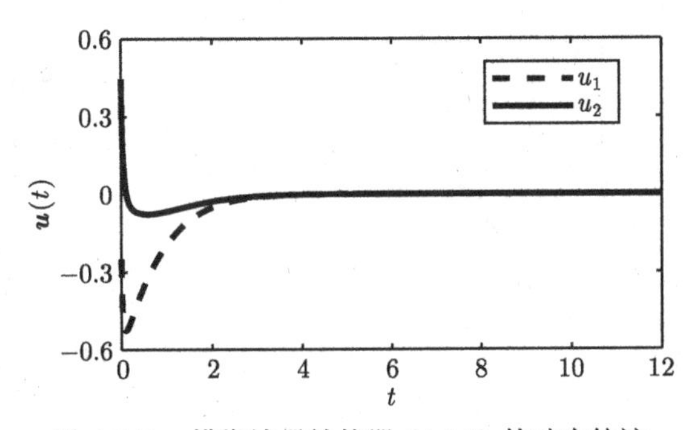

图 4.5.7　模糊边界补偿器 (4.4.2) 的动态轨迹

4.5.2　非同位空间离散测量仿真结果

为了验证 4.4.2 节所提出的非同位空间离散测量情形下的模糊控制设计方法的有效性和优越性，本节将考虑两类数值算例 (标量抛物型 PDE 和 FHN 方程)，并给出大量数值仿真结果。

例 4.3　考虑一个半线性抛物型 PDE 系统的纽曼边界控制问题：

$$\begin{cases} y_t(x,t) = y_{xx}(x,t) + 0.5\sin(y(x,t)) \\ y_x(x,t)|_{x=0} = 0,\ \ y_x(x,t)|_{x=1} = u(t) \\ y(x,0) = 0.5,\ \ x \in [0,1] \end{cases} \tag{4.5.13}$$

式中，$y(x,t) \in \mathcal{H}([0,1])$ 是状态；$u(t) \in \Re$ 表示边界控制输入。令 $u(t) = 0$，半线性 PDE 系统 (4.5.13) 的开环数值仿真结果如图 4.5.8 所示。显然，半线性 PDE 系统 (4.5.13) 是开环不稳定的，其开环演化轮廓 $y(x,t)$ 和开环演化轨迹 $\|y(\cdot,t)\|_2$ 从接近零的初值向系统的另一个稳态移动。

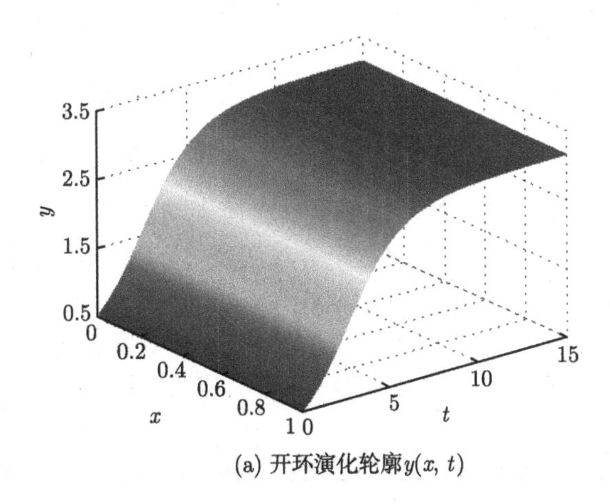

(a) 开环演化轮廓$y(x,\ t)$

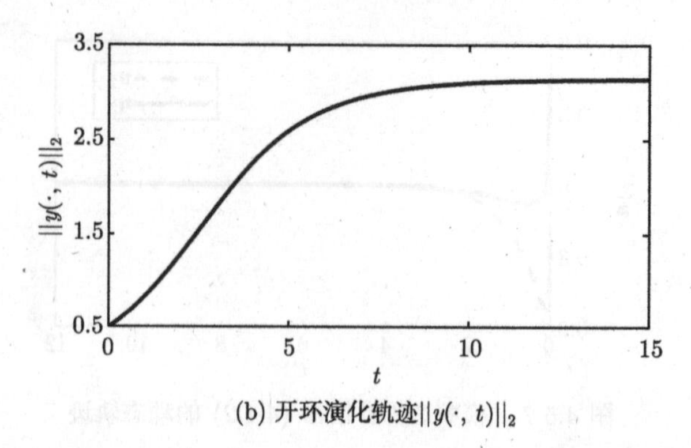

(b) 开环演化轨迹$\|y(\cdot,t)\|_2$

图 4.5.8 非线性 PDE 系统 (4.5.13) 的开环数值仿真结果

类似 3.5 节中例 3.1 所讨论的 T-S 时空模糊模型，通过假设 $y(x,t)\in(-\pi,\pi)$，$x\in(0,L)$，非线性 PDE 系统 (4.5.13) 可由以下全局 T-S 模糊 PDE 模型精确描述：

$$\begin{cases} y_t(x,t)=y_{xx}(x,t)+\sum_{i=1}^{2}h_i(y(x,t))a_iy(x,t) \\ y_x(x,t)|_{x=0}=0,\ y_x(x,t)|_{x=1}=u(t) \\ y(x,0)=y_0(x) \end{cases} \tag{4.5.14}$$

式中

$$a_1=0.5, a_2=0.5\varpi, \varpi\triangleq 0.01/\pi$$

$$h_1(y(x,t))\triangleq\begin{cases} \dfrac{\sin(y(x,t))-\varpi y(x,t)}{(1-\varpi)y(x,t)}, & y(x,t)\neq 0 \\ 1, & y(x,t)=0 \end{cases} \tag{4.5.15}$$

$$h_2(y(x,t))\triangleq 1-h_1(y(x,t)) \tag{4.5.16}$$

令 $m=1$ 和 $\varepsilon=1.5$。针对**情形 I**（空间点测量），设定 $\bar{x}_1=0.6$，可得到 $\mu_1=0.36$。通过求解 LMIs(4.4.33) 并运用式 (4.4.35)，可确定补偿器增益为 $k_1=-3.7366, k_2=-3.5871, l_{11}=4.2906$ 和 $l_{12}=3.9583$。对于**情形 II**（空间局部分段均匀测量），设定 $\tilde{x}_1=0.4$ 和 $\tilde{x}_2=0.7$，可得 $\mu_1=0.49$。再次求解 LMIs(4.4.33) 并运用式 (4.4.35)，可确定补偿器增益为 $k_1=-2.7495, k_2=-2.5999, l_{11}=3.1938$ 和 $l_{12}=2.8615$。

当 $\hat{y}_0(x)=0$ 时，通过将带有上述增益的模糊补偿器 (4.4.28) 和 (4.4.31) 应用到非线性 PDE 系统 (4.5.13)，图 4.5.9 给出了相应的闭环演化轨迹 $\|y(\cdot,t)\|_2$。

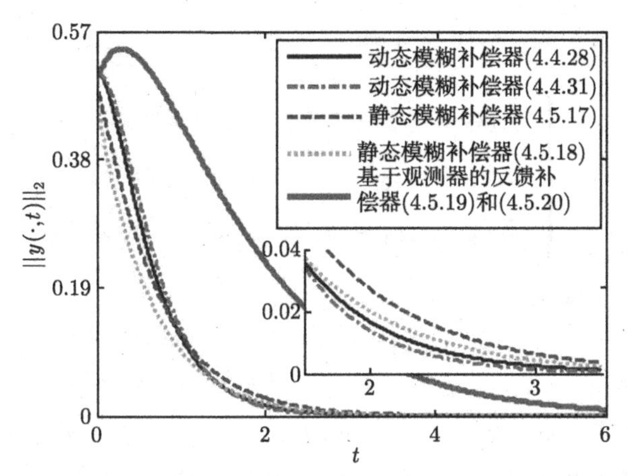

图 4.5.9　分别由不同补偿器驱动的半线性 PDE 系统 (4.5.13) 的闭环演化轨迹 $\|y(\cdot,t)\|_2$

为展示所提出的非同位空间离散测量情形下的模糊补偿器设计算法的优越性，将 4.4.2 节提出的动态模糊补偿器 (4.4.28) 和 (4.4.31) 与 4.4.1 节提出的模糊补偿器进行对比仿真。根据 4.4.1 节所开发的模糊补偿器，构建如下两类静态模糊补偿器：

$$u(t) = -\int_0^1 \sum_{i=1}^{2} h_i(y(x,t))k_i y(x,t)\mathrm{d}x \tag{4.5.17}$$

$$u(t) = -\sum_{i=1}^{2} h_i(y(1,t))k_i y(1,t) \tag{4.5.18}$$

式中，k_1 和 k_2 是待定控制增益。根据 4.4.1 节中的定理 4.1 和 4.2，分别确定了静态模糊补偿器 (4.5.17) 的控制增益 $k_1 = 1.9165$，$k_2 = 1.5843$ 和静态模糊补偿器 (4.5.18) 的控制增益 $k_1 = 6.8715$，$k_2 = 2.2021$。图 4.5.9 展示了受静态模糊补偿器 (4.5.17) 和 (4.5.18) 驱动的半线性 PDE 系统 (4.5.13) 的闭环演化轨迹 $\|y(\cdot,t)\|_2$。显然，与静态模糊补偿器 (4.5.17) 和 (4.5.18) 相比，动态模糊补偿器 (4.4.28) 和 (4.4.31) 提供了更好的控制性能 (更快的收敛速度，大约为 1.5s)。但如图 4.5.9 所示，在仿真刚开始时，由动态模糊补偿器 (4.4.28) 和 (4.4.31) 驱动的系统闭环演化轨迹 $\|y(\cdot,t)\|_2$ 不是随时间衰减而是增大，这是因为观测器初值 $\hat{y}_0(x)$ 被设置为零 ($\hat{y}_0(x) = 0, x \in [0,1]$)，从而导致动态模糊补偿器的初值为零 ($u(0) = 0$)。

将所提出的动态模糊补偿器 (4.4.28) 和 (4.4.31) 与文献 [153] 中的边界反馈控制器进行仿真比较，以进一步展示其闭环收敛性方面的优势。结合文献 [153] 中的定理 3，构建如下基于观测器的反馈补偿器：

$$u(t) = -k_{\mathrm{non}}\hat{y}(1,t) \tag{4.5.19}$$

式中，k_{non} 是控制参数，$k_{\text{non}} > 0$ 且

$$\begin{cases} \hat{y}_t(x,t) = \hat{y}_{xx}(x,t) + f(\hat{y}(x,t)) \\ \hat{y}_x(x,t)|_{x=0} = -l_o(y(0,t) - \hat{y}(0,t)) \\ \hat{y}_x(x,t)|_{x=1} = u(t),\ \hat{y}(x,0) = \hat{y}_0(x) \end{cases} \tag{4.5.20}$$

这里 $l_o > 0$ 是观测器参数。

经检验，在设定 $k_{\text{non}} = 2.4947$ 和 $l_o = 24.7283$ 时，文献 [153] 中定理 3 的 LMI 充分条件是可行的。图 4.5.9 也提供了在基于观测器的反馈补偿器 (4.5.19) 和 (4.5.20) 驱动下的半线性 PDE 系统 (4.5.13) 的闭环演化轨迹 $\|y(\cdot,t)\|_2$。显然，与基于观测器的反馈补偿器 (4.5.19) 和 (4.5.20) 相比，4.5.2 节提出的动态模糊补偿器 (4.4.28) 和 (4.4.31) 实现了较快的收敛速度。

例 4.4 考虑具有以下纽曼边界控制输入的 FHN 方程：

$$\begin{cases} y_{1,t}(x,t) = y_{1,xx}(x,t) + y_1(x,t) - y_2(x,t) - y_1^3(x,t) \\ y_{2,t}(x,t) = y_{2,xx}(x,t) + 0.45y_1(x,t) - 0.1y_2(x,t) \\ y_{i,x}(x,t)|_{x=0} = 0,\ i \in \{1,2\} \\ y_{1,x}(x,t)|_{x=1} = u(t),\ y_{2,x}(x,t)|_{x=1} = 0 \\ y_i(x,0) = y_{i,0}(x),\ i \in \{1,2\} \end{cases} \tag{4.5.21}$$

式中，$y_i(x,t) \in \mathcal{H}([0,1]), i \in \{1,2\}$ 是状态变量；$u(t) \in \Re$ 是受控边界输入；$y_{i,0}(x), i \in \{1,2\}$ 为系统初值。假定 $y_{1,0}(x) = 0.5$ 和 $y_{2,0}(x) = 0.5+0.5\cos(\pi x), x \in [0,1]$，图 4.5.10 给出了非线性 PDE 系统 (4.5.21) 的开环演化轮廓 $y_i(x,t)$ 和开环演化轨迹 $\|y_i(\cdot,t)\|_2, i \in \{1,2\}$。从图 4.5.10 中可明显得到：$\|y_i(\cdot,t)\|_2, i \in \{1,2\}$ 的轨迹不等于 0 (开环 PDE 系统 (4.5.21) 在 $\|\cdot\|_2$ 范数意义下是不稳定的) 且 $y_1(x,t) \in [-1.2, 1.2], x \in [0,1], t \geqslant 0$。

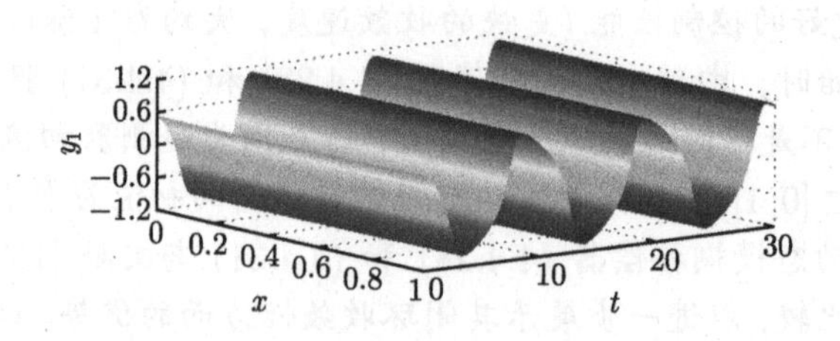

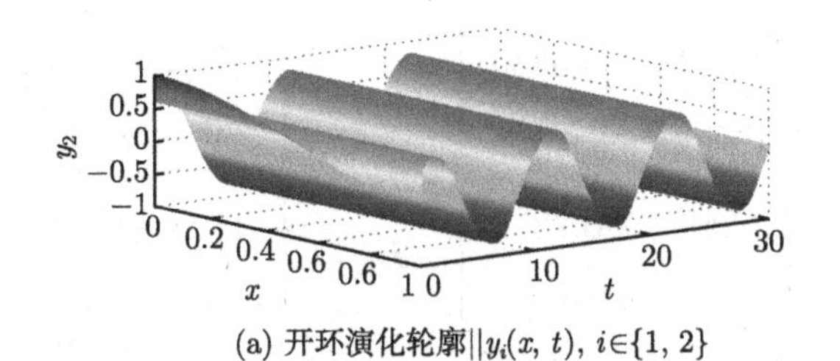

(a) 开环演化轮廓$||y_i(x, t)$, $i\in\{1, 2\}$

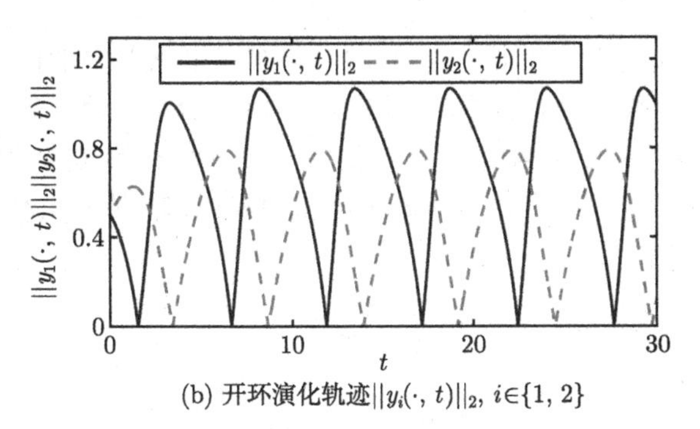

(b) 开环演化轨迹$||y_i(\cdot, t)||_2$, $i\in\{1, 2\}$

图 4.5.10　非线性系统 (4.5.21) 的开环数值仿真结果

定义 $\boldsymbol{y}(x,t) \triangleq [\ y_1(x,t) \quad y_2(x,t)\ ]^{\mathrm{T}}$ 和 $\boldsymbol{B} \triangleq [\ 1 \quad 0\ ]^{\mathrm{T}}$，半线性 PDE 系统 (4.5.21) 可被改写为形如式 (4.2.6) 的半线性 PDE 系统，其中 $\boldsymbol{\Theta} = \boldsymbol{I}$, $\boldsymbol{f}(\boldsymbol{y}(x,t)) \triangleq \begin{bmatrix} y_1(x,t) - y_2(x,t) - y_1^3(x,t) \\ 0.45y_1(x,t) - 0.1y_2(x,t) \end{bmatrix}$。根据 4.5.1 节中的例 4.2，可构建如下全局 T-S 模糊 PDE 模型来准确刻画半线性 PDE 系统 (4.5.21) 的复杂时空动态：

$$\boldsymbol{y}_t(x,t) = \boldsymbol{y}_{xx}(x,t) + \sum_{i=1}^{2} h_i(\xi(x,t))\boldsymbol{A}_i\boldsymbol{y}(x,t) \tag{4.5.22}$$

式中，$\xi(x,t) \triangleq y_1^2(x,t)$；$\boldsymbol{A}_1 = \begin{bmatrix} 1-\vartheta & -1 \\ 0.45 & -0.1 \end{bmatrix}$；$\boldsymbol{A}_2 = \begin{bmatrix} 1 & -1 \\ 0.45 & -0.1 \end{bmatrix}$；$h_1(\xi(y_1(x,t))) \triangleq \dfrac{\xi(y_1(x,t))}{\vartheta}$，$h_2(\xi(y_1(x,t))) \triangleq 1 - h_1(\xi(y_1(x,t)))$ 这里 $\vartheta \triangleq \sup\limits_{y_1\in[-1.2,1.2]} y_1^2(x,t) = 1.44$。设定系统 (4.5.21) 的测量输出 $y_{\mathrm{out}}(t)$ 与系统 (4.2.6) 的测量输出形式一致。

情形 I：空间点测量

令 $m = 2$, $\varepsilon = 0.8$, $\bar{x}_1 = 0.2$, $\bar{x}_2 = 0.6$, $x_2 = 0.5$，可得 $\mu_1 = 0.09$, $\mu_2 = 0.16$。通过求解 LMIs(4.4.33) 并运用式 (4.4.35)，可确定如下补偿器增益矩阵：

$$\boldsymbol{K}_1 = [\ -3.5792 \quad 0.1787\ ],\ \boldsymbol{K}_2 = [\ -3.6117 \quad 0.1794\ ]$$

$$\boldsymbol{L}_{11}=\begin{bmatrix} 13.2252 & -0.3830 \\ -0.5396 & 10.1604 \end{bmatrix},\ \boldsymbol{L}_{12}=\begin{bmatrix} 12.2690 & -0.4032 \\ -0.5185 & 10.1606 \end{bmatrix}$$

$$\boldsymbol{L}_{21}=\begin{bmatrix} 12.5389 & -0.2876 \\ -0.3105 & 10.4997 \end{bmatrix},\ \boldsymbol{L}_{22}=\begin{bmatrix} 11.6450 & -0.2947 \\ -0.3102 & 10.4997 \end{bmatrix}$$

令 $\hat{\boldsymbol{y}}_0(x)=0,\ x\in[0,1]$。图 4.5.11 提供了非线性 PDE 系统 (4.5.21) 在具有上述增益的动态模糊补偿器 (4.4.28) 和 (4.4.31) 驱动下的闭环状态 $y_i(x,t)$ 和 $\|y_i(\cdot,t)\|_2$，$i\in\{1,2\}$。显然，针对**情形 I**，所提出的动态模糊补偿器可镇定非线性 PDE 系统 (4.5.21)。图 4.5.12 提供了相应控制输入 $u(t)$ 及估计误差轨迹 $\|e_i(\cdot,t)\|_2, i\in\{1,2\}$。

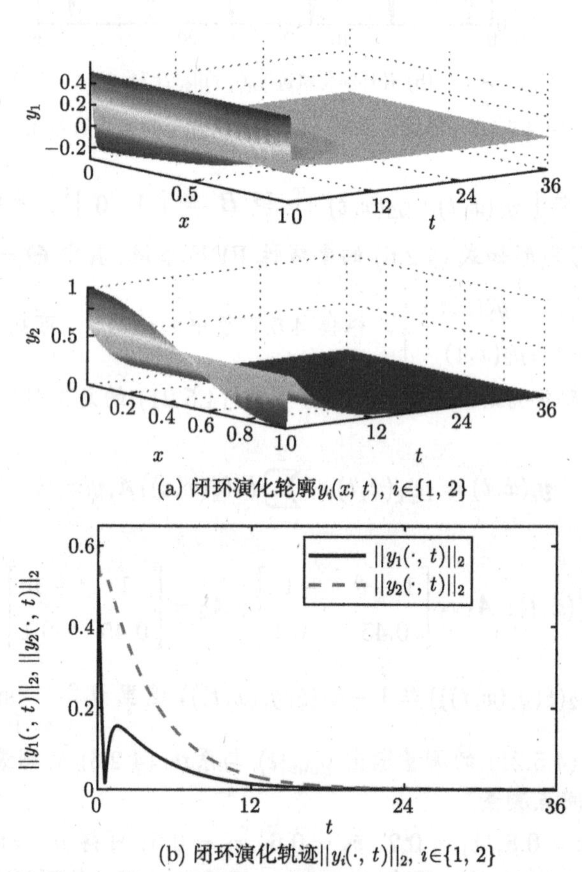

图 4.5.11　动态模糊补偿器 (4.4.28) 和 (4.4.31) 驱动下非线性系统 (4.5.21) 的闭环数值仿真结果 (情形 I)

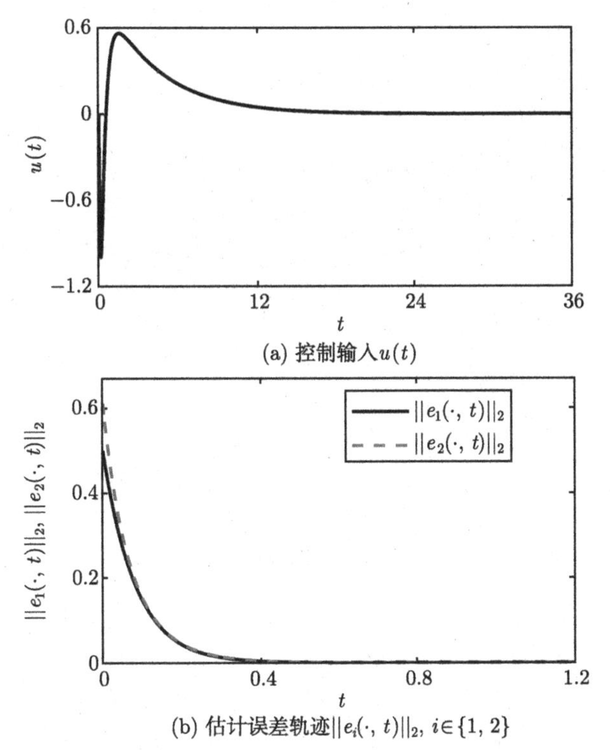

(a) 控制输入$u(t)$

(b) 估计误差轨迹$\|e_i(\cdot,t)\|_2$, $i\in\{1,2\}$

图 4.5.12　相应控制输入 $u(t)$ 与估计误差轨迹 $\|e_i(\cdot,t)\|_2, i\in\{1,2\}$(**情形 I**)

情形 II：空间局部分段均匀测量

令 $m=2$，$\varepsilon=0.8$，$\bar{x}_1^L=0.1$，$\bar{x}_1^R=0.2$，$\bar{x}_2^L=0.7$，$\bar{x}_2^R=0.9$，经过计算可得 $\mu_1=0.09$，$\mu_2=0.25$。再次求解 LMIs(4.4.33) 并运用式 (4.4.35)，可确定如下补偿器增益矩阵：

$$\boldsymbol{K}_1=\begin{bmatrix}-3.1327 & 0.1844\end{bmatrix},\ \boldsymbol{K}_2=\begin{bmatrix}-3.1546 & 0.1847\end{bmatrix}$$

$$\boldsymbol{L}_{11}=\begin{bmatrix}11.4190 & -0.4253\\ -0.5787 & 8.5665\end{bmatrix},\ \boldsymbol{L}_{12}=\begin{bmatrix}10.4446 & -0.4488\\ -0.5547 & 8.5666\end{bmatrix}$$

$$\boldsymbol{L}_{21}=\begin{bmatrix}9.5226 & -0.2658\\ -0.2773 & 7.8936\end{bmatrix},\ \boldsymbol{L}_{22}=\begin{bmatrix}8.7268 & -0.2706\\ -0.2792 & 7.8936\end{bmatrix}$$

令 $\hat{\boldsymbol{y}}_0(x)=0$，$x\in[0,1]$。图 4.5.13 提供了非线性 PDE 系统 (4.5.21) 在具有上述增益的动态模糊补偿器 (4.4.28) 和 (4.4.31) 驱动下的闭环状态 $y_i(x,t)$ 和 $\|y_i(\cdot,t)\|_2$，$i\in\{1,2\}$。显然，针对**情形 II**，所提出的动态模糊补偿器可镇定非线性 PDE 系统 (4.5.21)。图 4.5.14 提供了相应控制输入 $u(t)$ 及估计误差轨迹

$\|e_i(\cdot,t)\|_2$，$i \in \{1,2\}$。

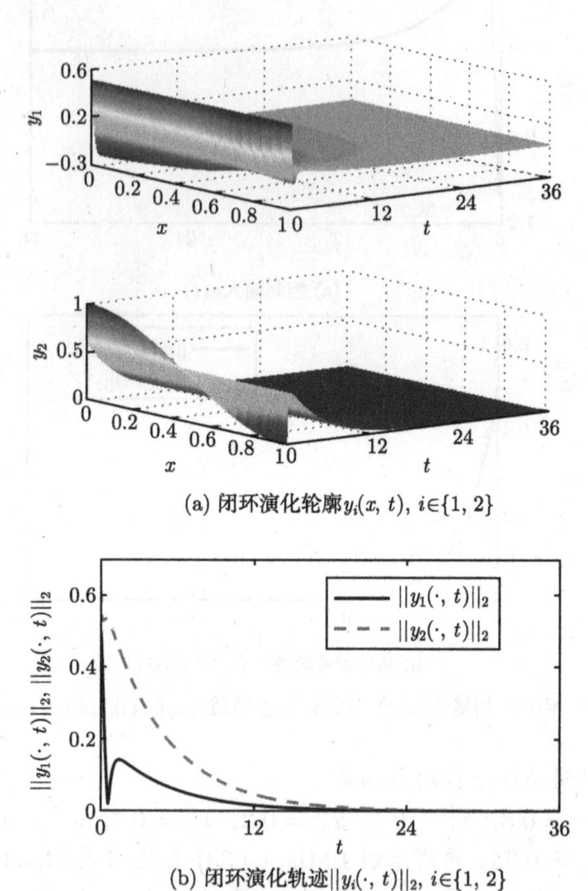

(a) 闭环演化轮廓$y_i(x, t)$, $i\in\{1, 2\}$

(b) 闭环演化轨迹$\|y_i(\cdot, t)\|_2$, $i\in\{1, 2\}$

图 4.5.13　动态模糊补偿器 (4.4.28) 和 (4.4.31) 驱动下非线性系统 (4.5.21) 的闭环数值仿真结果 (情形 II)

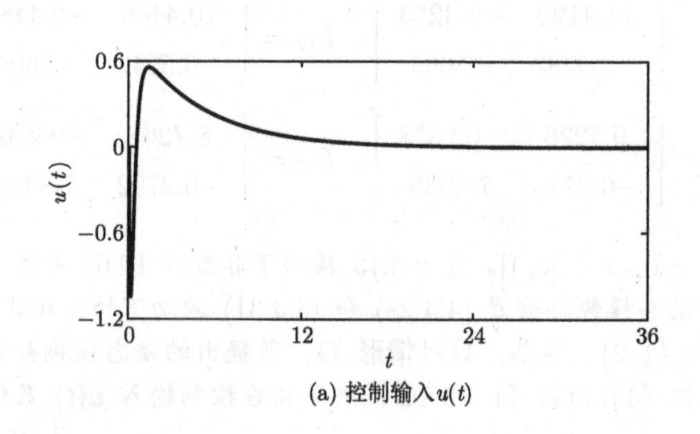

(a) 控制输入$u(t)$

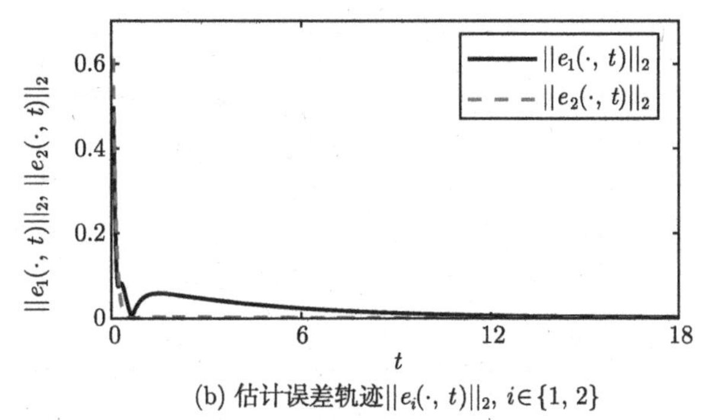

(b) 估计误差轨迹$\|e_i(\cdot,t)\|_2$, $i\in\{1,2\}$

图 4.5.14 相应控制输入 $u(t)$ 与估计误差轨迹 $\|e_i(\cdot,t)\|_2$, $i\in\{1,2\}$(**情形 II**)

4.5.3 非同位边界测量仿真结果

本节将针对一个数值算例开展数值仿真实验，验证所提出的带有非同位边界测量的模糊边界补偿器设计方法的有效性与优越性。该数值算例由半线性 PDE 模型刻画。考虑一个受纽曼边界控制输入约束的半线性 PDE 系统：

$$\begin{cases} y_t(x,t) = y_{xx}(x,t) + \sin(y(x,t)) \\ y_x(x,t)|_{x=0} = 0,\ y_x(x,t)|_{x=1} = u(t) \\ y(x,0) = y_0(x) \\ y_{\text{out}}(t) = y(0,t) \end{cases} \tag{4.5.23}$$

式中，$y(x,t)\in\mathcal{H}([0,1])$ 是系统的状态变量；$u(t)\in\Re$ 表示边界控制输入。令 $u(t)=0$ 和 $y_0(x)=1+\cos(\pi x)$, $x\in[0,1]$，半线性 PDE 系统 (4.5.23) 的开环状态 $y(x,t)$ 和 $\|y(\cdot,t)\|_2$ 如图 4.5.15 所示。由图 4.5.15 可知，半线性 PDE 系统 (4.5.23) 开环态

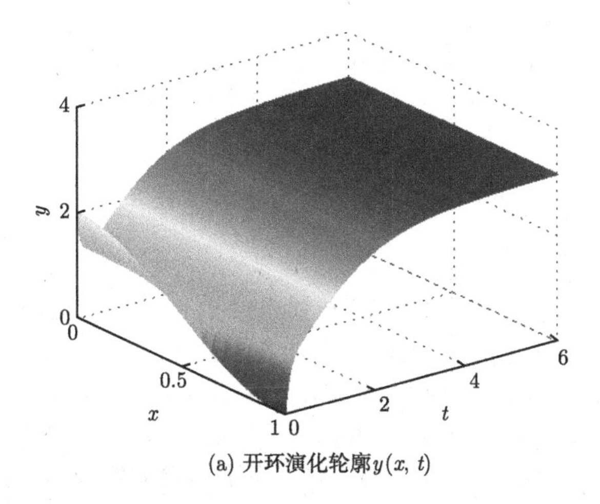

(a) 开环演化轮廓$y(x,t)$

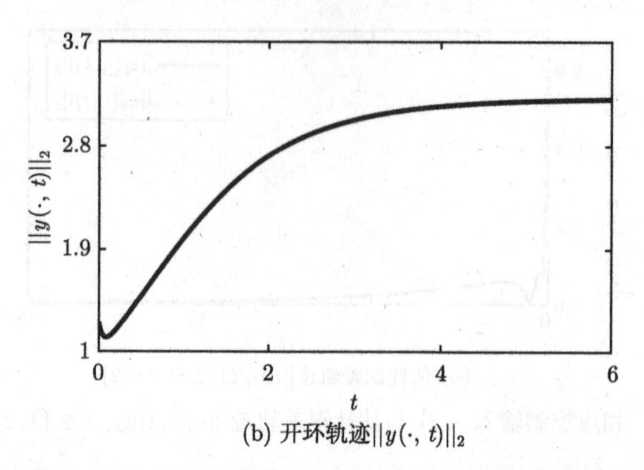

(b) 开环轨迹$\|y(\cdot,t)\|_2$

图 4.5.15　非线性系统 (4.5.23) 的开环数值仿真结果

$y(x,t)$ 从接近零平衡状态的初值 $y_0(x)$ 移动到另一个平衡态 $y(x,\cdot)=\pi$。即当 $u(t)=0$ 时，非线性系统 (4.5.23) 的零平衡态在 $\|\cdot\|_2$ 范数意义下是开环不稳定的。

与 4.5.1 节中的例 4.1 和 4.5.2 节中的例 4.3 所讨论的 T-S 时空模糊模型类似，通过假设 $y(x,t)\in(-\pi,\pi)$, $x\in(0,L)$，半线性 PDE 系统 (4.5.23) 可由以下全局 T-S 模糊 PDE 模型精确描述：

$$\begin{cases} y_t(x,t)=y_{xx}(x,t)+\sum\limits_{i=1}^{2}h_i(y(x,t))a_iy(x,t) \\ y_x(x,t)|_{x=0}=0,\ y_x(x,t)|_{x=1}=u(t) \\ y(x,0)=y_0(x),\ y_{\text{out}}(t)=y(0,t) \end{cases} \tag{4.5.24}$$

式中

$$a_1=1,a_2=\bar{\varepsilon}$$

$$h_1(y(x,t))\triangleq\begin{cases}\dfrac{\sin(y(x,t))-\bar{\varepsilon}y(x,t)}{(1-\bar{\varepsilon})y(x,t)}, & y(x,t)\neq 0\\ 1, & y(x,t)=0\end{cases}$$

$$h_2(y(x,t))\triangleq 1-h_1(y(x,t))$$

这里 $\bar{\varepsilon}\triangleq 1/\pi$。

令 $\varepsilon=0.5$，利用 feasp 求解器[142] 对定理 4.4 中的 LMIs(4.4.66) 和 (4.4.67) 求解，可以得到 $\boldsymbol{X}=5.1007$，$\boldsymbol{Z}_1=-10.5662$，$\boldsymbol{Z}_2=-10.7888$，$\boldsymbol{Y}_1=8.7850$，$\boldsymbol{Y}_2=8.1301$，$\boldsymbol{Y}_{01}=-29.8063$ 和 $\boldsymbol{Y}_{02}=-28.2901$。运用式 (4.4.68)，可获得补偿器增益矩阵 $\boldsymbol{K}_1=-2.0715$，$\boldsymbol{K}_2=-2.1152$，$\boldsymbol{L}_1=1.7223$，$\boldsymbol{L}_2=1.5939$，$\boldsymbol{L}_{01}=-5.8436$ 和 $\boldsymbol{L}_{02}=-5.5463$。将带有上述增益的模糊补偿器 (4.4.60) 和

(4.4.62) 应用到非线性系统 (4.5.23) 中，其闭环数值仿真结果如图 4.5.16(a) 和图 4.5.16(b) 所示，展示出所提出的模糊补偿器设计方法的有效性。相关控制输入 $u(t)$ 如图 4.5.16(c) 所示。

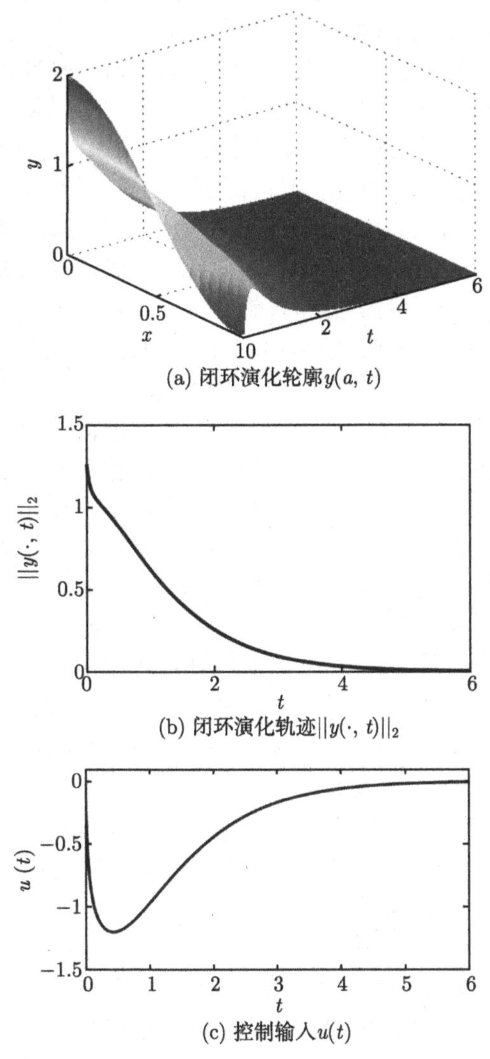

(a) 闭环演化轮廓$y(a, t)$

(b) 闭环演化轨迹$||y(\cdot, t)||_2$

(c) 控制输入$u(t)$

图 4.5.16　模糊补偿器 (4.4.60) 和 (4.4.62) 驱动下非线性系统 (4.5.23) 的闭环数值仿真结果

4.6　本章小结及文献说明

本章探讨了基于 T-S 模糊 PDE 模型的半线性抛物型 PDE 系统的模糊边界补偿器设计问题，其主要贡献是在不同测量方式 (空间连续分布测量、同位边界

测量、非同位空间离散测量、非同位边界测量) 下，为一类半线性抛物型 PDE 系统提出了基于 T-S 模糊 PDE 模型的模糊边界补偿器设计方法。特别地，对于非同位测量情形，利用基于观测器的输出反馈控制，构建了基于观测器的动态模糊补偿器指数镇定半线性 PDE 系统，克服了由控制驱动和传感测量非同位导致的控制设计困难。与非同位空间离散测量相比，非同位边界测量情形下观测器的设计充分考虑了受边界条件约束的非线性 PDE 系统的特殊性，使观测结果更为精确。因为所考察的控制执行器仅位于空间域的边界，所以提出的模糊边界补偿设计方法是容易实现的。利用 Lyapunov 直接法、分部积分技术和向量值庞加莱–温格尔不等式的变种形式 (引理 2.1)，严格证明了如果所给出的 LMI 充分条件成立 (该充分条件的可行性可直接由 MATLAB 中的 LMI 工具箱检验)，那么相应闭环系统在 $\|\cdot\|_2$ 范数意义下是指数稳定的。最后，数值算例的大量仿真结果检验了所提出的模糊控制设计方法的优点和有效性。

除了本章的研究工作，DPS 边界控制设计系统化方法还有有限维设计[24,143]、基于核函数的无限维反步法[40]、自适应控制方法[42,146,147] 及基于近似动态规划的最优边界控制[47,148]。针对非同位测量情形，本章所提出的动态模糊补偿器是在基于观测器的输出反馈控制框架下开发的。基于观测器的输出反馈控制主要用于解决物理系统状态变量不是完全可测情形下的控制系统设计问题，其中龙伯格观测器是一类基本状态估计器。文献 [154] 成功应用了基于观测器的输出反馈控制，以解决边界控制与非同位测量情形下欧拉–伯努利梁动态镇定问题中由控制与测量非同位导致的控制设计困难。在此工作启发下，文献 [40,155~159] 进一步探讨了具有非同位测量的线性抛物型 PDE 系统动态镇定问题，其中无限维 PDE 观测器设计是这些工作的研究重点之一。除无限维 PDE 观测器外，DPS 有限维龙伯格观测器也是研究方向之一[33]。需要强调的是，龙伯格观测器不仅可以在经典龙伯格观测器框架下设计，还可以考虑 PDE 系统受限于边界条件的特殊性[154]，此时，所设计观测器中的输出校正项不仅出现在 PDE 中，还存在于边界条件上，这使得 PDE 系统的状态估计更加精确。文献 [87] 应用此类基于观测器的输出反馈控制讨论了非线性抛物型 DPS 的时空模糊镇定控制问题。需要注意的是，本章研究工作本质上讨论的均为非线性 PDE 系统的模糊边界镇定控制问题，对于 PDE 系统的镇定问题研究已有很多突破[40,46,47,85~87,147,165,166]。事实上，与镇定控制问题相比，作为控制理论中另一类典型的控制问题——跟踪控制设计问题更具有挑战性，特别是对于非线性无限维动态系统。对于非线性 PDE 系统，如何将本章相关镇定控制的研究工作进一步扩展到跟踪控制设计，是第 5 章主要探讨的内容。

第 5 章　模糊边界输出跟踪控制

5.1 引言

控制系统问题大体上可分为两类：镇定和跟踪。镇定问题要求设计的控制器使闭环系统状态收敛到平衡态，而在跟踪问题中，不仅要求设计的控制器保证闭环系统稳定，还要求驱动系统输出能够跟踪一个期望参考轨迹或给定参考模型。DPS 跟踪控制广泛应用在工业、生物和经济等领域中，如分布式太阳能集热场要求通过调节出口管油温使其达到所需的阶梯状设定温度；在明渠灌溉系统中，要求调节水量使下游水位到达预设值，以防水资源浪费。因此，DPS 跟踪控制问题的研究在实际应用中具有非常重要的现实意义。

输出跟踪控制作为跟踪控制的一种，其主要目的是构建一种适当的控制设计方法，使受控对象的测量输出能够以渐近/指数、有限时间/固定时间收敛的方式跟踪期望参考信号，同时保持受控对象中所有信号有界。当前，有很多成熟的控制设计方法被提出，以解决输出跟踪控制问题，如内模原理、鲁棒自适应控制、反步控制、积分控制、自适应强化学习方法等。但需要注意的是，这些研究工作集中于有限维系统或时滞系统，而关于 DPS 输出跟踪控制的研究较少，特别是非线性 DPS。相较于镇定控制，由 PDE 模型描述的 DPS 输出跟踪控制设计更为困难，特别是非线性 DPS。此外，虽然在实际问题中，执行器与传感器的布放通常是非同位的，但针对非线性抛物型 DPS，同位输出跟踪控制的研究将为非同位输出跟踪控制的研究奠定基础。

本章针对同位边界测量与非同位边界测量两种情形，分别研究抛物型 DPS 的模糊边界输出跟踪控制设计问题。为克服无限维非线性系统动力学的输出跟踪控制设计困难，本章首先采用 T-S 模糊 PDE 模型（时空模糊模型构建见第 3 章）来精确描述非线性 DPS 的无限维非线性时空动态。然后根据所建立的 T-S 模糊 PDE 模型，结合 PID 控制策略、积分控制方法，分别针对同位边界测量和非同位边界测量两种情形开发相应的基于模糊观测器的输出跟踪控制律，使得系统测量输出渐近地跟踪期望参考信号，同时确保相应闭环系统有界。本章涉及的关键技术有 Lyapunov 直接法、向量值庞加莱–温格尔不等式的变种形式 (引理 2.1)、分部积分技术及 LMI 等。此外，在同位边界测量情形下，本章还给出了所提出的模糊 PID 输出跟踪控制律的两种特殊情形：模糊 PI 输出跟踪控制律和模糊积分输出跟踪控制律，并将所提出的模糊 PID 输出跟踪控制设计方法与模糊积分输出跟踪控制设计方法进行比较，数值仿真结果表明所提出的模糊 PID 输出跟踪控制设计方法在快速输出响应和减小超调幅度方面的优越性。对于非同位边界测量情形，积分控制保证了输出渐近调节，基于观测器的输出反馈控制克服了控制驱动与测量非同位带来的跟踪控制设计困难。最后大量数值仿真结果验证了所提出的模糊边界输出跟踪控制设计方法的有效性与优越性。

本章后续部分的结构安排如下：5.2 节描述了所讨论的半线性抛物型 PDE 系统；5.3 节给出了半线性 PDE 系统的 T-S 时空模糊模型，并详细定义了模糊边界输出跟踪控制设计问题；5.4 节结合 PID 控制、积分控制分别针对同位、非同位边界测量开发了相应的模糊输出跟踪控制器设计方法，这是本章的主要理论结果；5.5 节中的数值仿真结果验证了所提出的控制设计方法的有效性和优越性；5.6 节总结了本章的研究工作，并对与本章研究课题相关的现有研究工作给出了必要说明。

5.2 系统描述

本章考虑如下半线性抛物型无限维动态系统：

$$\boldsymbol{y}_t(x,t)=\boldsymbol{\Theta}\boldsymbol{y}_{xx}(x,t)+\boldsymbol{f}(\boldsymbol{y}(x,t)),\ t>0,\ x\in(0,L) \tag{5.2.1}$$

受限于纽曼边界条件

$$\begin{aligned}&\boldsymbol{\Theta}\boldsymbol{y}_x(x,t)|_{x=0}=0\\&\boldsymbol{\Theta}\boldsymbol{y}_x(x,t)|_{x=L}=\boldsymbol{D}\boldsymbol{y}(L,t)+\boldsymbol{B}\boldsymbol{u}(t),\ t>0\end{aligned} \tag{5.2.2}$$

和初始条件

$$\boldsymbol{y}(x,0)=\boldsymbol{y}_0(x),\ x\in[0,L] \tag{5.2.3}$$

式中，$\boldsymbol{y}(\cdot,t)\in\Omega\subset\mathcal{H}^n([0,L])$ 为状态向量；$x\in[0,L]\subset\Re$ 和 $t\in[0,\infty)$ 分别为空间和时间坐标；$\boldsymbol{\Theta}\in\Re^{n\times n}$ 是给定的常数矩阵；非线性函数 $\boldsymbol{f}(\boldsymbol{y}(x,t))$ 是关于 $\boldsymbol{y}(x,t)$ 的连续可微函数且满足 $\boldsymbol{f}(0)=0$；$\boldsymbol{u}(t)\in\Re^m$ 是边界控制输入 (由在边界 $x=L$ 处布放的 m 个控制执行器提供)；$\boldsymbol{D}\in\Re^{n\times n}$ 和 $\boldsymbol{B}\in\Re^{n\times m}$ 是给定的常数矩阵；$\boldsymbol{y}_0(x)$ 是初值。

针对 DPS 执行器与传感器在边界上相对布放位置的不同，分别考虑在同位和非同位边界测量情形下的输出跟踪控制设计。对于同位边界测量情形（由布放在边界 $x=L$ 处的 n 个传感器提供），其状态测量输出方程为

$$\boldsymbol{y}_{\text{out}}(t)=\boldsymbol{y}(L,t) \tag{5.2.4}$$

对于非同位边界测量情形（由布放在边界 $x=0$ 处的 n 个传感器提供），其状态测量输出方程为

$$\boldsymbol{y}_{\text{out}}(t)=\boldsymbol{y}(0,t) \tag{5.2.5}$$

式中，$\boldsymbol{y}_{\text{out}}(t)\in\Re^n$ 是边界状态测量输出。

5.3　T-S 时空模糊模型与问题描述

根据第 3 章介绍的参数依赖扇区非线性方法，在包含 Ω 的空间 $\mathcal{H}^n([0,L])$ 的子区域上，半线性抛物型 PDE(5.2.1) 的复杂时空动态可由以下 l 条规则组成的 T-S 模糊 PDE 模型精确表述[76,77]，其中第 i 条模糊规则描述如下。

模型规则 i：

如果 $\mu_1(x,t)$ 属于 $F_{i1},\cdots,\mu_s(x,t)$ 属于 F_{is}，**则**

$$\boldsymbol{y}_t(x,t)=\boldsymbol{\Theta}\boldsymbol{y}_{xx}(x,t)+\boldsymbol{A}_i\boldsymbol{y}(x,t),\ i\in\mathbb{R} \tag{5.3.1}$$

式中，$F_{ij},i\in\mathbb{R}\triangleq\{1,2,\cdots,r\},\ j\in\mathbb{S}\triangleq\{1,2,\cdots,s\}$ 是模糊集合；$\boldsymbol{A}_i\in\Re^{n\times n},i\in\mathbb{R}$ 是常数矩阵且 r 表示“如果–则”模糊规则数。假设模糊规则前件变量 $\mu_j(x,t)$，$j\in\mathbb{S}$ 是关于 $\boldsymbol{y}(x,t)$ 的函数，通过模糊隶属度函数，对 T-S 时空模糊系统 (5.3.1) 后件中的局部线性 PDE 模型进行模糊“插值”，可获得相应的全局动力学模型：

$$\boldsymbol{y}_t(x,t)=\boldsymbol{\Theta}\boldsymbol{y}_{xx}(x,t)+\sum_{i=1}^{r}h_i(\boldsymbol{\mu}(x,t))\boldsymbol{A}_i\boldsymbol{y}(x,t) \tag{5.3.2}$$

式中，$\boldsymbol{\mu}(x,t)\triangleq[\mu_1(x,t)\ \mu_2(x,t)\ \cdots\ \mu_s(x,t)]^{\mathrm{T}}$；$h_i(\boldsymbol{\mu}(x,t))\triangleq\dfrac{\prod_{j=1}^{s}F_{ij}(\boldsymbol{\mu}(x,t))}{\sum_{i=1}^{r}\prod_{j=1}^{s}F_{ij}(\boldsymbol{\mu}(x,t))}$，$i\in\mathbb{R}$。对于任意 $i\in\mathbb{R}$，$j\in\mathbb{S}$，$F_{ij}(\boldsymbol{\mu}_j(x,t))$ 都表示模糊规则前件变量 $\mu_j(x,t)$ 属于模糊集 F_{ij} 的模糊隶属度函数梯度。对于任意 $x\in[0,L]$，$t\geqslant 0$，假设 $\prod_{j=1}^{s}F_{ij}(\boldsymbol{\mu}(x,t))\geqslant 0,i\in\mathbb{R}$，那么必有如下条件成立：

$$h_i(\boldsymbol{\mu}(x,t))\geqslant 0,\ \sum_{i=1}^{r}h_i(\boldsymbol{\mu}(x,t))=1,\ i\in\mathbb{R} \tag{5.3.3}$$

根据以上分析，可以构建如下形式的全局 T-S 模糊 PDE 系统，以准确描述

给定区域上的非线性系统 (5.2.1)~(5.2.5) 的复杂时空动态：

$$\begin{cases} \boldsymbol{y}_t(x,t) = \boldsymbol{\Theta}\boldsymbol{y}_{xx}(x,t) + \sum_{i=1}^{r} h_i(\boldsymbol{\mu}(x,t))\boldsymbol{A}_i\boldsymbol{y}(x,t) \\ \boldsymbol{\Theta}\boldsymbol{y}_x(x,t)|_{x=0} = 0 \\ \boldsymbol{\Theta}\boldsymbol{y}_x(x,t)|_{x=L} = \boldsymbol{D}\boldsymbol{y}(L,t) + \boldsymbol{B}\boldsymbol{u}(t),\ t>0 \\ \boldsymbol{y}(x,0) = \boldsymbol{y}_0(x),\ x\in[0,L] \\ \boldsymbol{y}_{\text{out}}(t) = \boldsymbol{y}(0,t),\ t>0 \end{cases} \tag{5.3.4}$$

为实现模糊边界测量输出 $\boldsymbol{y}_{\text{out}}(t)$ 跟踪其期望参考信号 $\boldsymbol{y}_{\text{d}}(t)$ 的控制目标，定义输出跟踪误差

$$\boldsymbol{y}_{\text{e}}(t) \triangleq \boldsymbol{y}_{\text{out}}(t) - \boldsymbol{y}_{\text{d}}(t) \tag{5.3.5}$$

式中，$\boldsymbol{y}_{\text{d}}(t)$ 是期望参考信号，并引入其积分和微分形式为

$$\boldsymbol{y}_{\text{eI}}(t) \triangleq \int_0^t \boldsymbol{y}_{\text{e}}(s)\text{d}s = \int_0^t (\boldsymbol{y}_{\text{out}}(s) - \boldsymbol{y}_{\text{d}}(s))\text{d}s,\ t>0 \tag{5.3.6}$$

$$\boldsymbol{y}_{\text{eD}}(t) \triangleq \frac{\text{d}\boldsymbol{y}_{\text{e}}(t)}{\text{d}t} = \frac{\text{d}\boldsymbol{y}_{\text{out}}(t)}{\text{d}t} \tag{5.3.7}$$

显然，积分信号 $\boldsymbol{y}_{\text{eI}}(t)$ 满足

$$\frac{\text{d}\boldsymbol{y}_{\text{eI}}(t)}{\text{d}t} = \boldsymbol{y}_{\text{e}}(t),\ \boldsymbol{y}_{\text{eI}}(0) = 0 \tag{5.3.8}$$

对于期望参考信号 $\boldsymbol{y}_{\text{d}}(t)$，引入下列假设。

假设5.1 假设当 $t\to\infty$ 时，期望参考信号 $\boldsymbol{y}_{\text{d}}(t)$ 满足 $\dot{\boldsymbol{y}}_{\text{d}}(t)\to 0$。

注5.1 随着 $t\to\infty$，假设 5.1表明期望参考信号 $\boldsymbol{y}_{\text{d}}(t)$ 趋近于一个常数信号 $\boldsymbol{y}_{\text{d}}^*$，且对于任意 $t>0$，该信号都是有界的，即存在常数 $\overline{y}_{\text{d}}$，使得 $\sup\limits_{t>0}\{\boldsymbol{y}_{\text{d}}^{\text{T}}(t)\boldsymbol{y}_{\text{d}}(t)\} < \overline{y}_{\text{d}}$。显然，对于任意常数信号，均满足假设 5.1 ($\boldsymbol{y}_{\text{d}}(t) = \boldsymbol{y}_{\text{d}}^*, t\geqslant 0$)。

5.4 模糊边界输出跟踪控制设计

5.4.1 静态模糊 PID 边界同位输出跟踪控制设计

根据 T-S 模糊 PDE 模型 (5.3.4) 和误差信号 (5.3.5)~(5.3.7)，结合 PID 控制律，为系统 (5.2.1)~(5.2.3) 构建如下形式的模糊 PID 边界输出跟踪控制律。

PID 输出跟踪控制规则 j:

如果 $\mu_1(L,t)$ 属于 $F_{j1},\cdots,\mu_s(L,t)$ 属于 F_{js}，**则**

$$\boldsymbol{u}(t)=\boldsymbol{K}_{\mathrm{P},j}\boldsymbol{y}_{\mathrm{e}}(t)+\boldsymbol{K}_{\mathrm{I},j}\boldsymbol{y}_{\mathrm{eI}}(t)+\boldsymbol{K}_{\mathrm{D},j}\boldsymbol{y}_{\mathrm{eD}}(t) \tag{5.4.1}$$

式中，$\boldsymbol{K}_{\mathrm{P},j}$、$\boldsymbol{K}_{\mathrm{I},j}$、$\boldsymbol{K}_{\mathrm{D},j}\in\Re^{m\times n}$, $j\in\mathbb{R}$ 为待定控制增益矩阵。利用模糊 PDE 模型 (5.3.4) 中的模糊隶属函数 $h_i(\boldsymbol{\mu}(x,t))$, $i\in\mathbb{R}$，全局模糊 PID 边界输出跟踪控制律为

$$\boldsymbol{u}(t)=\sum_{j=1}^{r}h_j(\boldsymbol{\mu}(L,t))(\boldsymbol{K}_{\mathrm{P},j}\boldsymbol{y}_{\mathrm{e}}(t)+\boldsymbol{K}_{\mathrm{I},j}\boldsymbol{y}_{\mathrm{eI}}(t)+\boldsymbol{K}_{\mathrm{D},j}\boldsymbol{y}_{\mathrm{eD}}(t)) \tag{5.4.2}$$

其结构图如图 5.4.1 所示。

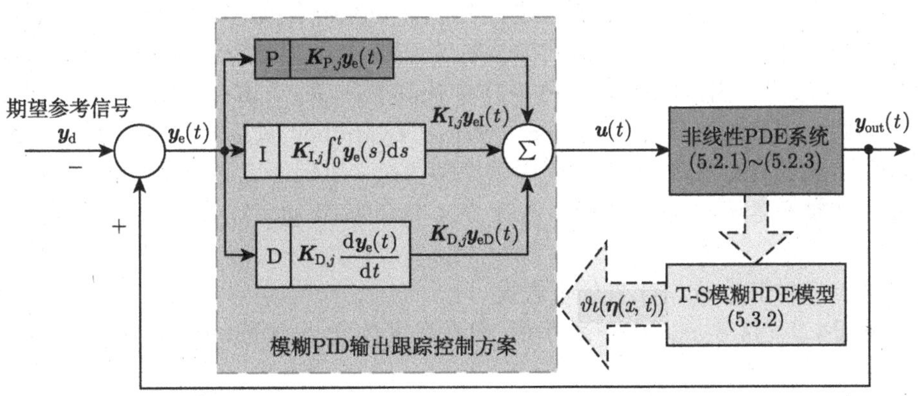

图 5.4.1　模糊 PID 边界输出跟踪控制设计方法的结构图

注 5.2　在同位边界测量情形下，假设在系统 (5.2.1)~(5.2.3) 中，$\boldsymbol{D}=\boldsymbol{0}$。$\boldsymbol{D}\neq\boldsymbol{0}$ 的情况可参考 5.4.2 节的非同位测量情形。同时，本节考虑期望参考信号 $\boldsymbol{y}_{\mathrm{d}}(t)$ 为常数信号的情况，故在本节后续部分简写为 $\boldsymbol{y}_{\mathrm{d}}$，关于 $\boldsymbol{y}_{\mathrm{d}}(t)$ 为非常数信号的情形同样可参考 5.4.2 节的非同位测量情形。

在模糊 PID 边界输出跟踪控制律 (5.4.2) 的作用下，可得到相应的闭环微分方程为

$$\begin{cases}\boldsymbol{y}_t(x,t)=\boldsymbol{\Theta}\boldsymbol{y}_{xx}(x,t)+\sum\limits_{i=1}^{r}h_i(\boldsymbol{\mu}(x,t))\boldsymbol{A}_i\boldsymbol{y}(x,t)\\ \boldsymbol{\Theta}\boldsymbol{y}_x(x,t)|_{x=0}=0\\ \boldsymbol{\Theta}\boldsymbol{y}_x(x,t)|_{x=L}=\boldsymbol{B}\sum\limits_{j=1}^{r}h_j(\boldsymbol{\mu}(L,t))(\boldsymbol{K}_{\mathrm{P},j}\boldsymbol{y}_{\mathrm{e}}(t)+\boldsymbol{K}_{\mathrm{I},j}\boldsymbol{y}_{\mathrm{eI}}(t)+\boldsymbol{K}_{\mathrm{D},j}\boldsymbol{y}_{\mathrm{eD}}(t))\\ \boldsymbol{y}(x,0)=\boldsymbol{y}_0(x)\end{cases} \tag{5.4.3}$$

注5.3 注意，若令 $\boldsymbol{K}_{\mathrm{D},j}=0, j\in\mathbb{R}$，则模糊 PID 边界输出跟踪控制律 (5.4.2) 可简化为如下形式的模糊 PI 控制律：

$$\boldsymbol{u}(t)=\sum_{j=1}^{r}h_j(\boldsymbol{\mu}(L,t))(\boldsymbol{K}_{\mathrm{P},j}\boldsymbol{y}_{\mathrm{e}}(t)+\boldsymbol{K}_{\mathrm{I},j}\boldsymbol{y}_{\mathrm{eI}}(t)) \tag{5.4.4}$$

此外，进一步令 $\boldsymbol{K}_{\mathrm{P},j}=\boldsymbol{K}_{\mathrm{D},j}=0,\ j\in\mathbb{R}$，模糊 PID 边界输出跟踪控制律 (5.4.2) 可进一步简化为如下形式的模糊积分控制律：

$$\boldsymbol{u}(t)=\sum_{j=1}^{r}h_j(\boldsymbol{\mu}(L,t))\boldsymbol{K}_{\mathrm{I},j}\boldsymbol{y}_{\mathrm{eI}}(t) \tag{5.4.5}$$

一般来说，控制设计包括控制器结构设计和控制增益整定。模糊 PID 边界输出跟踪控制律 (5.4.2) 的控制器结构是通过 PID 控制策略构建的。接下来要确定模糊 PID 边界输出跟踪控制律 (5.4.2) 中控制增益 $\boldsymbol{K}_{\mathrm{P},j}$, $\boldsymbol{K}_{\mathrm{I},j}$, $\boldsymbol{K}_{\mathrm{D},j}$, $j\in\mathbb{R}$ 的值。

因此，本节的主要目标是开发一种基于 Lyapunov 直接法的方法来整定模糊 PID 边界输出跟踪控制律 (5.4.2) 中的控制增益，以保证边界测量输出 $\boldsymbol{y}_{\mathrm{out}}(t)$ 渐近跟踪期望参考信号 $\boldsymbol{y}_{\mathrm{d}}$，且闭环系统 (5.4.3) 的状态 $\boldsymbol{y}(x,t)$ 在 $\|\cdot\|_2$ 范数意义下有界。

进一步对信号 $\boldsymbol{y}_{\mathrm{eD}}(t)$ 做如下假设。

假设5.2 信号 $\boldsymbol{y}_{\mathrm{eD}}(t)$ 一致有界，即存在常数 $\overline{y}_{\mathrm{eD}}$，使得 $\sup_{t>0}\{\boldsymbol{y}_{\mathrm{eD}}^{\mathrm{T}}(t)\boldsymbol{y}_{\mathrm{eD}}(t)\}<\overline{y}_{\mathrm{eD}}$。

注5.4 在所提出的模糊 PID 边界输出跟踪控制律 (5.4.2) 中，由式 (5.3.7) 定义的信号 $\boldsymbol{y}_{\mathrm{eD}}(t)$ $\left(\boldsymbol{y}_{\mathrm{eD}}(t)\triangleq\dfrac{\partial\boldsymbol{y}(L,t)}{\partial t}\right)$ 不受 PDE(5.2.1) 的直接约束。因此，假设 5.2 是实现本节控制目标的必要条件。该假设将用于 $\|\cdot\|_2$ 范数意义下闭环系统的有界性分析。

在假设 5.2 下，本节通过将 Lyapunov 直接法与向量值庞加莱–温格尔不等式的变种形式 (引理 2.1) 相结合，以 LMIs 形式给出模糊 PID 边界输出跟踪控制律 (5.4.2) 与式 (5.3.5) ~ 式 (5.3.7) 控制增益整定的充分条件。

定理 5.1 在假设 5.2 下，考虑具有边界状态测量输出 (5.2.4) 的非线性抛物型 DPS(5.2.1)~(5.2.3) 及时空模糊模型 (5.3.4)。对于给定常数 $\alpha_i>0$, $i\in\{1,2,3,4,5,6\}$ 和 $\chi>0$，若存在矩阵 $0<\boldsymbol{X}\in\Re^{n\times n}$, $0<\overline{\boldsymbol{M}}\in\Re^{n\times n}$, $\boldsymbol{Z}_{\mathrm{P},j}\in\Re^{m\times n}$, $\boldsymbol{Z}_{\mathrm{I},j}\in\Re^{m\times n}$, $\boldsymbol{Z}_{\mathrm{D},j}\in\Re^{m\times n}$, $j\in\mathbb{R}$ 使得下列 LMIs 成立：

$$[\boldsymbol{\Theta}\boldsymbol{X}+*]>0 \tag{5.4.6}$$

$$\boldsymbol{\Sigma}\triangleq\begin{bmatrix}\boldsymbol{X} & \chi\boldsymbol{X}\\ \chi\boldsymbol{X} & L^{-1}\overline{\boldsymbol{M}}\end{bmatrix}>0 \tag{5.4.7}$$

$$\overline{\boldsymbol{\varXi}}_{ij} \triangleq \begin{bmatrix} \hat{\boldsymbol{\varXi}}_{11,ij} & \hat{\boldsymbol{\varXi}}_{12,j} & \hat{\boldsymbol{\varXi}}_{13,j} & \hat{\boldsymbol{\varXi}}_{14,j} & \hat{\boldsymbol{\varXi}}_{15,j} \\ \hat{\boldsymbol{\varXi}}_{12,j}^{\mathrm{T}} & \alpha_5 L\overline{\boldsymbol{X}} & 0 & 0 & 0 \\ \hat{\boldsymbol{\varXi}}_{13,j}^{\mathrm{T}} & 0 & \alpha_1 L\overline{\boldsymbol{X}} & 0 & 0 \\ \hat{\boldsymbol{\varXi}}_{14,j}^{\mathrm{T}} & 0 & 0 & \alpha_3\chi^{-1}L\overline{\boldsymbol{X}} & 0 \\ \hat{\boldsymbol{\varXi}}_{15,j}^{\mathrm{T}} & 0 & 0 & 0 & \alpha_6\chi^{-1}L\overline{\boldsymbol{X}} \end{bmatrix} < 0,\ i,j \in \mathbb{R} \tag{5.4.8}$$

式中

$$\begin{aligned} \hat{\boldsymbol{\varXi}}_{11,ij} &\triangleq \begin{bmatrix} \boldsymbol{\varXi}_{11,i} & \boldsymbol{\varXi}_{12} & \chi \boldsymbol{X}\boldsymbol{A}_i^{\mathrm{T}} \\ \boldsymbol{\varXi}_{12}^{\mathrm{T}} & \boldsymbol{\varXi}_{22,j} & \boldsymbol{\varXi}_{23,j} \\ \chi \boldsymbol{A}_i\boldsymbol{X} & \boldsymbol{\varXi}_{23,j}^{\mathrm{T}} & \boldsymbol{\varXi}_{33,j} \end{bmatrix} \\ \hat{\boldsymbol{\varXi}}_{12,j} &\triangleq [0 \quad \boldsymbol{B}\boldsymbol{Z}_{\mathrm{D},j} \quad 0]^{\mathrm{T}} \\ \hat{\boldsymbol{\varXi}}_{13,j} &\triangleq [0 \quad \boldsymbol{B}\boldsymbol{Z}_{\mathrm{P},j} \quad 0]^{\mathrm{T}} \\ \hat{\boldsymbol{\varXi}}_{14,j} &\triangleq [0 \quad 0 \quad \boldsymbol{B}\boldsymbol{Z}_{\mathrm{P},j}]^{\mathrm{T}} \\ \hat{\boldsymbol{\varXi}}_{15,j} &\triangleq [0 \quad 0 \quad \boldsymbol{B}\boldsymbol{Z}_{\mathrm{D},j}]^{\mathrm{T}} \\ \overline{\boldsymbol{X}} &\triangleq -2\boldsymbol{X} + \boldsymbol{I}_n \end{aligned}$$

且

$$\begin{aligned} \boldsymbol{\varXi}_{11,i} &\triangleq -\frac{\pi^2}{4L^2}[\boldsymbol{\Theta}\boldsymbol{X} + *] + [\boldsymbol{A}_i\boldsymbol{X} + *] + \alpha_2^{-1}\chi\boldsymbol{X} \\ \boldsymbol{\varXi}_{12} &\triangleq \frac{\pi^2}{4L^2}[\boldsymbol{\Theta}\boldsymbol{X} + *] + \chi\boldsymbol{X} \\ \boldsymbol{\varXi}_{22,j} &\triangleq -\frac{\pi^2}{4L^2}[\boldsymbol{\Theta}\boldsymbol{X} + *] + [L^{-1}\boldsymbol{B}\boldsymbol{Z}_{\mathrm{P},j} + *] \\ \boldsymbol{\varXi}_{23,j} &\triangleq L^{-1}\boldsymbol{B}\boldsymbol{Z}_{\mathrm{I},j} + \chi L^{-1}\boldsymbol{Z}_{\mathrm{P},j}^{\mathrm{T}}\boldsymbol{B}^{\mathrm{T}} + L^{-1}\overline{\boldsymbol{M}} \\ \boldsymbol{\varXi}_{33,j} &\triangleq [\chi L^{-1}\boldsymbol{B}\boldsymbol{Z}_{\mathrm{I},j} + *] + \alpha_4^{-1}L^{-1}\overline{\boldsymbol{M}} \end{aligned}$$

则存在一个模糊 PID 边界输出跟踪控制器 (5.4.2) 与 (5.3.5)~(5.3.7) 驱动边界测量输出 $\boldsymbol{y}_{\mathrm{out}}(t)$ 渐近跟踪期望参考信号 $\boldsymbol{y}_{\mathrm{d}}$，并确保闭环微分系统 (5.4.3) 的解在 $\|\cdot\|_2$ 范数意义下指数收敛到一个有界集，其中控制增益 $\boldsymbol{K}_{\mathrm{P},j}$, $\boldsymbol{K}_{\mathrm{I},j}$ 和 $\boldsymbol{K}_{\mathrm{D},j}$, $j \in \mathbb{R}$ 可由下式确定：

$$\boldsymbol{K}_{\mathrm{P},j} = \boldsymbol{Z}_{\mathrm{P},j}\boldsymbol{X}^{-1},\ \boldsymbol{K}_{\mathrm{I},j} = \boldsymbol{Z}_{\mathrm{I},j}\boldsymbol{X}^{-1},\ \boldsymbol{K}_{\mathrm{D},j} = \boldsymbol{Z}_{\mathrm{D},j}\boldsymbol{X}^{-1},\ j \in \mathbb{R} \tag{5.4.9}$$

证明 5 对于常数 $\alpha_i > 0, i \in \{1,2,3,4,5,6\}$，$\chi > 0$ 和矩阵 $\boldsymbol{X} > 0, \overline{\boldsymbol{M}} > 0$, $\boldsymbol{Z}_{\mathrm{P},j}$，$\boldsymbol{Z}_{\mathrm{I},j}$，$\boldsymbol{Z}_{\mathrm{D},j}$，$j \in \mathbb{R}$。假设 LMIs(5.4.6)~(5.4.8) 可行，对于方程 (5.3.8) 和 (5.4.3)，考虑如下形式的 Lyapunov 函数：

$$V(t) = V_1(t) + V_2(t) + V_3(t) \tag{5.4.10}$$

且

$$V_1(t) = \int_0^L \boldsymbol{y}^{\mathrm{T}}(x,t)\boldsymbol{P}\boldsymbol{y}(x,t)\mathrm{d}x \tag{5.4.11}$$

$$V_2(t) = 2\chi\boldsymbol{y}_{\mathrm{eI}}^{\mathrm{T}}(t)\boldsymbol{P}\int_0^L \boldsymbol{y}(x,t)\mathrm{d}x \tag{5.4.12}$$

$$V_3(t) = \boldsymbol{y}_{\mathrm{eI}}^{\mathrm{T}}(t)\boldsymbol{M}\boldsymbol{y}_{\mathrm{eI}}(t) \tag{5.4.13}$$

式中,$0 < \boldsymbol{P} \in \Re^{n\times n}$ 和 $0 < \boldsymbol{M} \in \Re^{n\times n}$ 为待定的 Lyapunov 矩阵，$\begin{bmatrix} \boldsymbol{P} & \chi\boldsymbol{P} \\ \chi\boldsymbol{P} & L^{-1}\boldsymbol{M} \end{bmatrix} > 0$，常数 $\chi > 0$ 为预先给定的设计参数。

令

$$\begin{aligned} &\boldsymbol{X} = \boldsymbol{P}^{-1},\ \overline{\boldsymbol{M}} = \boldsymbol{X}\boldsymbol{M}\boldsymbol{X},\ \boldsymbol{Z}_{\mathrm{P},j} = \boldsymbol{K}_{\mathrm{P},j}\boldsymbol{X} \\ &\boldsymbol{Z}_{\mathrm{I},j} = \boldsymbol{K}_{\mathrm{I},j}\boldsymbol{X}\boldsymbol{Z}_{\mathrm{D},j} = \boldsymbol{K}_{\mathrm{D},j}\boldsymbol{X},\ j \in \mathbb{R} \end{aligned} \tag{5.4.14}$$

由 $\boldsymbol{X} > 0$ 可知，$\boldsymbol{P} > 0$

$$\boldsymbol{P}[\boldsymbol{\Theta}\boldsymbol{X} + *]\boldsymbol{P} = [\boldsymbol{P}\boldsymbol{\Theta} + *]$$

$$\begin{bmatrix} \boldsymbol{P} & 0 \\ 0 & \boldsymbol{P} \end{bmatrix} \boldsymbol{\Sigma} \begin{bmatrix} \boldsymbol{P} & 0 \\ 0 & \boldsymbol{P} \end{bmatrix} = \begin{bmatrix} \boldsymbol{P} & \chi\boldsymbol{P} \\ \chi\boldsymbol{P} & L^{-1}\boldsymbol{M} \end{bmatrix}$$

这意味着 LMIs(5.4.6) 和 (5.4.7) 等价于

$$[\boldsymbol{P}\boldsymbol{\Theta} + *] > 0 \tag{5.4.15}$$

$$\overline{\boldsymbol{\Sigma}} \triangleq \begin{bmatrix} \boldsymbol{P} & \chi\boldsymbol{P} \\ \chi\boldsymbol{P} & L^{-1}\boldsymbol{M} \end{bmatrix} > 0 \tag{5.4.16}$$

由式 (5.4.10) 定义的 Lyapunov 函数可以写为

$$V(t) = \int_0^L \boldsymbol{\xi}^{\mathrm{T}}(x,t)\overline{\boldsymbol{\Sigma}}\boldsymbol{\xi}(x,t)\mathrm{d}x$$

且从不等式 (5.4.16) 中，可以得到

$$\gamma_1\|\boldsymbol{\xi}(\cdot,t)\|_2^2 \leqslant V_2(t) \leqslant \gamma_2\|\boldsymbol{\xi}(\cdot,t)\|_2^2 \tag{5.4.17}$$

式中，$\boldsymbol{\xi}(x,t) \triangleq [\boldsymbol{y}^{\mathrm{T}}(x,t) \quad \boldsymbol{y}_{\mathrm{eI}}^{\mathrm{T}}(t)]^{\mathrm{T}}$; $\gamma_1 \triangleq \lambda_{\min}(\overline{\boldsymbol{\Sigma}})$; $\gamma_2 \triangleq \lambda_{\max}(\overline{\boldsymbol{\Sigma}})$。

沿着系统 (5.4.3) 的解，对由式 (5.4.11) 定义的 $V_1(t)$ 关于时间 t 进行求导运算，其微分形式为

$$\begin{aligned}\frac{\mathrm{d}V_1(t)}{\mathrm{d}t} &= 2\int_0^L \boldsymbol{y}^{\mathrm{T}}(x,t)\boldsymbol{P}\boldsymbol{y}_t(x,t)\mathrm{d}x \\ &= 2\int_0^L \boldsymbol{y}^{\mathrm{T}}(x,t)\boldsymbol{P\Theta}\boldsymbol{y}_{xx}(x,t)\mathrm{d}x+ \\ &\quad \sum_{i=1}^{r}\int_0^L \vartheta_i(\boldsymbol{\eta}(x,t))\boldsymbol{y}^{\mathrm{T}}(x,t)[\boldsymbol{PA}_i+*]\boldsymbol{y}(x,t)\mathrm{d}x\end{aligned} \tag{5.4.18}$$

应用分部积分技术并考虑系统 (5.4.3) 中的边界条件，$\int_0^L \boldsymbol{y}^{\mathrm{T}}(x,t)\boldsymbol{P\Theta}\boldsymbol{y}_{xx}(x,t)\mathrm{d}x$ 可写为

$$\begin{aligned}\int_0^L \boldsymbol{y}^{\mathrm{T}}(x,t)\boldsymbol{P\Theta}\boldsymbol{y}_{xx}(x,t)\mathrm{d}x &= \boldsymbol{y}^{\mathrm{T}}(x,t)\boldsymbol{P\Theta}\boldsymbol{y}_x(x,t)\Big|_{x=0}^{x=L} - \int_0^L \boldsymbol{y}_x^{\mathrm{T}}(x,t)\boldsymbol{P\Theta}\boldsymbol{y}_x(x,t)\mathrm{d}x \\ &= \boldsymbol{y}^{\mathrm{T}}(L,t)\boldsymbol{PB}\sum_{j=1}^{r}h_j(\boldsymbol{\mu}(L,t))\boldsymbol{K}_{\mathrm{P},j}\boldsymbol{y}_{\mathrm{e}}(t)+ \\ &\quad \boldsymbol{y}^{\mathrm{T}}(L,t)\boldsymbol{PB}\sum_{j=1}^{r}h_j(\boldsymbol{\mu}(L,t))\boldsymbol{K}_{\mathrm{I},j}\boldsymbol{y}_{\mathrm{eI}}(t)+ \\ &\quad \boldsymbol{y}^{\mathrm{T}}(L,t)\boldsymbol{PB}\sum_{j=1}^{r}h_j(\boldsymbol{\mu}(L,t))\boldsymbol{K}_{\mathrm{D},j}\boldsymbol{y}_{\mathrm{eD}}(t)- \\ &\quad \int_0^L \boldsymbol{y}_x^{\mathrm{T}}(x,t)\boldsymbol{P\Theta}\boldsymbol{y}_x(x,t)\mathrm{d}x\end{aligned} \tag{5.4.19}$$

通过应用引理 2.1 和不等式 (5.4.15)，可以得到

$$\int_0^L \boldsymbol{y}_x^{\mathrm{T}}(x,t)[\boldsymbol{P\Theta}+*]\boldsymbol{y}_x(x,t)\mathrm{d}x \geqslant \frac{\pi^2}{4L^2}\int_0^L \overline{\boldsymbol{y}}^{\mathrm{T}}(x,t)[\boldsymbol{P\Theta}+*]\overline{\boldsymbol{y}}(x,t)\mathrm{d}x \tag{5.4.20}$$

式中，$\overline{\boldsymbol{y}}(x,t) \triangleq \boldsymbol{y}(x,t)-\boldsymbol{y}(L,t)$, $x\in[0,L]$, $t>0$。

借助式 (5.4.19) 和式 (5.4.20)，式 (5.4.18) 可以表示为

$$\begin{aligned}\frac{\mathrm{d}V_1(t)}{\mathrm{d}t}\leqslant &-\frac{\pi^2}{4L^2}\int_0^L \boldsymbol{y}^{\mathrm{T}}(x,t)[\boldsymbol{P\Theta}+*]\boldsymbol{y}(x,t)\mathrm{d}x+\\ &\frac{2\pi^2}{4L^2}\int_0^L \boldsymbol{y}^{\mathrm{T}}(x,t)[\boldsymbol{P\Theta}+*]\boldsymbol{y}(L,t)\mathrm{d}x-\\ &\frac{\pi^2}{4L^2}\int_0^L \boldsymbol{y}^{\mathrm{T}}(L,t)[\boldsymbol{P\Theta}+*]\boldsymbol{y}(L,t)\mathrm{d}x+\\ &2\sum_{j=1}^{r}h_j(\boldsymbol{\mu}(L,t))\boldsymbol{y}^{\mathrm{T}}(L,t)\boldsymbol{PBK}_{\mathrm{P},j}(\boldsymbol{y}(L,t)-\boldsymbol{y}_{\mathrm{d}})+\\ &2\sum_{j=1}^{r}h_j(\boldsymbol{\mu}(L,t))\boldsymbol{y}^{\mathrm{T}}(L,t)\boldsymbol{PBK}_{\mathrm{I},j}\boldsymbol{y}_{\mathrm{eI}}(t)+\\ &2\sum_{j=1}^{r}h_j(\boldsymbol{\mu}(L,t))\boldsymbol{y}^{\mathrm{T}}(L,t)\boldsymbol{PBK}_{\mathrm{D},j}\boldsymbol{y}_{\mathrm{eD}}(t)+\\ &\sum_{i=1}^{r}\int_0^L h_i(\boldsymbol{\mu}(x,t))\boldsymbol{y}^{\mathrm{T}}(x,t)[\boldsymbol{PA}_i+*]\boldsymbol{y}(x,t)\mathrm{d}x\end{aligned}\tag{5.4.21}$$

沿着由方程 (5.3.8) 和微分系统 (5.4.3) 约束的 $\boldsymbol{y}_{\mathrm{eI}}(t)$ 和 $\boldsymbol{y}(x,t)$ 的解，对由式 (5.4.12) 定义的 $V_2(t)$ 关于时间 t 求导，有

$$\begin{aligned}\frac{\mathrm{d}V_2(t)}{\mathrm{d}t}&=2\chi\dot{\boldsymbol{y}}_{\mathrm{eI}}^{\mathrm{T}}(t)\boldsymbol{P}\int_0^L \boldsymbol{y}(x,t)\mathrm{d}x+2\chi\boldsymbol{y}_{\mathrm{eI}}^{\mathrm{T}}(t)\boldsymbol{P}\int_0^L \boldsymbol{y}_t(x,t)\mathrm{d}x\\ &=2\chi(\boldsymbol{y}^{\mathrm{T}}(L,t)-\boldsymbol{y}_{\mathrm{d}}^{\mathrm{T}})\boldsymbol{P}\int_0^L \boldsymbol{y}(x,t)\mathrm{d}x+2\chi\boldsymbol{y}_{\mathrm{eI}}^{\mathrm{T}}(t)\boldsymbol{P}\int_0^L \boldsymbol{\Theta y}_{xx}(x,t)\mathrm{d}x+\\ &\quad 2\chi\boldsymbol{y}_{\mathrm{eI}}^{\mathrm{T}}(t)\boldsymbol{P}\sum_{i=1}^{r}\int_0^L h_i(\boldsymbol{\mu}(x,t))\boldsymbol{A}_i\boldsymbol{y}(x,t)\mathrm{d}x\end{aligned}\tag{5.4.22}$$

与式 (5.4.18) 类似，通过分部积分技术与闭环方程 (5.4.3) 中的边界条件，$\int_0^L \boldsymbol{\Theta y}_{xx}(x,t)\mathrm{d}x$ 可写为

$$\int_0^L \boldsymbol{\Theta y}_{xx}(x,t)\mathrm{d}x=\boldsymbol{B}\sum_{j=1}^{r}h_j(\boldsymbol{\mu}(L,t))(\boldsymbol{K}_{\mathrm{P},j}\boldsymbol{y}_{\mathrm{e}}(t)+\boldsymbol{K}_{\mathrm{I},j}\boldsymbol{y}_{\mathrm{eI}}(t)+\boldsymbol{K}_{\mathrm{D},j}\boldsymbol{y}_{\mathrm{eD}}(t))\tag{5.4.23}$$

因此，根据式 (5.4.23)，式 (5.4.22) 可以进一步表示为

$$
\begin{aligned}
\frac{\mathrm{d}V_2(t)}{\mathrm{d}t} = & 2\chi \boldsymbol{y}^{\mathrm{T}}(L,t)\boldsymbol{P}\int_0^L \boldsymbol{y}(x,t)\mathrm{d}x - 2\chi \boldsymbol{y}_{\mathrm{d}}^{\mathrm{T}}\boldsymbol{P}\int_0^L \boldsymbol{y}(x,t)\mathrm{d}x + \\
& 2\chi \boldsymbol{y}_{\mathrm{eI}}^{\mathrm{T}}(t)\boldsymbol{P}\boldsymbol{B}\sum_{j=1}^{r} h_j(\boldsymbol{\mu}(L,t))\boldsymbol{K}_{\mathrm{P},j}(\boldsymbol{y}(L,t)-\boldsymbol{y}_{\mathrm{d}}) + \\
& 2\chi \boldsymbol{y}_{\mathrm{eI}}^{\mathrm{T}}(t)\boldsymbol{P}\boldsymbol{B}\sum_{j=1}^{r} h_j(\boldsymbol{\mu}(L,t))\boldsymbol{K}_{\mathrm{I},j}\boldsymbol{y}_{\mathrm{eI}}(t) + \\
& 2\chi \boldsymbol{y}_{\mathrm{eI}}^{\mathrm{T}}(t)\boldsymbol{P}\boldsymbol{B}\sum_{j=1}^{r} h_j(\boldsymbol{\mu}(L,t))\boldsymbol{K}_{\mathrm{D},j}\boldsymbol{y}_{\mathrm{eD}}(t) + \\
& 2\chi \boldsymbol{y}_{\mathrm{eI}}^{\mathrm{T}}(t)\boldsymbol{P}\sum_{i=1}^{r}\int_0^L h_i(\boldsymbol{\mu}(x,t))\boldsymbol{A}_i\boldsymbol{y}(x,t)\mathrm{d}x
\end{aligned}
\tag{5.4.24}
$$

沿着受式 (5.3.8) 约束的 $\boldsymbol{y}_{\mathrm{eI}}(t)$ 的解轨迹，对由式 (5.4.13) 定义的 $V_3(t)$ 关于时间 t 求导，经过整理可得

$$
\begin{aligned}
\frac{\mathrm{d}V_3(t)}{\mathrm{d}t} &= 2\boldsymbol{y}_{\mathrm{eI}}^{\mathrm{T}}(t)\boldsymbol{M}\dot{\boldsymbol{y}}_{\mathrm{eI}}(t) \\
&= 2\boldsymbol{y}_{\mathrm{eI}}^{\mathrm{T}}(t)\boldsymbol{M}(\boldsymbol{y}(L,t)-\boldsymbol{y}_{\mathrm{d}}) \\
&= 2\boldsymbol{y}_{\mathrm{eI}}^{\mathrm{T}}(t)\boldsymbol{M}\boldsymbol{y}(L,t) - 2\boldsymbol{y}_{\mathrm{eI}}^{\mathrm{T}}(t)\boldsymbol{M}\boldsymbol{y}_{\mathrm{d}}
\end{aligned}
\tag{5.4.25}
$$

根据 $\boldsymbol{P}>0$ 和 $\boldsymbol{M}>0$，对于任意 $\alpha_i>0, i\in\{1,2,3,4,5,6\}$ 和 $j\in\mathbb{R}$，都有

$$
\begin{aligned}
-2\boldsymbol{y}^{\mathrm{T}}(L,t)\boldsymbol{P}\boldsymbol{B}\boldsymbol{K}_{\mathrm{P},j}\boldsymbol{y}_{\mathrm{d}} &\leqslant \alpha_1^{-1}\boldsymbol{y}^{\mathrm{T}}(L,t)\boldsymbol{P}\boldsymbol{B}\boldsymbol{K}_{\mathrm{P},j}\boldsymbol{K}_{\mathrm{P},j}^{\mathrm{T}}\boldsymbol{B}^{\mathrm{T}}\boldsymbol{P}\boldsymbol{y}(L,t) + \alpha_1\boldsymbol{y}_{\mathrm{d}}^{\mathrm{T}}\boldsymbol{y}_{\mathrm{d}} \\
-2\boldsymbol{y}_{\mathrm{d}}\boldsymbol{P}\boldsymbol{y}(x,t) &\leqslant \alpha_2^{-1}\boldsymbol{y}^{\mathrm{T}}(x,t)\boldsymbol{P}\boldsymbol{y}(x,t) + \alpha_2\boldsymbol{y}_{\mathrm{d}}^{\mathrm{T}}\boldsymbol{P}\boldsymbol{y}_{\mathrm{d}} \\
-2\boldsymbol{y}_{\mathrm{eI}}^{\mathrm{T}}(t)\boldsymbol{P}\boldsymbol{B}\boldsymbol{K}_{\mathrm{P},j}\boldsymbol{y}_{\mathrm{d}} &\leqslant \alpha_3^{-1}\boldsymbol{y}_{\mathrm{eI}}^{\mathrm{T}}(t)\boldsymbol{P}\boldsymbol{B}\boldsymbol{K}_{\mathrm{P},j}\boldsymbol{K}_{\mathrm{P},j}^{\mathrm{T}}\boldsymbol{B}^{\mathrm{T}}\boldsymbol{P}\boldsymbol{y}_{\mathrm{eI}}(t) + \alpha_3\boldsymbol{y}_{\mathrm{d}}^{\mathrm{T}}\boldsymbol{y}_{\mathrm{d}} \\
-2\boldsymbol{y}_{\mathrm{eI}}^{\mathrm{T}}(t)\boldsymbol{M}\boldsymbol{y}_{\mathrm{d}} &\leqslant \alpha_4^{-1}\boldsymbol{y}_{\mathrm{eI}}^{\mathrm{T}}(t)\boldsymbol{M}\boldsymbol{y}_{\mathrm{eI}}(t) + \alpha_4\boldsymbol{y}_{\mathrm{d}}^{\mathrm{T}}\boldsymbol{M}\boldsymbol{y}_{\mathrm{d}} \\
2\boldsymbol{y}^{\mathrm{T}}(L,t)\boldsymbol{P}\boldsymbol{B}\boldsymbol{K}_{\mathrm{D},j}\boldsymbol{y}_{\mathrm{eD}}(t) &\leqslant \alpha_5^{-1}\boldsymbol{y}^{\mathrm{T}}(L,t)\boldsymbol{P}\boldsymbol{B}\boldsymbol{K}_{\mathrm{D},j}\boldsymbol{K}_{\mathrm{D},j}^{\mathrm{T}}\boldsymbol{B}^{\mathrm{T}}\boldsymbol{P}\boldsymbol{y}(L,t) + \alpha_5\boldsymbol{y}_{\mathrm{eD}}^{\mathrm{T}}(t)\boldsymbol{y}_{\mathrm{eD}}(t) \\
2\boldsymbol{y}_{\mathrm{eI}}^{\mathrm{T}}(t)\boldsymbol{P}\boldsymbol{B}\boldsymbol{K}_{\mathrm{D},j}\boldsymbol{y}_{\mathrm{eD}}(t) &\leqslant \alpha_6^{-1}\boldsymbol{y}_{\mathrm{eI}}^{\mathrm{T}}(t)\boldsymbol{P}\boldsymbol{B}\boldsymbol{K}_{\mathrm{D},j}\boldsymbol{K}_{\mathrm{D},j}^{\mathrm{T}}\boldsymbol{B}^{\mathrm{T}}\boldsymbol{P}\boldsymbol{y}_{\mathrm{eI}}(t) + \alpha_6\boldsymbol{y}_{\mathrm{eD}}^{\mathrm{T}}(t)\boldsymbol{y}_{\mathrm{eD}}(t)
\end{aligned}
\tag{5.4.26}
$$

对由式 (5.4.10) 定义的 $V(t)$ 沿着方程 (5.3.8) 和闭环微分方程 (5.4.3) 的解轨迹关于时间 t 求导，并利用式 (5.4.21)，式 (5.4.24) ~ 式 (5.4.26) 和 $\chi>0$ 进

行整理，可得其微分形式为

$$\begin{aligned}\frac{\mathrm{d}V(t)}{\mathrm{d}t}=&\frac{\mathrm{d}V_1(t)}{\mathrm{d}t}+\frac{\mathrm{d}V_2(t)}{\mathrm{d}t}+\frac{\mathrm{d}V_3(t)}{\mathrm{d}t}\\ \leqslant&\sum_{i,j=1}^{r}\int_0^L h_i(\boldsymbol{\mu}(x,t))h_j(\boldsymbol{\mu}(L,t))\boldsymbol{\varpi}^{\mathrm{T}}(x,t)\overline{\boldsymbol{\Psi}}_{ij}\boldsymbol{\varpi}(x,t)\mathrm{d}x+\\ &\boldsymbol{y}_{\mathrm{d}}^{\mathrm{T}}[(\alpha_1+\alpha_3\chi)\boldsymbol{I}_n+\alpha_2\chi\boldsymbol{P}+\alpha_4\boldsymbol{M}]\boldsymbol{y}_{\mathrm{d}}+\\ &\alpha_5\boldsymbol{y}_{\mathrm{eD}}^{\mathrm{T}}(t)\boldsymbol{y}_{\mathrm{eD}}(t)+\alpha_6\chi\boldsymbol{y}_{\mathrm{eD}}^{\mathrm{T}}(t)\boldsymbol{y}_{\mathrm{eD}}(t)\end{aligned}\tag{5.4.27}$$

式中

$$\boldsymbol{\varpi}(x,t)\triangleq[\boldsymbol{y}^{\mathrm{T}}(x,t)\quad \boldsymbol{y}^{\mathrm{T}}(L,t)\quad \boldsymbol{y}_{\mathrm{eI}}^{\mathrm{T}}(t)]^{\mathrm{T}}$$

$$\begin{aligned}\overline{\boldsymbol{\Psi}}_{ij}\triangleq&\hat{\boldsymbol{\Psi}}_{11,ij}+\alpha_5^{-1}L^{-1}\hat{\boldsymbol{\Psi}}_{12,j}\hat{\boldsymbol{\Psi}}_{12,j}^{\mathrm{T}}+\alpha_1^{-1}L^{-1}\hat{\boldsymbol{\Psi}}_{13,j}\hat{\boldsymbol{\Psi}}_{13,j}^{\mathrm{T}}+\\ &\alpha_3^{-1}L^{-1}\sigma\hat{\boldsymbol{\Psi}}_{14,j}\hat{\boldsymbol{\Psi}}_{14,j}^{\mathrm{T}}+\alpha_6^{-1}L^{-1}\sigma\hat{\boldsymbol{\Psi}}_{15,j}\hat{\boldsymbol{\Psi}}_{15,j}^{\mathrm{T}}\end{aligned}\tag{5.4.28}$$

且

$$\begin{aligned}\hat{\boldsymbol{\Psi}}_{11,ij}\triangleq&\begin{bmatrix}\boldsymbol{\Psi}_{11,i} & \boldsymbol{\Psi}_{12} & \chi\boldsymbol{A}_i^{\mathrm{T}}\boldsymbol{P}\\ \boldsymbol{\Psi}_{12}^{\mathrm{T}} & \boldsymbol{\Psi}_{22,j} & \boldsymbol{\Psi}_{23,j}\\ \chi\boldsymbol{P}\boldsymbol{A}_i & \boldsymbol{\Psi}_{23,j}^{\mathrm{T}} & \boldsymbol{\Psi}_{33,j}\end{bmatrix}\\ \hat{\boldsymbol{\Psi}}_{12,j}\triangleq&[0\quad \boldsymbol{P}\boldsymbol{B}\boldsymbol{K}_{\mathrm{D},j}\quad 0]^{\mathrm{T}}\\ \hat{\boldsymbol{\Psi}}_{13,j}\triangleq&[0\quad \boldsymbol{P}\boldsymbol{B}\boldsymbol{K}_{\mathrm{P},j}\quad 0]^{\mathrm{T}}\\ \hat{\boldsymbol{\Psi}}_{14,j}\triangleq&[0\quad 0\quad \boldsymbol{P}\boldsymbol{B}\boldsymbol{K}_{\mathrm{P},j}]^{\mathrm{T}}\\ \hat{\boldsymbol{\Psi}}_{15,j}\triangleq&[0\quad 0\quad \boldsymbol{P}\boldsymbol{B}\boldsymbol{K}_{\mathrm{D},j}]^{\mathrm{T}}\end{aligned}$$

和

$$\begin{aligned}\boldsymbol{\Psi}_{11,i}\triangleq&-\frac{\pi^2}{4L^2}[\boldsymbol{P}\boldsymbol{\Theta}+*]+[\boldsymbol{P}\boldsymbol{A}_i+*]+\alpha_2^{-1}\chi\boldsymbol{P}\\ \boldsymbol{\Psi}_{12}\triangleq&\frac{\pi^2}{4L^2}[\boldsymbol{P}\boldsymbol{\Theta}+*]+\chi\boldsymbol{P}\\ \boldsymbol{\Psi}_{22,j}\triangleq&-\frac{\pi^2}{4L^2}[\boldsymbol{P}\boldsymbol{\Theta}+*]+[L^{-1}\boldsymbol{P}\boldsymbol{B}\boldsymbol{K}_{\mathrm{P},j}+*]\\ \boldsymbol{\Psi}_{23,j}\triangleq&L^{-1}\boldsymbol{P}\boldsymbol{B}\boldsymbol{K}_{\mathrm{I},j}+\chi L^{-1}\boldsymbol{K}_{\mathrm{P},j}^{\mathrm{T}}\boldsymbol{B}^{\mathrm{T}}\boldsymbol{P}+L^{-1}\boldsymbol{M}\\ \boldsymbol{\Psi}_{33,j}\triangleq&[\chi L^{-1}\boldsymbol{P}\boldsymbol{B}\boldsymbol{K}_{\mathrm{I},j}+*]+\alpha_4^{-1}L^{-1}\boldsymbol{M}\end{aligned}$$

通过使用 LMIs(5.4.8) 和 $(\boldsymbol{X}-\boldsymbol{I}_n)(\boldsymbol{X}-\boldsymbol{I}_n)\geqslant 0$，可得下列不等式：

$$\boldsymbol{\varXi}_{ij}<0,\ i,j\in\mathbb{R} \tag{5.4.29}$$

式中

$$\boldsymbol{\varXi}_{ij}\triangleq\begin{bmatrix}\hat{\boldsymbol{\varXi}}_{11,ij} & \hat{\boldsymbol{\varXi}}_{12,j} & \hat{\boldsymbol{\varXi}}_{13,j} & \hat{\boldsymbol{\varXi}}_{14,j} & \hat{\boldsymbol{\varXi}}_{15,j}\\ \hat{\boldsymbol{\varXi}}_{12,j}^{\mathrm{T}} & -\alpha_5 L\boldsymbol{X}\boldsymbol{X} & 0 & 0 & 0\\ \hat{\boldsymbol{\varXi}}_{13,j}^{\mathrm{T}} & 0 & -\alpha_1 L\boldsymbol{X}\boldsymbol{X} & 0 & 0\\ \hat{\boldsymbol{\varXi}}_{14,j}^{\mathrm{T}} & 0 & 0 & -\dfrac{\alpha_3 L}{\chi}\boldsymbol{X}\boldsymbol{X} & 0\\ \hat{\boldsymbol{\varXi}}_{15,j}^{\mathrm{T}} & 0 & 0 & 0 & -\dfrac{\alpha_6 L}{\chi}\boldsymbol{X}\boldsymbol{X}\end{bmatrix}$$

根据对称矩阵性质并考虑 $\boldsymbol{P}>0$，不等式 (5.4.29) 可改写为

$$\boldsymbol{\varOmega}_{ij}\triangleq\boldsymbol{\mathcal{P}}\boldsymbol{\varXi}_{ij}\boldsymbol{\mathcal{P}}<0,\ i,j\in\mathbb{R} \tag{5.4.30}$$

式中，$\boldsymbol{\mathcal{P}}\triangleq\text{block-diag}\{\boldsymbol{P},\boldsymbol{P},\boldsymbol{P},\boldsymbol{P},\boldsymbol{P},\boldsymbol{P},\boldsymbol{P}\}$。对不等式 (5.4.30) 使用四次引理 2.2，可等价于以下不等式：

$$\overline{\boldsymbol{\varPsi}}_{ij}<0,\ i,j\in\mathbb{R}$$

该式可写为

$$\overline{\boldsymbol{\varPsi}}_{ij}+\phi\boldsymbol{I}_{3n}\leqslant 0,\ i,j\in\mathbb{R} \tag{5.4.31}$$

式中，常数 ϕ 满足 $0<\phi\leqslant\min\limits_{i,j\in\mathbb{R}}\lambda_{\min}(-\overline{\boldsymbol{\varPsi}}_{ij})$。

在不等式 (5.4.31) 和假设 5.2下，式 (5.4.27) 可写为

$$\begin{aligned}\frac{\mathrm{d}V(t)}{\mathrm{d}t}\leqslant&-\phi\sum_{i,j=1}^{r}\int_0^L h_i(\boldsymbol{\mu}(x,t))h_j(\boldsymbol{\mu}(L,t))\boldsymbol{\varpi}^{\mathrm{T}}(x,t)\boldsymbol{\varpi}(x,t)\mathrm{d}x+\\&\boldsymbol{y}_{\mathrm{d}}^{\mathrm{T}}[(\alpha_1+\alpha_3\chi)\boldsymbol{I}_n+\alpha_2\chi\boldsymbol{P}+\alpha_4\boldsymbol{M}]\boldsymbol{y}_{\mathrm{d}}+\\&(\alpha_5+\alpha_6\chi)\boldsymbol{y}_{\mathrm{eD}}^{\mathrm{T}}(t)\boldsymbol{y}_{\mathrm{eD}}(t)\\\leqslant&-\phi\|\boldsymbol{\xi}(\cdot,t)\|_2^2+\zeta\\\leqslant&-\phi\gamma_2^{-1}V(t)+\zeta\end{aligned} \tag{5.4.32}$$

式中，$\zeta\triangleq(\alpha_1+\alpha_2\chi\lambda_{\max}(\boldsymbol{P})+\alpha_3\chi+\alpha_4\lambda_{\max}(\boldsymbol{M}))\boldsymbol{y}_{\mathrm{d}}^{\mathrm{T}}\boldsymbol{y}_{\mathrm{d}}+(\alpha_5+\alpha_6\chi)\overline{y}_{\mathrm{eD}}$。通过将不等式 (5.4.32) 从 0 到 t 积分并使用式 (5.4.17) 可以推导出

$$\|\boldsymbol{\xi}(\cdot,t)\|_2^2\leqslant\frac{\gamma_2}{\gamma_1}\left(\|\boldsymbol{\xi}(\cdot,0)\|_2^2-\frac{\zeta}{\phi}\right)\exp\left(-\frac{\phi}{\gamma_2}t\right)+\frac{\gamma_2\zeta}{\gamma_1\phi} \tag{5.4.33}$$

根据式 (5.4.33) 可以得出结论：随着 $t \to \infty$，闭环微分方程 (5.3.8) 和 (5.4.3) 的解 $\boldsymbol{y}(x,t)$ 和 $\boldsymbol{y}_{\mathrm{eI}}(t)$ 在 $\|\cdot\|_2$ 范数意义下指数收敛到半径为 $\dfrac{\gamma_2\zeta}{\gamma_1\phi}$ 的有界集合，且 $\|\boldsymbol{y}_{\mathrm{eI}}(t)\|_2$ 的有界性意味着 $\|\boldsymbol{y}_{\mathrm{out}}(t)-\boldsymbol{y}_{\mathrm{d}}\|^2$ 的渐近收敛 ($\|\boldsymbol{y}_{\mathrm{out}}(t)-\boldsymbol{y}_{\mathrm{d}}\|^2 \to 0$, $t \to \infty$)。式 (5.4.9) 由式 (5.4.14) 解出。

对于边界状态测量输出 (5.2.4)，定理 5.1 以 LMIs(5.4.6)~(5.4.8) 的形式为非线性抛物型 DPS(5.2.1)~(5.2.3) 提供了一种模糊 PID 输出跟踪控制律 (5.4.2) 的参数整定方法。若 LMIs(5.4.6)~(5.4.8) 可行，则控制增益 $\boldsymbol{K}_{\mathrm{P},j}$, $\boldsymbol{K}_{\mathrm{I},j}$ 和 $\boldsymbol{K}_{\mathrm{D},j}$, $j \in \mathbb{R}$ 可以通过其可行解根据式 (5.4.9) 得到。该可行解可直接通过 MATLAB 中 LMI 控制工具箱[142] 的 feasp 求解器求出。

注5.5 控制增益 $\boldsymbol{Z}_{\mathrm{D},j}$, $j \in \mathbb{R}$ 不是 LMIs (5.4.8) 的主对角线元素。因此，通常应用 feasp 求解器求解 LMIs(5.4.8)，仅能获得 $\boldsymbol{Z}_{\mathrm{D},j}=0$, $j \in \mathbb{R}$。在此情形下，模糊 PID 输出跟踪控制律 (5.4.2) 将退化为模糊 PI 输出跟踪控制律。众所周知，PID 控制中的微分项可以减小超调量，克服振荡，提高系统稳定性，同时加速系统动态响应，减少调节时间，从而改善系统的动态性能。为此，在本节提出的输出跟踪控制设计中，微分控制增益 $\boldsymbol{Z}_{\mathrm{D},j}=0$, $j \in \mathbb{R}$ 可作为额外的自由度来提高控制性能。

注 5.6 通过求解 LMIs(5.4.6)~(5.4.8) 并应用式 (5.4.9)，可能会得到相同的控制增益 ($\boldsymbol{K}_{\mathrm{P},1}=\boldsymbol{K}_{\mathrm{P},2}=\cdots=\boldsymbol{K}_{\mathrm{P},r}$, $\boldsymbol{K}_{\mathrm{I},1}=\boldsymbol{K}_{\mathrm{I},2}=\cdots=\boldsymbol{K}_{\mathrm{I},r}$ 和 $\boldsymbol{K}_{\mathrm{D},1}=\boldsymbol{K}_{\mathrm{D},2}=\cdots=\boldsymbol{K}_{\mathrm{D},r}$)。在这种情形下，模糊 PID 输出跟踪控制律 (5.4.2) 将退化为线性控制律。对于 LMIs(5.4.6)~(5.4.8)，通常可以通过两种方法来改善这种不利情形：LMI 放缩技术[76,77,167] 和引入额外的约束 $\boldsymbol{Z}_{\mathrm{P},j}$, $\boldsymbol{Z}_{\mathrm{I},j}$ 和 $\boldsymbol{Z}_{\mathrm{D},j}$, $j \in \mathbb{R}$ ($\boldsymbol{Z}_{\mathrm{P},j} \preceq \boldsymbol{Z}_{\mathrm{P},j+1}$ 或 $\boldsymbol{Z}_{\mathrm{I},j} \preceq \boldsymbol{Z}_{\mathrm{I},j+1}$ ①, $j \in \{1,2,\cdots,r-1\}$)。LMI 放缩技术通过引入一些额外的决策变量，降低所提出设计方法 (定理 5.1) 的保守性。与 LMI 放缩技术不同，第二种方法中没有引入任何其他附加决策变量。因此，与第二种方法相比，LMI 放缩技术具有计算成本高的局限性。

正如注 5.3 所指出的，模糊 PI 边界输出跟踪控制律 (5.4.4) 和模糊积分边界输出跟踪控制律 (5.4.5) 是模糊 PID 边界输出跟踪控制律 (5.4.2) 的两个特例。模糊 PI 边界输出跟踪控制律 (5.4.4) 和模糊积分边界输出跟踪控制律 (5.4.5) 都不包含信号 $\boldsymbol{Z}_{\mathrm{D},j}$, $j \in \mathbb{R}$。因此，通过去除假设 5.2，本节将分别修正定理 5.1，以提出基于 LMI 的模糊 PI 边界输出跟踪控制律 (5.4.4) 和模糊积分边界输出跟踪控制律 (5.4.5) 的参数整定方法。

① 在矩阵 $\boldsymbol{Z}_{\mathrm{P},j} \preceq \boldsymbol{Z}_{\mathrm{P},j+1}$ 或 $\boldsymbol{Z}_{\mathrm{I},j} \preceq \boldsymbol{Z}_{\mathrm{I},j+1}$, $j \in \{1,2,\cdots,r-1\}$ 中，所有的元素均为负。

1）模糊 PI 边界输出跟踪控制

在模糊 PI 边界输出跟踪控制律 (5.4.4) 的驱动下，相应闭环微分方程为

$$\begin{cases} \boldsymbol{y}_t(x,t)=\boldsymbol{\Theta}\boldsymbol{y}_{xx}(x,t)+\sum\limits_{i=1}^{r}h_i(\boldsymbol{\mu}(x,t))\boldsymbol{A}_i\boldsymbol{y}(x,t) \\ \boldsymbol{\Theta}\boldsymbol{y}_x(x,t)|_{x=0}=0 \\ \boldsymbol{\Theta}\boldsymbol{y}_x(x,t)|_{x=L}=\boldsymbol{B}\sum\limits_{j=1}^{r}h_j(\boldsymbol{\mu}(L,t))(\boldsymbol{K}_{\mathrm{P},j}\boldsymbol{y}_{\mathrm{e}}(t)+\boldsymbol{K}_{\mathrm{I},j}\boldsymbol{y}_{\mathrm{eI}}(t)) \\ \boldsymbol{y}(x,0)=\boldsymbol{y}_0(x) \end{cases} \tag{5.4.34}$$

本节通过修正定理 5.1来获得 LMI 充分条件，整定模糊 PI 边界输出跟踪控制律 (5.4.4) 与式 (5.3.5) 和式 (5.3.6) 的控制增益。

推论 5.1　考虑非线性抛物型 DPS(5.2.1)~(5.2.3)，边界状态测量输出 (5.2.4) 及 T-S 模糊 PDE 模型 (5.3.4)。对于给定常数 $\alpha_i>0,\ i\in\{1,2,3,4\}$ 和 $\chi>0$，如果存在矩阵 $0<\boldsymbol{X}\in\Re^{n\times n}$，$0<\overline{\boldsymbol{M}}\in\Re^{n\times n}$，$\boldsymbol{Z}_{\mathrm{P},j}\in\Re^{m\times n}$ 和 $\boldsymbol{Z}_{\mathrm{I},j}\in\Re^{m\times n}$，$j\in\mathbb{R}$，使得 LMIs(5.4.6) 和 (5.4.7) 及下列 LMIs 成立：

$$\begin{bmatrix} \hat{\boldsymbol{\Xi}}_{11,ij} & \hat{\boldsymbol{\Xi}}_{13,j} & \hat{\boldsymbol{\Xi}}_{14,j} \\ \hat{\boldsymbol{\Xi}}_{13,j}^{\mathrm{T}} & -\alpha_1L(2\boldsymbol{X}-\boldsymbol{I}_n) & 0 \\ \hat{\boldsymbol{\Xi}}_{14,j}^{\mathrm{T}} & 0 & \dfrac{-\alpha_3L(2\boldsymbol{X}-\boldsymbol{I}_n)}{\chi} \end{bmatrix}<0,\ i,j\in\mathbb{R} \tag{5.4.35}$$

式中，$\hat{\boldsymbol{\Xi}}_{11,ij}$、$\hat{\boldsymbol{\Xi}}_{13,j}$ 且 $\hat{\boldsymbol{\Xi}}_{14,j},\ i,j\in\mathbb{R}$ 已在定理 5.1中定义，那么存在一个模糊 PI 边界输出跟踪控制器 (5.4.4)、(5.3.5) 和 (5.3.6)，驱动测量输出 $\boldsymbol{y}_{\mathrm{out}}(t)$ 渐近跟踪期望参考信号 $\boldsymbol{y}_{\mathrm{d}}$，并确保闭环微分方程 (5.4.34) 的解在 $\|\cdot\|_2$ 范数意义下指数收敛到一个有界集合，其中控制增益 $\boldsymbol{K}_{\mathrm{P},j}$ 和 $\boldsymbol{K}_{\mathrm{I},j},\ j\in\mathbb{R}$ 由下式给出：

$$\boldsymbol{K}_{\mathrm{P},j}=\boldsymbol{Z}_{\mathrm{P},j}\boldsymbol{X}^{-1},\ \boldsymbol{K}_{\mathrm{I},j}=\boldsymbol{Z}_{\mathrm{I},j}\boldsymbol{X}^{-1},\ j\in\mathbb{R} \tag{5.4.36}$$

2）模糊积分边界输出跟踪控制

考虑模糊积分边界输出跟踪控制律 (5.4.5)，相应的闭环微分方程为

$$\begin{cases} \boldsymbol{y}_t(x,t)=\boldsymbol{\Theta}\boldsymbol{y}_{xx}(x,t)+\sum\limits_{i=1}^{r}h_i(\boldsymbol{\mu}(x,t))\boldsymbol{A}_i\boldsymbol{y}(x,t) \\ \boldsymbol{\Theta}\boldsymbol{y}_x(x,t)|_{x=0}=0 \\ \boldsymbol{\Theta}\boldsymbol{y}_x(x,t)|_{x=L}=\boldsymbol{B}\sum\limits_{j=1}^{r}h_j(\boldsymbol{\mu}(L,t))\boldsymbol{K}_{\mathrm{I},j}\boldsymbol{y}_{\mathrm{eI}}(t) \\ \boldsymbol{y}(x,0)=\boldsymbol{y}_0(x) \end{cases} \tag{5.4.37}$$

本节将修正定理 5.1，以获得 LMI 充分条件，以整定模糊积分边界输出跟踪控制器 (5.4.5) 及 (5.3.6) 的控制增益参数。

推论 5.2 考虑具有边界状态测量输出 (5.2.4) 的非线性抛物型 DPS(5.2.1)~(5.2.3) 和 T-S 模糊 PDE 模型 (5.3.4)。对于给定常数 $\alpha_i > 0, i \in \{2,4\}$ 和 $\chi > 0$，若存在矩阵 $0 < \boldsymbol{X} \in \Re^{n\times n}, 0 < \overline{\boldsymbol{M}} \in \Re^{n\times n}, \boldsymbol{Z}_{\mathrm{I},j} \in \Re^{m\times n}, j \in \mathbb{R}$，使得 LMIs(5.4.6) 和 (5.4.7) 及下列 LMIs 成立：

$$\begin{bmatrix} \boldsymbol{\Xi}_{11,i} & \boldsymbol{\Xi}_{12} & \chi \boldsymbol{X}\boldsymbol{A}_i^{\mathrm{T}} \\ \boldsymbol{\Xi}_{12}^T & -\dfrac{\pi^2}{4L^2}[\boldsymbol{\Theta}\boldsymbol{X}+*] & \dfrac{\boldsymbol{B}\boldsymbol{Z}_{\mathrm{I},j}+\overline{\boldsymbol{M}}}{L} \\ \chi \boldsymbol{A}_i\boldsymbol{X} & \dfrac{\boldsymbol{Z}_{\mathrm{I},j}^{\mathrm{T}}\boldsymbol{B}^{\mathrm{T}}+\overline{\boldsymbol{M}}}{L} & \dfrac{[\chi \boldsymbol{B}\boldsymbol{Z}_{\mathrm{I},j}+*]}{L}+\dfrac{\overline{\boldsymbol{M}}}{\alpha_4 L} \end{bmatrix} < 0,\ i,j \in \mathbb{R} \tag{5.4.38}$$

式中，$\boldsymbol{\Xi}_{11,i}$ 和 $\boldsymbol{\Xi}_{12}, i \in \mathbb{R}$ 已在定理 5.1中定义，可构建出一个模糊积分边界输出跟踪控制器 (5.4.5) 及 (5.3.6)，驱动测量输出 $\boldsymbol{y}_{\mathrm{out}}(t)$ 渐近跟踪期望参考信号 $\boldsymbol{y}_{\mathrm{d}}$，并确保闭环微分方程 (5.4.37) 的解在 $\|\cdot\|_2$ 范数意义下指数收敛到一个有界集合，其中控制增益 $\boldsymbol{K}_{\mathrm{I},j}, j \in \mathbb{R}$ 由下式给出：

$$\boldsymbol{K}_{\mathrm{I},j} = \boldsymbol{Z}_{\mathrm{I},j}\boldsymbol{X}^{-1},\ j \in \mathbb{R} \tag{5.4.39}$$

5.4.2 动态模糊边界非同位输出跟踪控制设计

根据文献 [86] 中的思想，采用基于观测器的反馈控制来克服边界控制驱动和测量传感之间非同位所导致的设计困难，根据模糊 PDE 模型 (5.3.2) 构建如下形式的 T-S 时空模糊观测器。

观测器规则 j:

如果 $\hat{\mu}_1(x,t)$ 属于 $F_{j1},\cdots,\hat{\mu}_s(x,t)$ 属于 F_{js}，**则**

$$\begin{cases} \hat{\boldsymbol{y}}_t(x,t) = \boldsymbol{\Theta}\hat{\boldsymbol{y}}_{xx}(x,t) + \boldsymbol{A}_j\hat{\boldsymbol{y}}(x,t) + \boldsymbol{L}_j(\boldsymbol{y}_{\mathrm{out}}(t) - \hat{\boldsymbol{y}}_{\mathrm{out}}(t)) \\ \boldsymbol{\Theta}\hat{\boldsymbol{y}}_x(x,t)|_{x=0} = \boldsymbol{L}_{0j}(\boldsymbol{y}_{\mathrm{out}}(t) - \hat{\boldsymbol{y}}_{\mathrm{out}}(t)) \\ \boldsymbol{\Theta}\hat{\boldsymbol{y}}_x(x,t)|_{x=L} = \boldsymbol{D}\hat{\boldsymbol{y}}(L,t) + \boldsymbol{B}\boldsymbol{u}(t) \\ \hat{\boldsymbol{y}}(x,0) = \hat{\boldsymbol{y}}_0(x) \end{cases} \tag{5.4.40}$$

式中，$\hat{\boldsymbol{y}}(x,t)$ 是估计状态；模糊规则前件变量 $\hat{\mu}_o(x,t), o \in \mathbb{S}$ 依赖 $\hat{\boldsymbol{y}}(x,t)$；$\boldsymbol{L}_j$ 和 $\boldsymbol{L}_{0j}, j \in \mathbb{R}$ 是待定的观测器增益；模糊观测器输出为

$$\hat{\boldsymbol{y}}_{\mathrm{out}}(t) = \hat{\boldsymbol{y}}(0,t) \tag{5.4.41}$$

结合模糊隶属度函数 $h_j(\hat{\boldsymbol{\mu}}(x,t))$, $j \in \mathbb{R}$，T-S 时空模糊观测器 (5.4.40) 的全局动力学模型为

$$\begin{cases} \hat{\boldsymbol{y}}_t(x,t) = \boldsymbol{\Theta}\hat{\boldsymbol{y}}_{xx}(x,t) + \sum\limits_{j=1}^{r} h_j(\hat{\boldsymbol{\mu}}(x,t))\boldsymbol{A}_j\hat{\boldsymbol{y}}(x,t) + \\ \qquad \sum\limits_{j=1}^{r} h_j(\hat{\boldsymbol{\mu}}(x,t))\boldsymbol{L}_j(\boldsymbol{y}_{\text{out}}(t) - \hat{\boldsymbol{y}}_{\text{out}}(t)) \\ \boldsymbol{\Theta}\hat{\boldsymbol{y}}_x(x,t)|_{x=0} = \sum\limits_{j=1}^{r}\int_0^L h_j(\hat{\boldsymbol{\mu}}(x,t))\boldsymbol{L}_{0j}(\boldsymbol{y}_{\text{out}}(t) - \hat{\boldsymbol{y}}_{\text{out}}(t))\text{d}x \\ \boldsymbol{\Theta}\hat{\boldsymbol{y}}_x(x,t)|_{x=L} = \boldsymbol{D}\hat{\boldsymbol{y}}(L,t) + \boldsymbol{B}\boldsymbol{u}(t) \\ \hat{\boldsymbol{y}}(x,0) = \hat{\boldsymbol{y}}_0(x) \end{cases} \tag{5.4.42}$$

式中，$h_j(\hat{\boldsymbol{\mu}}(x,t)) \triangleq \dfrac{\prod\limits_{o=1}^{s} F_{jo}(\hat{\boldsymbol{\mu}}(x,t))}{\sum\limits_{j=1}^{r}\prod\limits_{o=1}^{s} F_{jo}(\hat{\boldsymbol{\mu}}(x,t))}$，$j \in \mathbb{R}$。对于任意 $x \in [0,L]$，$t \geqslant 0$，$h_j(\hat{\boldsymbol{\mu}}(x,t))$, $j \in \mathbb{R}$ 都满足

$$h_j(\hat{\boldsymbol{\mu}}(x,t)) \geqslant 0,\ \sum_{j=1}^{r} h_j(\hat{\boldsymbol{\mu}}(x,t)) = 1,\ j \in \mathbb{R} \tag{5.4.43}$$

为简化符号，$\boldsymbol{\mu}$ 和 $\hat{\boldsymbol{\mu}}$ 在本节的后续部分分别表示 $\boldsymbol{\mu}(x,t)$ 和 $\hat{\boldsymbol{\mu}}(x,t)$。

本节的主要目的是针对非同位边界测量 (5.2.5)，为一类由半线性 PDE 模型刻画的非线性 DPS(5.2.1)~(5.2.3) 开发一种概念简单但有效的模糊输出跟踪控制设计方法，驱动边界测量输出 $\boldsymbol{y}_{\text{out}}(t)$ 渐近跟踪期望参考信号 $\boldsymbol{y}_{\text{d}}(t)$，且闭环系统的状态向量 $\boldsymbol{y}(x,t)$ 在 $\|\cdot\|_2$ 范数意义下有界。

根据由式 (5.3.6) 定义的输出跟踪误差 $\boldsymbol{y}_{\text{eI}}(t)$ 和式 (5.4.42) 提供的估计状态 $\hat{\boldsymbol{y}}(x,t)$，构建如下形式的模糊输出跟踪控制律：

$$\boldsymbol{u}(t) = \sum_{j=1}^{r}\int_0^L h_j(\hat{\boldsymbol{\mu}})(\boldsymbol{K}_j\hat{\boldsymbol{y}}(x,t) + \boldsymbol{K}_{0j}\boldsymbol{y}_{\text{eI}}(t))\text{d}x \tag{5.4.44}$$

式中，$\boldsymbol{K}_j$，$\boldsymbol{K}_{0j} \in \Re^{m\times n}$, $j \in \mathbb{R}$ 为待定的控制增益。

注5.7　图 5.4.2 展示了模糊输出跟踪控制律 (5.4.44) 的结构示意图。该模糊输出跟踪控制律包括两个部分：

$$\sum_{j=1}^{r}\int_0^L h_j(\hat{\boldsymbol{\mu}})\boldsymbol{K}_j\hat{\boldsymbol{y}}(x,t)\text{d}x, \sum_{j=1}^{r}\int_0^L h_j(\hat{\boldsymbol{\mu}})\boldsymbol{K}_{0j}\boldsymbol{y}_{\text{eI}}(t)\text{d}x$$

第一个是基于观测器的模糊输出反馈控制律，以保证系统 (5.2.1)~(5.2.3) 镇定，第二个是模糊积分控制律，以驱动边界测量输出 $\boldsymbol{y}_{\text{out}}(t)$ 渐近跟踪期望参考信号 $\boldsymbol{y}_{\text{d}}(t)$。有时模糊输出跟踪控制律 (5.4.44) 中的积分器也称为内模。

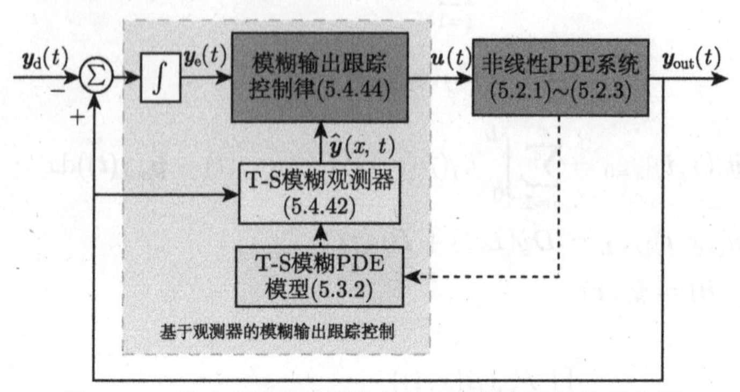

图 5.4.2 基于观测器的模糊输出跟踪控制的结构示意图

定义状态 $\boldsymbol{y}(x,t)$ 与估计状态 $\hat{\boldsymbol{y}}(x,t)$ 之间的误差 $\boldsymbol{e}(x,t)$ 为

$$\boldsymbol{e}(x,t) \triangleq \boldsymbol{y}(x,t) - \hat{\boldsymbol{y}}(x,t),\ x \in [0,L],\ t > 0 \tag{5.4.45}$$

且其满足

$$\begin{cases} \boldsymbol{e}_t(x,t) = \boldsymbol{\Theta}\boldsymbol{e}_{xx}(x,t) + \sum_{j=1}^{r} h_j(\hat{\boldsymbol{\mu}})\boldsymbol{A}_j\boldsymbol{e}(x,t) + \\ \qquad \sum_{i=1}^{r}\sum_{j=1}^{r} h_i(\boldsymbol{\mu})h_j(\hat{\boldsymbol{\mu}})[\boldsymbol{A}_i - \boldsymbol{A}_j]\boldsymbol{y}(x,t) - \\ \qquad \sum_{j=1}^{r} h_j(\hat{\boldsymbol{\mu}})\boldsymbol{L}_j\boldsymbol{e}(0,t) \\ \boldsymbol{\Theta}\boldsymbol{e}_x(x,t)|_{x=0} = -\sum_{j=1}^{r}\int_0^L h_j(\hat{\boldsymbol{\mu}})\boldsymbol{L}_{0j}\boldsymbol{e}(0,t)\mathrm{d}x \\ \boldsymbol{\Theta}\boldsymbol{e}_x(x,t)|_{x=L} = \boldsymbol{D}\boldsymbol{e}(L,t) \\ \boldsymbol{e}(x,0) = \boldsymbol{e}_0(x) \end{cases} \tag{5.4.46}$$

借助 T-S 模糊 PDE 模型 (5.3.2)，将式 (5.4.44) 代入式 (5.2.2) 并运用式 (5.4.45)，相应的闭环耦合系统可表示为方程 (5.4.46) 和

$$\begin{cases} \boldsymbol{y}_t(x,t) = \boldsymbol{\Theta}\boldsymbol{y}_{xx}(x,t) + \sum_{i=1}^{r} h_i(\boldsymbol{\mu})\boldsymbol{A}_i\boldsymbol{y}(x,t) \\ \boldsymbol{\Theta}\boldsymbol{y}_x(x,t)|_{x=0} = 0 \\ \boldsymbol{\Theta}\boldsymbol{y}_x(x,t)|_{x=L} = \boldsymbol{B}\sum_{j=1}^{r}\int_0^L h_j(\hat{\boldsymbol{\mu}})\boldsymbol{K}_j(\boldsymbol{y}(x,t) - \boldsymbol{e}(x,t))\mathrm{d}x + \\ \qquad\qquad\qquad \boldsymbol{B}\sum_{j=1}^{r}\int_0^L h_j(\hat{\boldsymbol{\mu}})\boldsymbol{K}_{0j}\boldsymbol{y}_{\mathrm{eI}}(t)\mathrm{d}x + \boldsymbol{D}\boldsymbol{y}(L,t) \\ \boldsymbol{y}(x,0) = \boldsymbol{y}_0(x) \end{cases} \tag{5.4.47}$$

通过将 Lyapunov 直接法与向量值庞加莱–温格尔不等式的变种形式 (引理 2.1) 相结合，定理 5.2 以 LMI 的形式给出了基于观测器的模糊输出跟踪控制律 (5.4.44) 与式 (5.3.6) 和式 (5.4.42) 存在的充分条件。

定理 5.2　考虑一类具有非同位边界状态测量输出 (5.2.5) 的半线性抛物型 DPS(5.2.1)~(5.2.3) 及 T-S 模糊 PDE 模型 (5.3.2)。对于给定常数 $\alpha > 0$，$\beta > 0$，$\varepsilon > 0$，$0 < \delta < 1$ 和 $\sigma > 0$，如果存在矩阵 $0 < \boldsymbol{X} \in \Re^{n\times n}$，$0 < \hat{\boldsymbol{W}} \in \Re^{n\times n}$，$\boldsymbol{Z}_j \in \Re^{m\times n}$，$\boldsymbol{Z}_{0j} \in \Re^{m\times n}$，$\boldsymbol{Y}_j \in \Re^{n\times n}$，$\boldsymbol{Y}_{0j} \in \Re^{n\times n}$，$j \in \mathbb{R}$ 使得下列 LMIs 成立：

$$\boldsymbol{\Upsilon} \triangleq \boldsymbol{\Theta}\boldsymbol{X} + \boldsymbol{X}\boldsymbol{\Theta}^{\mathrm{T}} > 0 \tag{5.4.48}$$

$$\boldsymbol{\Lambda} \triangleq \boldsymbol{D}\boldsymbol{X} + \boldsymbol{X}\boldsymbol{D}^{\mathrm{T}} \leqslant 0 \tag{5.4.49}$$

$$\boldsymbol{\Sigma} \triangleq \begin{bmatrix} \boldsymbol{X} & \sigma\boldsymbol{X} \\ \sigma\boldsymbol{X} & L^{-1}\hat{\boldsymbol{W}} \end{bmatrix} > 0 \tag{5.4.50}$$

$$\boldsymbol{\Omega}_{ij} \triangleq \begin{bmatrix} \boldsymbol{\Omega}_{11,ij} & \boldsymbol{\Omega}_{12,ij} & \boldsymbol{\Omega}_{13,ij} \\ \boldsymbol{\Omega}_{12,ij}^{\mathrm{T}} & \boldsymbol{\Omega}_{22,j} & \boldsymbol{\Omega}_{23,j} \\ \boldsymbol{\Omega}_{13,ij}^{\mathrm{T}} & \boldsymbol{\Omega}_{23,j}^{\mathrm{T}} & \boldsymbol{\Omega}_{33,j} \end{bmatrix} < 0,\ i,j \in \mathbb{R} \tag{5.4.51}$$

式中

$$\boldsymbol{\Omega}_{11,ij} \triangleq \begin{bmatrix} [\boldsymbol{A}_i\boldsymbol{X} + *] - \dfrac{\pi^2}{4L^2}\boldsymbol{\Upsilon} + \alpha\sigma\boldsymbol{X} & \boldsymbol{Z}_j^{\mathrm{T}}\boldsymbol{B}^{\mathrm{T}} + \dfrac{\delta\pi^2}{4L^2}\boldsymbol{\Upsilon} \\ \boldsymbol{B}\boldsymbol{Z}_j + \dfrac{\delta\pi^2}{4L^2}\boldsymbol{\Upsilon} & L^{-1}\boldsymbol{\Lambda} - \dfrac{\delta\pi^2}{4L^2}\boldsymbol{\Upsilon} \end{bmatrix}$$

$$\boldsymbol{\Omega}_{12,ij} \triangleq \begin{bmatrix} \varepsilon\boldsymbol{X}(\boldsymbol{A}_i - \boldsymbol{A}_j)^{\mathrm{T}} & 0 \\ -\boldsymbol{B}\boldsymbol{Z}_j & 0 \end{bmatrix}$$

$$\boldsymbol{\Omega}_{13,ij} \triangleq \begin{bmatrix} \sigma\boldsymbol{X}+\dfrac{(1-\delta)\pi^2}{4L^2}\boldsymbol{\Upsilon} & \sigma\boldsymbol{Z}_j^{\mathrm{T}}\boldsymbol{B}^{\mathrm{T}}+\sigma\boldsymbol{X}\boldsymbol{A}_i^{\mathrm{T}} \\ 0 & \boldsymbol{B}\boldsymbol{Z}_{0j}+L^{-1}\sigma\boldsymbol{D}\boldsymbol{X} \end{bmatrix}$$

$$\boldsymbol{\Omega}_{22,j} \triangleq \begin{bmatrix} [\varepsilon\boldsymbol{A}_j\boldsymbol{X}+*]-\dfrac{\varepsilon\pi^2}{4L^2}\boldsymbol{\Upsilon} & -\varepsilon\boldsymbol{Y}_j+\dfrac{\varepsilon\pi^2}{4L^2}\boldsymbol{\Upsilon} \\ -\varepsilon\boldsymbol{Y}_j^{\mathrm{T}}+\dfrac{\varepsilon\pi^2}{4L^2}\boldsymbol{\Upsilon} & [\varepsilon\boldsymbol{Y}_{0j}+*]-\dfrac{\varepsilon\pi^2}{4L^2}\boldsymbol{\Upsilon} \end{bmatrix}$$

$$\boldsymbol{\Omega}_{23,j} \triangleq \begin{bmatrix} 0 & -\sigma\boldsymbol{Z}_j^{\mathrm{T}}\boldsymbol{B}^{\mathrm{T}} \\ 0 & 0 \end{bmatrix}$$

$$\boldsymbol{\Omega}_{33,j} \triangleq \begin{bmatrix} -\dfrac{(1-\delta)\pi^2}{4L^2}\boldsymbol{\Upsilon} & L^{-1}\hat{\boldsymbol{W}} \\ L^{-1}\hat{\boldsymbol{W}} & [\sigma\boldsymbol{B}\boldsymbol{Z}_{0j}+*]+\beta L^{-1}\hat{\boldsymbol{W}} \end{bmatrix}$$

那么存在一个基于观测器的模糊输出跟踪控制律 (5.4.44) 与式 (5.3.6) 和式 (5.4.42)，驱动测量输出 $\boldsymbol{y}_{\mathrm{out}}(t)$ 渐近跟踪期望参考信号 $\boldsymbol{y}_{\mathrm{d}}(t)$，并能确保闭环微分方程 (5.4.46) 和 (5.4.47) 的解在 $\|\cdot\|_2$ 范数意义下指数收敛到一个有界集合，其中补偿器增益 $\boldsymbol{K}_j$, $\boldsymbol{K}_{0j}$, $\boldsymbol{L}_j$ 和 $\boldsymbol{L}_{0j}$, $j\in\mathbb{R}$ 可由下式确定：

$$\begin{aligned} &\boldsymbol{K}_j=\boldsymbol{Z}_j\boldsymbol{X}^{-1},\ \boldsymbol{K}_{0j}=\boldsymbol{Z}_{0j}\boldsymbol{X}^{-1} \\ &\boldsymbol{L}_j=\boldsymbol{Y}_j\boldsymbol{X}^{-1},\ \ \boldsymbol{L}_{0j}=\boldsymbol{Y}_{0j}\boldsymbol{X}^{-1},\ j\in\mathbb{R} \end{aligned} \tag{5.4.52}$$

证明 6 假设对于常数 $\alpha>0$，$\beta>0$，$\varepsilon>0$，$0<\delta<1$，$\sigma>0$ 和矩阵 $0<\boldsymbol{X}\in\Re^{n\times n}$，$\boldsymbol{Z}_j$, $\boldsymbol{Z}_{0j}$, $\boldsymbol{Y}_j$ 和 $\boldsymbol{Y}_{0j}$, $j\in\mathbb{R}$，可以保证 LMIs(5.4.48)~(5.4.51) 是可行的。选用以下 Lyapunov 函数对由式 (5.3.6)、式 (5.4.46) 和式 (5.4.47) 描述的闭环耦合系统在 $\|\cdot\|_2$ 范数意义下进行稳定性及控制性能分析：

$$V(t)=V_1(t)+V_2(t)+V_3(t)+V_4(t) \tag{5.4.53}$$

式中

$$V_1(t)=\int_0^L \boldsymbol{y}^{\mathrm{T}}(x,t)\boldsymbol{P}\boldsymbol{y}(x,t)\mathrm{d}x \tag{5.4.54}$$

$$V_2(t)=\varepsilon\int_0^L \boldsymbol{e}^{\mathrm{T}}(x,t)\boldsymbol{P}\boldsymbol{e}(x,t)\mathrm{d}x \tag{5.4.55}$$

$$V_3(t)=2\sigma\boldsymbol{y}_{\mathrm{eI}}^{\mathrm{T}}(t)\boldsymbol{P}\int_0^L \boldsymbol{y}(x,t)\mathrm{d}x \tag{5.4.56}$$

$$V_4(t) = \boldsymbol{y}_{\mathrm{eI}}^{\mathrm{T}}(t)\boldsymbol{W}\boldsymbol{y}_{\mathrm{eI}}(t) \tag{5.4.57}$$

且 $0 < \boldsymbol{P} \in \Re^{n\times n}$ 和 $0 < \boldsymbol{W} \in \Re^{n\times n}$ 是待定的 Lyapunov 矩阵，常数 $\varepsilon > 0$ 和 $\sigma > 0$ 是预先给定的设计参数。

令

$$\begin{aligned}
&\boldsymbol{X} = \boldsymbol{P}^{-1},\ \boldsymbol{Z}_j = \boldsymbol{K}_j\boldsymbol{X},\ \boldsymbol{Z}_{0j} = \boldsymbol{K}_{0j}\boldsymbol{X} \\
&\boldsymbol{Y}_j = \boldsymbol{L}_j\boldsymbol{X},\ \boldsymbol{Y}_{0j} = \boldsymbol{L}_{0j}\boldsymbol{X},\ j \in \mathbb{R},\ \hat{\boldsymbol{W}} = \boldsymbol{X}\boldsymbol{W}\boldsymbol{X}
\end{aligned} \tag{5.4.58}$$

由式 (5.4.58) 可得 $\boldsymbol{P} > 0$ (因为 $\boldsymbol{X} > 0$)

$$\begin{gathered}
\boldsymbol{P}\boldsymbol{\Upsilon}\boldsymbol{P} = \boldsymbol{P}\boldsymbol{\Theta} + \boldsymbol{\Theta}^{\mathrm{T}}\boldsymbol{P} \\
\boldsymbol{P}\boldsymbol{\Lambda}\boldsymbol{P} = \boldsymbol{P}\boldsymbol{D} + \boldsymbol{D}^{\mathrm{T}}\boldsymbol{P} \\
\begin{bmatrix} \boldsymbol{P} & 0 \\ 0 & \boldsymbol{P} \end{bmatrix} \boldsymbol{\Sigma} \begin{bmatrix} \boldsymbol{P} & 0 \\ 0 & \boldsymbol{P} \end{bmatrix} = \begin{bmatrix} \boldsymbol{P} & \sigma\boldsymbol{P} \\ \sigma\boldsymbol{P} & L^{-1}\boldsymbol{W} \end{bmatrix}
\end{gathered}$$

这意味着 LMIs(5.4.48)~(5.4.50) 等价于

$$\overline{\boldsymbol{\Upsilon}} \triangleq \boldsymbol{P}\boldsymbol{\Theta} + \boldsymbol{\Theta}^{\mathrm{T}}\boldsymbol{P} > 0 \tag{5.4.59}$$

$$\overline{\boldsymbol{\Lambda}} \triangleq \boldsymbol{P}\boldsymbol{D} + \boldsymbol{D}^{\mathrm{T}}\boldsymbol{P} \leqslant 0 \tag{5.4.60}$$

$$\overline{\boldsymbol{\Sigma}} \triangleq \begin{bmatrix} \boldsymbol{P} & \sigma\boldsymbol{P} \\ \sigma\boldsymbol{P} & L^{-1}\boldsymbol{W} \end{bmatrix} > 0 \tag{5.4.61}$$

由式 (5.4.53) 定义的 Lyapunov 函数可以写为

$$V(t) = \int_0^L \boldsymbol{\sigma}^{\mathrm{T}}(x,t)\text{block-diag}\{\varepsilon\boldsymbol{P}, \overline{\boldsymbol{\Sigma}}\}\boldsymbol{\sigma}(x,t)\mathrm{d}x$$

且满足

$$\eta_1\|\boldsymbol{\sigma}(\cdot,t)\|_2^2 \leqslant V(t) \leqslant \eta_2\|\boldsymbol{\sigma}(\cdot,t)\|_2^2 \tag{5.4.62}$$

式中，$\boldsymbol{\sigma}(x,t) \triangleq [\boldsymbol{e}^{\mathrm{T}}(x,t)\quad \boldsymbol{y}^{\mathrm{T}}(x,t)\quad \boldsymbol{y}_{\mathrm{e}}^{\mathrm{T}}(t)]^{\mathrm{T}}$；$\eta_1 \triangleq \lambda_{\min}(\text{block-diag}\{\varepsilon\boldsymbol{P}, \overline{\boldsymbol{\Sigma}}\})$；$\eta_2 \triangleq \lambda_{\max}(\text{block-diag}\{\varepsilon\boldsymbol{P}, \overline{\boldsymbol{\Sigma}}\})$。

沿着模糊子系统 (5.4.47) 的解轨迹，对由式 (5.4.54) 定义的 $V_1(t)$ 关于时间 t 进行微分计算可得其导数形式为

$$\dot{V}_1(t) = 2\int_0^L \boldsymbol{y}^{\mathrm{T}}(x,t)\boldsymbol{P}\boldsymbol{y}_t(x,t)\mathrm{d}x$$

$$= 2\int_0^L \boldsymbol{y}^{\mathrm{T}}(x,t)\boldsymbol{P\Theta}\boldsymbol{y}_{xx}(x,t)\mathrm{d}x+$$

$$\sum_{i=1}^{r}\int_0^L h_i(\boldsymbol{\mu})\boldsymbol{y}^{\mathrm{T}}(x,t)[\boldsymbol{PA}_i+*]\boldsymbol{y}(x,t)\mathrm{d}x \tag{5.4.63}$$

通过运用分部积分技术及系统 (5.4.47) 中的边界条件，$\int_0^L \boldsymbol{y}^{\mathrm{T}}(x,t)\boldsymbol{P\Theta}\boldsymbol{y}_{xx}(x,t)$ $\mathrm{d}x$ 可写为

$$\int_0^L \boldsymbol{y}^{\mathrm{T}}(x,t)\boldsymbol{P\Theta}\boldsymbol{y}_{xx}(x,t)\mathrm{d}x = \boldsymbol{y}^{\mathrm{T}}(x,t)\boldsymbol{P\Theta}\boldsymbol{y}_x(x,t)\Big|_{x=0}^{x=L} - \int_0^L \boldsymbol{y}_x^{\mathrm{T}}(x,t)\boldsymbol{P\Theta}\boldsymbol{y}_x(x,t)\mathrm{d}x$$

$$= -\int_0^L \boldsymbol{y}_x^{\mathrm{T}}(x,t)\boldsymbol{P\Theta}\boldsymbol{y}_x(x,t)\mathrm{d}x + \boldsymbol{y}^{\mathrm{T}}(L,t)\boldsymbol{PD}\boldsymbol{y}(L,t)+$$

$$\sum_{j=1}^{r}\int_0^L h_j(\hat{\boldsymbol{\mu}})\boldsymbol{y}^{\mathrm{T}}(L,t)\boldsymbol{PBK}_j(\boldsymbol{y}(x,t)-\boldsymbol{e}(x,t))\mathrm{d}x+$$

$$\sum_{j=1}^{r}\int_0^L h_j(\hat{\boldsymbol{\mu}})\boldsymbol{y}^{\mathrm{T}}(L,t)\boldsymbol{PBK}_{0j}\boldsymbol{y}_{\mathrm{eI}}(t)\mathrm{d}x \tag{5.4.64}$$

进一步应用引理 2.1 和不等式 (5.4.59) 可得

$$\begin{aligned}
&\int_0^L \boldsymbol{y}_x^{\mathrm{T}}(x,t)\overline{\boldsymbol{\varUpsilon}}\boldsymbol{y}_x(x,t)\mathrm{d}x \geqslant \frac{\pi^2}{4L^2}\int_0^L \overline{\boldsymbol{y}}^{\mathrm{T}}(x,0,t)\overline{\boldsymbol{\varUpsilon}}\overline{\boldsymbol{y}}(x,0,t)\mathrm{d}x\\
&\int_0^L \boldsymbol{y}_x^{\mathrm{T}}(x,t)\overline{\boldsymbol{\varUpsilon}}\boldsymbol{y}_x(x,t)\mathrm{d}x \geqslant \frac{\pi^2}{4L^2}\int_0^L \overline{\boldsymbol{y}}^{\mathrm{T}}(x,L,t)\overline{\boldsymbol{\varUpsilon}}\overline{\boldsymbol{y}}(x,L,t)\mathrm{d}x
\end{aligned} \tag{5.4.65}$$

式中，$\overline{\boldsymbol{y}}(x,0,t) \triangleq \boldsymbol{y}(x,t)-\boldsymbol{y}(0,t)$；$\overline{\boldsymbol{y}}(x,L,t) \triangleq \boldsymbol{y}(x,t)-\boldsymbol{y}(L,t)$。

借助式 (5.4.64) 和式 (5.4.65)，对任意常数 $0<\delta<1$，式 (5.4.63) 可写为

$$\dot{V}_1(t) \leqslant -\frac{\pi^2}{4L^2}\int_0^L \boldsymbol{y}^{\mathrm{T}}(x,t)\overline{\boldsymbol{\varUpsilon}}\boldsymbol{y}(x,t)\mathrm{d}x + \frac{2\delta\pi^2}{4L^2}\int_0^L \boldsymbol{y}^{\mathrm{T}}(x,t)\overline{\boldsymbol{\varUpsilon}}\boldsymbol{y}(L,t)\mathrm{d}x+$$

$$\int_0^L \boldsymbol{y}^{\mathrm{T}}(L,t)\left(\frac{\overline{\boldsymbol{\varLambda}}}{L}-\frac{\delta\pi^2}{4L^2}\overline{\boldsymbol{\varUpsilon}}\right)\boldsymbol{y}(L,t)\mathrm{d}x+$$

$$\frac{2(1-\delta)\pi^2}{4L^2}\int_0^L \boldsymbol{y}^{\mathrm{T}}(x,t)\overline{\boldsymbol{\varUpsilon}}\boldsymbol{y}(0,t)\mathrm{d}x-$$

$$\frac{(1-\delta)\pi^2}{4L^2}\int_0^L \boldsymbol{y}^{\mathrm{T}}(0,t)\overline{\boldsymbol{\varUpsilon}}\boldsymbol{y}(0,t)\mathrm{d}x+$$

$$
\begin{aligned}
&2\sum_{j=1}^{r}\int_0^L h_j(\hat{\boldsymbol{\mu}})\boldsymbol{y}^{\mathrm{T}}(L,t)\boldsymbol{PBK}_j\boldsymbol{y}(x,t)\mathrm{d}x-\\
&2\sum_{j=1}^{r}\int_0^L h_j(\hat{\boldsymbol{\mu}})\boldsymbol{y}^{\mathrm{T}}(L,t)\boldsymbol{PBK}_j\boldsymbol{e}(x,t)\mathrm{d}x+\\
&2\sum_{j=1}^{r}\int_0^L h_j(\hat{\boldsymbol{\mu}})\boldsymbol{y}^{\mathrm{T}}(L,t)\boldsymbol{PBK}_{0j}\boldsymbol{y}_{\mathrm{eI}}(t)\mathrm{d}x+\\
&\sum_{i=1}^{r}\int_0^L h_i(\boldsymbol{\mu})\boldsymbol{y}^{\mathrm{T}}(x,t)[\boldsymbol{PA}_i+*]\boldsymbol{y}(x,t)\mathrm{d}x\\
=&\sum_{i,j=1}^{r}\int_0^L h_i(\boldsymbol{\mu})h_j(\hat{\boldsymbol{\mu}})\boldsymbol{\zeta}^{\mathrm{T}}(x,t)\boldsymbol{\Psi}_{ij}\boldsymbol{\zeta}(x,t)\mathrm{d}x+\\
&\frac{2(1-\delta)\pi^2}{4L^2}\int_0^L \boldsymbol{y}^{\mathrm{T}}(x,t)\overline{\boldsymbol{\Upsilon}}\boldsymbol{y}(0,t)\mathrm{d}x-\\
&\frac{(1-\delta)\pi^2}{4L^2}\int_0^L \boldsymbol{y}^{\mathrm{T}}(0,t)\overline{\boldsymbol{\Upsilon}}\boldsymbol{y}(0,t)\mathrm{d}x-\\
&2\sum_{j=1}^{r}\int_0^L h_j(\hat{\boldsymbol{\mu}})\boldsymbol{y}^{\mathrm{T}}(L,t)\boldsymbol{PBK}_j\boldsymbol{e}(x,t)\mathrm{d}x+\\
&2\sum_{j=1}^{r}\int_0^L h_j(\hat{\boldsymbol{\mu}})\boldsymbol{y}^{\mathrm{T}}(L,t)\boldsymbol{PBK}_{0j}\boldsymbol{y}_{\mathrm{eI}}(t)\mathrm{d}x
\end{aligned}
\tag{5.4.66}
$$

式中

$$
\boldsymbol{\zeta}(x,t)\triangleq[\boldsymbol{y}^{\mathrm{T}}(x,t)\quad \boldsymbol{y}^{\mathrm{T}}(L,t)]^{\mathrm{T}}
$$

$$
\boldsymbol{\Psi}_{ij}\triangleq\begin{bmatrix}[\boldsymbol{PA}_i+*]-\dfrac{\pi^2}{4L^2}\overline{\boldsymbol{\Upsilon}} & \boldsymbol{K}_j^{\mathrm{T}}\boldsymbol{B}^{\mathrm{T}}\boldsymbol{P}+\dfrac{\delta\pi^2}{4L^2}\overline{\boldsymbol{\Upsilon}}\\ \boldsymbol{PBK}_j+\dfrac{\delta\pi^2}{4L^2}\overline{\boldsymbol{\Upsilon}} & \dfrac{\overline{\boldsymbol{\Lambda}}}{L}-\dfrac{\delta\pi^2}{4L^2}\overline{\boldsymbol{\Upsilon}}\end{bmatrix},\ i,j\in\mathbb{R}
$$

类似式 (5.4.64)，通过应用分部积分技术并考虑模糊子系统 (5.4.46) 中的边界条件可得

$$
\begin{aligned}
\int_0^L \boldsymbol{e}^{\mathrm{T}}(x,t)\boldsymbol{P\Theta}\boldsymbol{e}_{xx}(x,t)\mathrm{d}x=&-\int_0^L \boldsymbol{e}_x^{\mathrm{T}}(x,t)\boldsymbol{P\Theta}\boldsymbol{e}_x(x,t)\mathrm{d}x+\\
&\sum_{j=1}^{r}\int_0^L h_j(\hat{\boldsymbol{\mu}})\boldsymbol{e}^{\mathrm{T}}(0,t)\boldsymbol{PL}_{0j}\boldsymbol{e}(0,t)\mathrm{d}x+
\end{aligned}
$$

$$\mathbf{e}^{\mathrm{T}}(L,t)\boldsymbol{P}\boldsymbol{D}\boldsymbol{e}(L,t) \tag{5.4.67}$$

根据式 (5.4.60) 和式 (5.4.67)，沿着模糊子系统 (5.4.46) 的解，对由式 (5.4.55) 定义的 $V_2(t)$ 关于时间 t 进行微分计算，可得

$$\begin{aligned}
\dot{V}_2(t) \leqslant & -\varepsilon\int_0^L \boldsymbol{e}_x^{\mathrm{T}}(x,t)\overline{\boldsymbol{\Upsilon}}\boldsymbol{e}_x(x,t)\mathrm{d}x+ \\
& \varepsilon\sum_{j=1}^{r}\int_0^L h_j(\hat{\boldsymbol{\mu}})\mathbf{e}^{\mathrm{T}}(0,t)[\boldsymbol{P}\boldsymbol{L}_{0j}+*]\boldsymbol{e}(0,t)\mathrm{d}x+ \\
& \varepsilon\sum_{j=1}^{r}\int_0^L h_j(\hat{\boldsymbol{\mu}})\mathbf{e}^{\mathrm{T}}(x,t)[\boldsymbol{P}\boldsymbol{A}_j+*]\boldsymbol{e}(x,t)\mathrm{d}x+ \\
& 2\varepsilon\sum_{i,j=1}^{r}\int_0^L h_i(\boldsymbol{\mu})h_j(\hat{\boldsymbol{\mu}})\mathbf{e}^{\mathrm{T}}(x,t)\boldsymbol{P}[\boldsymbol{A}_i-\boldsymbol{A}_j]\boldsymbol{y}(x,t)\mathrm{d}x- \\
& 2\varepsilon\sum_{j=1}^{r}\int_0^L h_j(\hat{\boldsymbol{\mu}})\mathbf{e}^{\mathrm{T}}(x,t)\boldsymbol{P}\boldsymbol{L}_j\boldsymbol{e}(0,t)\mathrm{d}x
\end{aligned} \tag{5.4.68}$$

再次应用引理 2.1 和不等式 (5.4.59)，对于任意 $t>0$，均满足

$$\int_0^L \boldsymbol{e}_x^{\mathrm{T}}(x,t)\overline{\boldsymbol{\Upsilon}}\boldsymbol{e}_x(x,t)\mathrm{d}x \geqslant \frac{\pi^2}{4L^2}\int_0^L \overline{\mathbf{e}}^{\mathrm{T}}(x,0,t)\overline{\boldsymbol{\Upsilon}}\overline{\boldsymbol{e}}(x,0,t)\mathrm{d}x \tag{5.4.69}$$

式中，$\overline{\boldsymbol{e}}(x,0,t)\triangleq\boldsymbol{e}(x,t)-\boldsymbol{e}(0,t)$。将式 (5.4.69) 代入式 (5.4.68)，可以得到

$$\begin{aligned}
\dot{V}_2(t) \leqslant & \varepsilon\sum_{j=1}^{r}\int_0^L h_j(\hat{\boldsymbol{\mu}})\mathbf{e}^{\mathrm{T}}(0,t)[\boldsymbol{P}\boldsymbol{L}_{0j}+*]\boldsymbol{e}(0,t)\mathrm{d}x- \\
& \varepsilon\frac{\pi^2}{4L^2}\int_0^L \mathbf{e}^{\mathrm{T}}(x,t)\overline{\boldsymbol{\Upsilon}}\boldsymbol{e}(x,t)\mathrm{d}x+ \\
& 2\varepsilon\frac{\pi^2}{4L^2}\int_0^L \mathbf{e}^{\mathrm{T}}(x,t)\overline{\boldsymbol{\Upsilon}}\boldsymbol{e}(0,t)\mathrm{d}x- \\
& \varepsilon\frac{\pi^2}{4L^2}\int_0^L \mathbf{e}^{\mathrm{T}}(0,t)\overline{\boldsymbol{\Upsilon}}\boldsymbol{e}(0,t)\mathrm{d}x+ \\
& \varepsilon\sum_{j=1}^{r}\int_0^L h_j(\hat{\boldsymbol{\mu}})\mathbf{e}^{\mathrm{T}}(x,t)[\boldsymbol{P}\boldsymbol{A}_j+*]\boldsymbol{e}(x,t)\mathrm{d}x+ \\
& 2\varepsilon\sum_{i,j=1}^{r}\int_0^L h_i(\boldsymbol{\mu})h_j(\hat{\boldsymbol{\mu}})\mathbf{e}^{\mathrm{T}}(x,t)\boldsymbol{P}[\boldsymbol{A}_i-\boldsymbol{A}_j]\boldsymbol{y}(x,t)\mathrm{d}x-
\end{aligned}$$

$$
\begin{aligned}
&2\varepsilon\sum_{j=1}^{r}\int_0^L h_j(\hat{\boldsymbol{\mu}})\boldsymbol{e}^{\mathrm{T}}(x,t)\boldsymbol{P}\boldsymbol{L}_j\boldsymbol{e}(0,t)\mathrm{d}x\\
=&\sum_{j=1}^{r}\int_0^L h_j(\hat{\boldsymbol{\mu}})\boldsymbol{\nu}^{\mathrm{T}}(x,t)\boldsymbol{\Phi}_{22,j}\boldsymbol{\nu}(x,t)\mathrm{d}x+\\
&2\varepsilon\sum_{i,j=1}^{r}\int_0^L h_i(\boldsymbol{\mu})h_j(\hat{\boldsymbol{\mu}})\boldsymbol{e}^{\mathrm{T}}(x,t)\boldsymbol{P}[\boldsymbol{A}_i-\boldsymbol{A}_j]\boldsymbol{y}(x,t)\mathrm{d}x
\end{aligned}
\tag{5.4.70}
$$

式中

$$
\boldsymbol{\nu}(x,t)\triangleq[\boldsymbol{e}^{\mathrm{T}}(x,t)\quad \boldsymbol{e}^{\mathrm{T}}(0,t)]^{\mathrm{T}}
$$

$$
\boldsymbol{\Phi}_{22,j}\triangleq\begin{bmatrix}[\varepsilon\boldsymbol{P}\boldsymbol{A}_j+*]-\dfrac{\varepsilon\pi^2}{4L^2}\overline{\boldsymbol{\Upsilon}} & -\varepsilon\boldsymbol{P}\boldsymbol{L}_j+\dfrac{\varepsilon\pi^2}{4L^2}\overline{\boldsymbol{\Upsilon}}\\ -\varepsilon\boldsymbol{L}_j^{\mathrm{T}}\boldsymbol{P}+\dfrac{\varepsilon\pi^2}{4L^2}\overline{\boldsymbol{\Upsilon}} & [\varepsilon\boldsymbol{P}\boldsymbol{L}_{0j}+*]-\dfrac{\varepsilon\pi^2}{4L^2}\overline{\boldsymbol{\Upsilon}}\end{bmatrix}
$$

沿着系统 (5.3.5) 和 (5.4.47) 的解轨迹 $\boldsymbol{y}_{\mathrm{eI}}(t)$ 和 $\boldsymbol{y}(x,t)$，对由式 (5.4.56) 定义的 $V_3(t)$ 关于时间 t 进行微分运算，可得

$$
\begin{aligned}
\dot{V}_3(t)=&2\sigma\dot{\boldsymbol{y}}_{\mathrm{eI}}^{\mathrm{T}}(t)\boldsymbol{P}\int_0^L\boldsymbol{y}(x,t)\mathrm{d}x+2\sigma\boldsymbol{y}_{\mathrm{eI}}^{\mathrm{T}}(t)\boldsymbol{P}\int_0^L\boldsymbol{y}_t(x,t)\mathrm{d}x\\
=&2\sigma(\boldsymbol{y}^{\mathrm{T}}(0,t)-\boldsymbol{y}_{\mathrm{d}}^{\mathrm{T}}(t))\boldsymbol{P}\int_0^L\boldsymbol{y}(x,t)\mathrm{d}x+\\
&2\sigma\boldsymbol{y}_{\mathrm{eI}}^{\mathrm{T}}(t)\boldsymbol{P}\int_0^L\boldsymbol{\Theta}\boldsymbol{y}_{xx}(x,t)\mathrm{d}x+\\
&2\sigma\boldsymbol{y}_{\mathrm{eI}}^{\mathrm{T}}(t)\boldsymbol{P}\sum_{i=1}^{r}\int_0^L h_i(\boldsymbol{\mu})\boldsymbol{A}_i\boldsymbol{y}(x,t)\mathrm{d}x
\end{aligned}
\tag{5.4.71}
$$

与式 (5.4.64) 类似，应用分部积分技术并考虑模糊子系统 (5.4.47) 中的边界条件，$\int_0^L\boldsymbol{\Theta}\boldsymbol{y}_{xx}(x,t)\mathrm{d}x$ 可以写为

$$
\begin{aligned}
\int_0^L\boldsymbol{\Theta}\boldsymbol{y}_{xx}(x,t)\mathrm{d}x=&\boldsymbol{\Theta}\boldsymbol{y}_x(x,t)|_{x=0}^{x=L}\\
=&\boldsymbol{B}\sum_{j=1}^{r}\int_0^L h_j(\hat{\boldsymbol{\mu}})\boldsymbol{K}_j(\boldsymbol{y}(x,t)-\boldsymbol{e}(x,t))\mathrm{d}x+
\end{aligned}
$$

$$\boldsymbol{B}\sum_{j=1}^{r}\int_{0}^{L}h_j(\hat{\boldsymbol{\mu}})\boldsymbol{K}_{0j}\boldsymbol{y}_{\mathrm{eI}}(t)\mathrm{d}x+\boldsymbol{D}\boldsymbol{y}(L,t) \tag{5.4.72}$$

结合式 (5.4.72)，式 (5.4.71) 可进一步表示为

$$\begin{aligned}\dot{V}_3(t)=&2\sigma\boldsymbol{y}^{\mathrm{T}}(0,t)\boldsymbol{P}\int_{0}^{L}\boldsymbol{y}(x,t)\mathrm{d}x-2\sigma\boldsymbol{y}_{\mathrm{d}}^{\mathrm{T}}(t)\boldsymbol{P}\int_{0}^{L}\boldsymbol{y}(x,t)\mathrm{d}x+\\&2\sigma\boldsymbol{y}_{\mathrm{eI}}^{\mathrm{T}}(t)\boldsymbol{P}\boldsymbol{B}\sum_{j=1}^{r}\int_{0}^{L}h_j(\hat{\boldsymbol{\mu}})\boldsymbol{K}_j\boldsymbol{y}(x,t)\mathrm{d}x+2\sigma\boldsymbol{y}_{\mathrm{eI}}^{\mathrm{T}}(t)\boldsymbol{P}\boldsymbol{D}\boldsymbol{y}(L,t)-\\&2\sigma\boldsymbol{y}_{\mathrm{eI}}^{\mathrm{T}}(t)\boldsymbol{P}\boldsymbol{B}\sum_{j=1}^{r}\int_{0}^{L}h_j(\hat{\boldsymbol{\mu}})\boldsymbol{K}_j\boldsymbol{e}(x,t)\mathrm{d}x+\\&2\sigma\boldsymbol{y}_{\mathrm{eI}}^{\mathrm{T}}(t)\boldsymbol{P}\boldsymbol{B}\sum_{j=1}^{r}\int_{0}^{L}h_j(\hat{\boldsymbol{\mu}})\boldsymbol{K}_{0j}\boldsymbol{y}_{\mathrm{eI}}(t)\mathrm{d}x+\\&2\sigma\boldsymbol{y}_{\mathrm{eI}}^{\mathrm{T}}(t)\boldsymbol{P}\sum_{i=1}^{r}\int_{0}^{L}h_i(\boldsymbol{\mu})\boldsymbol{A}_i\boldsymbol{y}(x,t)\mathrm{d}x\end{aligned} \tag{5.4.73}$$

沿着由式 (5.3.6) 定义的解轨迹 $\boldsymbol{y}_{\mathrm{eI}}(t)$，对由式 (5.4.57) 定义的 $V_4(t)$ 关于时间 t 进行微分运算，可得其导数形式为

$$\begin{aligned}\dot{V}_4(t)=&2\boldsymbol{y}_{\mathrm{eI}}^{\mathrm{T}}(t)\boldsymbol{W}\dot{\boldsymbol{y}}_{\mathrm{eI}}(t)\\=&2\boldsymbol{y}_{\mathrm{eI}}^{\mathrm{T}}(t)\boldsymbol{W}(\boldsymbol{y}(0,t)-\boldsymbol{y}_{\mathrm{d}}(t))\\=&2\boldsymbol{y}_{\mathrm{eI}}^{\mathrm{T}}(t)\boldsymbol{W}\boldsymbol{y}(0,t)-2\boldsymbol{y}_{\mathrm{eI}}^{\mathrm{T}}(t)\boldsymbol{W}\boldsymbol{y}_{\mathrm{d}}(t)\end{aligned} \tag{5.4.74}$$

由于 $\boldsymbol{P}>0$，对于任意 $\alpha>0$ 和 $\beta>0$，下列不等式都成立：

$$\begin{aligned}&-2\boldsymbol{y}_{\mathrm{d}}^{\mathrm{T}}(t)\boldsymbol{P}\boldsymbol{y}(x,t)\leqslant\alpha\boldsymbol{y}^{\mathrm{T}}(x,t)\boldsymbol{P}\boldsymbol{y}(x,t)+\alpha^{-1}\boldsymbol{y}_{\mathrm{d}}^{\mathrm{T}}(t)\boldsymbol{P}\boldsymbol{y}_{\mathrm{d}}(t)\\&-2\boldsymbol{y}_{\mathrm{eI}}^{\mathrm{T}}(t)\boldsymbol{W}\boldsymbol{y}_{\mathrm{d}}(t)\leqslant\beta\boldsymbol{y}_{\mathrm{eI}}^{\mathrm{T}}(t)\boldsymbol{W}\boldsymbol{y}_{\mathrm{eI}}(t)+\beta^{-1}\boldsymbol{y}_{\mathrm{d}}^{\mathrm{T}}(t)\boldsymbol{W}\boldsymbol{y}_{\mathrm{d}}(t)\end{aligned} \tag{5.4.75}$$

由式 (5.4.66)、式 (5.4.70)、式 (5.4.73) ~ 式 (5.4.75) 和 $\sigma>0$，沿着耦合系统 (5.3.5)、(5.4.46) 和 (5.4.47) 的解轨迹，由式 (5.4.53) 定义的 Lyapunov 函数 $V(t)$ 的微分形式为

$$\begin{aligned}\dot{V}(t)=&\dot{V}_1(t)+\dot{V}_2(t)+\dot{V}_3(t)+\dot{V}_4(t)\\\leqslant&\sum_{i,j=1}^{r}\int_{0}^{L}h_i(\boldsymbol{\mu})h_j(\hat{\boldsymbol{\mu}})\boldsymbol{\vartheta}^{\mathrm{T}}(x,t)\boldsymbol{\Phi}_{ij}\boldsymbol{\vartheta}(x,t)\mathrm{d}x+\end{aligned}$$

$$\alpha^{-1}\sigma\boldsymbol{y}_{\mathrm{d}}^{\mathrm{T}}(t)\boldsymbol{P}\boldsymbol{y}_{\mathrm{d}}(t)+\beta^{-1}\boldsymbol{y}_{\mathrm{d}}^{\mathrm{T}}(t)\boldsymbol{W}\boldsymbol{y}_{\mathrm{d}}(t) \tag{5.4.76}$$

式中

$$\boldsymbol{\vartheta}(x,t)\triangleq[\boldsymbol{\zeta}^{\mathrm{T}}(x,t)\quad \boldsymbol{\nu}^{\mathrm{T}}(x,t)\quad \boldsymbol{y}^{\mathrm{T}}(0,t)\quad \boldsymbol{y}_{\mathrm{eI}}^{\mathrm{T}}(t)]^{\mathrm{T}}$$

$$\boldsymbol{\Phi}_{ij}\triangleq\begin{bmatrix}\boldsymbol{\Phi}_{11,ij} & \boldsymbol{\Phi}_{12,ij} & \boldsymbol{\Phi}_{13,ij}\\ \boldsymbol{\Phi}_{12,ij}^{\mathrm{T}} & \boldsymbol{\Phi}_{22,j} & \boldsymbol{\Phi}_{23,j}\\ \boldsymbol{\Phi}_{13,ij}^{\mathrm{T}} & \boldsymbol{\Phi}_{23,j}^{\mathrm{T}} & \boldsymbol{\Phi}_{33,j}\end{bmatrix}$$

这里

$$\boldsymbol{\Phi}_{11,ij}\triangleq\boldsymbol{\Psi}_{ij}+\begin{bmatrix}\alpha\sigma\boldsymbol{P} & 0\\ 0 & 0\end{bmatrix}$$

$$\boldsymbol{\Phi}_{12,ij}\triangleq\begin{bmatrix}\varepsilon(\boldsymbol{A}_i-\boldsymbol{A}_j)^{\mathrm{T}}\boldsymbol{P} & 0\\ -\boldsymbol{PBK}_j & 0\end{bmatrix}$$

$$\boldsymbol{\Phi}_{13,ij}\triangleq\begin{bmatrix}\sigma\boldsymbol{P}+\dfrac{(1-\delta)\pi^2}{4L^2}\overline{\boldsymbol{\Upsilon}} & \sigma\boldsymbol{K}_j^{\mathrm{T}}\boldsymbol{B}^{\mathrm{T}}\boldsymbol{P}+\sigma\boldsymbol{A}_i^{\mathrm{T}}\boldsymbol{P}\\ 0 & \boldsymbol{PBK}_{0j}+L^{-1}\sigma\boldsymbol{PD}\end{bmatrix}$$

$$\boldsymbol{\Phi}_{23,j}\triangleq\begin{bmatrix}0 & -\sigma\boldsymbol{K}_j^{\mathrm{T}}\boldsymbol{B}^{\mathrm{T}}\boldsymbol{P}\\ 0 & 0\end{bmatrix}$$

$$\boldsymbol{\Phi}_{33,j}\triangleq\begin{bmatrix}-\dfrac{(1-\delta)\pi^2}{4L^2}\overline{\boldsymbol{\Upsilon}} & L^{-1}\boldsymbol{W}\\ L^{-1}\boldsymbol{W} & [\sigma\boldsymbol{PBK}_{0j}+*]+\beta L^{-1}\boldsymbol{W}\end{bmatrix}$$

考虑到式 (5.3.3)、式 (5.4.43)、式 (5.4.58) 和 $\boldsymbol{P}>0$，可得

$$\boldsymbol{\Phi}_{ij}=\boldsymbol{\mathcal{P}}\boldsymbol{\Omega}_{ij}\boldsymbol{\mathcal{P}},\ i,j\in\mathbb{R} \tag{5.4.77}$$

式中，$\boldsymbol{\mathcal{P}}\triangleq\text{block-diag}\{\boldsymbol{P},\boldsymbol{P},\boldsymbol{P},\boldsymbol{P},\boldsymbol{P},\boldsymbol{P}\}$，这意味着 LMIs(5.4.51) 等价于下列不等式 (因为 $\boldsymbol{P}>0$)：

$$\boldsymbol{\Phi}_{ij}<0,\ i,j\in\mathbb{R}$$

由上式可知，存在一个适当常数 $\tau>0$，使得

$$\boldsymbol{\Phi}_{ij}+\tau\boldsymbol{I}\leqslant 0,\ i,j\in\mathbb{R} \tag{5.4.78}$$

式中，常数 τ 满足 $0<\tau\leqslant\min\limits_{i,j\in\mathbb{R}}\lambda_{\min}(-\boldsymbol{\Phi}_{ij})$。

根据假设 5.1和不等式 (5.4.78)，式 (5.4.76) 可以写为

$$\begin{aligned}\dot{V}(t) \leqslant & -\tau \sum_{i,j=1}^{r} \int_0^L h_i(\boldsymbol{\mu}) h_j(\hat{\boldsymbol{\mu}}) \boldsymbol{\vartheta}^{\mathrm{T}}(x,t) \boldsymbol{\vartheta}(x,t) \mathrm{d}x + \\ & \boldsymbol{y}_{\mathrm{d}}^{\mathrm{T}}(t)[\alpha^{-1}\sigma \boldsymbol{P} + \beta^{-1} \boldsymbol{W}] \boldsymbol{y}_{\mathrm{d}}(t) \\ \leqslant & -\tau \|\boldsymbol{\sigma}(\cdot,t)\|_2^2 + \varrho \leqslant -\tau \eta_2^{-1} V(t) + \varrho \end{aligned} \tag{5.4.79}$$

式中，$\varrho \triangleq \lambda_{\max}(\alpha^{-1}\sigma \boldsymbol{P} + \beta^{-1}\boldsymbol{W})\overline{\boldsymbol{y}}_{\mathrm{d}}$ 是一个常数。将不等式 (5.4.79) 从 0 到 t 积分并考虑式 (5.4.62)，可以得到

$$\|\boldsymbol{\sigma}(\cdot,t)\|_2^2 \leqslant \frac{\eta_2}{\eta_1}\left(\|\boldsymbol{\sigma}(\cdot,0)\|_2^2 - \frac{\varrho}{\tau}\right)\exp\left(-\frac{\tau}{\eta_2}t\right) + \frac{\eta_2 \varrho}{\eta_1 \tau} \tag{5.4.80}$$

根据不等式 (5.4.80) 可以得出结论：随着 $t \to \infty$，闭环耦合系统 (5.3.5)、(5.4.46) 和 (5.4.47) 的解在 $\|\cdot\|_2$ 范数意义下指数收敛到一个半径为 $\dfrac{\eta_2\varrho}{\eta_1\tau}$ 的有界集合，且 $\|\boldsymbol{y}_{\mathrm{eI}}(t)\|_2^2$ 有界表明了 $\|\boldsymbol{y}_{\mathrm{out}}(t) - \boldsymbol{y}_{\mathrm{d}}(t)\|^2$ 的渐近收敛性 (当 $t \to \infty$ 时，$\|\boldsymbol{y}_{\mathrm{out}}(t) - \boldsymbol{y}_{\mathrm{d}}(t)\|^2 \to 0$)。式 (5.4.52) 可以由式 (5.4.58) 得到。

针对由式 (5.2.5) 刻画的非同位边界状态测量，定理 5.2 以 LMIs(5.4.48)~(5.4.51) 的形式为非线性抛物型 DPS(5.2.1)~(5.2.3) 提供了基于观测器的模糊输出跟踪控制器 (5.4.42) 和 (5.4.44) 的设计方法。在非线性系统 (5.2.1)~(5.2.3) 中，参数 $\boldsymbol{\Theta}$、$\boldsymbol{B}$、$\boldsymbol{D}$ 和 L 均已知且定理 5.2中给定参数 α、β、δ、ε、σ 的情况下，若 LMIs(5.4.48)~(5.4.51) 可行，则控制增益 $\boldsymbol{K}_j$、$\boldsymbol{K}_{0j}$、$\boldsymbol{L}_j$ 和 $\boldsymbol{L}_{0j}$, $j \in \mathbb{R}$ 可由其可行解根据式 (5.4.52) 得出，同时控制增益的值能通过 MATLAB 中 LMI 控制工具箱的 feasp 求解器直接求出。

注5.8 在所提出的模糊输出跟踪控制律 (5.4.44) 中，引入了积分器 (5.3.6) 以减少稳态误差。但使用积分器实现跟踪期望参考信号的条件是信号 $\boldsymbol{y}_{\mathrm{d}}(t)$ 需要满足随着 $t \to \infty$，$\dot{\boldsymbol{y}}_{\mathrm{d}}(t) \to 0$ 这一性质。而对于不满足这一性质的信号 (如正弦或余弦参考信号)，可以通过输出调节的内模原理来实现完美的跟踪。也就是说，假设存在以下形式的有限维线性系统，称为外生系统 (或外系统)，由其产生所需的期望参考信号 $\boldsymbol{y}_{\mathrm{d}}(t)$：

$$\begin{cases} \dot{\boldsymbol{x}}_{\mathrm{d}}(t) = \boldsymbol{A}_{\mathrm{d}}\boldsymbol{x}_{\mathrm{d}}(t) + \boldsymbol{B}_{\mathrm{d}}\boldsymbol{u}_{\mathrm{d}}(t) \\ \boldsymbol{y}_{\mathrm{d}}(t) = \boldsymbol{C}_{\mathrm{d}}\boldsymbol{x}_{\mathrm{d}}(t) \end{cases}$$

式中，$\boldsymbol{x}_{\mathrm{d}}(t)$ 和 $\boldsymbol{u}_{\mathrm{d}}(t)$ 分别为内模的状态与控制输入；$\boldsymbol{A}_{\mathrm{d}}$、$\boldsymbol{B}_{\mathrm{d}}$ 和 $\boldsymbol{C}_{\mathrm{d}}$ 分别为系统、控制和测量矩阵。针对具有更一般期望参考信号的 PDE 系统，研究其基于一般输出调节的内模原理相关边界跟踪控制课题将在后续进一步深入探讨。

另外，定理 5.2中所提出的设计方法很容易被修正，以解决具有非同位边界状态测量输出 (5.2.5) 的半线性抛物型 PDE 系统 (5.2.1)~(5.2.3) 的指数镇定问题。为此，可以将模糊输出跟踪控制律 (5.4.44) 修正为如下形式：

$$\boldsymbol{u}(t)=\sum_{j=1}^{r}\int_{0}^{L}h_j(\hat{\boldsymbol{\mu}})\boldsymbol{K}_j\hat{\boldsymbol{y}}(x,t)\mathrm{d}x \tag{5.4.81}$$

式中，$\hat{\boldsymbol{y}}(x,t)$ 由式 (5.4.42) 提供。在模糊输出跟踪控制律 (5.4.81) 和式 (5.4.42) 的作用下，闭环耦合系统可表示为式 (5.4.46) 和

$$\begin{cases}\boldsymbol{y}_t(x,t)=\boldsymbol{\Theta}\boldsymbol{y}_{xx}(x,t)+\sum\limits_{i=1}^{r}h_i(\boldsymbol{\mu})\boldsymbol{A}_i\boldsymbol{y}(x,t)\\ \boldsymbol{\Theta}\boldsymbol{y}_x(x,t)|_{x=0}=0\\ \boldsymbol{\Theta}\boldsymbol{y}_x(x,t)|_{x=L}=\boldsymbol{D}\boldsymbol{y}(L,t)+\boldsymbol{B}\sum\limits_{j=1}^{r}\int_{0}^{L}h_j(\hat{\boldsymbol{\mu}})\boldsymbol{K}_j(\boldsymbol{y}(x,t)-\boldsymbol{e}(x,t))\mathrm{d}x\\ \boldsymbol{y}(x,0)=\boldsymbol{y}_0(x)\end{cases} \tag{5.4.82}$$

推论 5.3　考虑具有边界测量输出 (5.2.5) 的半线性抛物型 DPS(5.2.1)~(5.2.3) 和时空模糊模型 (5.3.2)。对于给定常数 $\varepsilon>0$，如果存在矩阵 $0<\boldsymbol{X}\in\Re^{n\times n}$、$\boldsymbol{Z}_j\in\Re^{m\times n}$、$\boldsymbol{Y}_j\in\Re^{n\times n}$、$\boldsymbol{Y}_{0j}\in\Re^{n\times n}$, $j\in\mathbb{R}$，使得 LMI(5.4.48) 和下列 LMIs 成立：

$$\begin{bmatrix}\boldsymbol{\Xi}_{11,ij} & \boldsymbol{\Omega}_{12,ij}\\ \boldsymbol{\Omega}_{12,ij}^{\mathrm{T}} & \boldsymbol{\Omega}_{22,j}\end{bmatrix}<0,\ i,j\in\mathbb{R} \tag{5.4.83}$$

式中，$\boldsymbol{\Omega}_{12,ij}$ 和 $\boldsymbol{\Omega}_{22,j}$, $i,j\in\mathbb{R}$ 是由式 (5.4.51) 定义的；$\boldsymbol{\Xi}_{11,ij}$ 为

$$\boldsymbol{\Xi}_{11,ij}\triangleq\begin{bmatrix}[\boldsymbol{A}_i\boldsymbol{X}+*]-\dfrac{\pi^2}{4L^2}\boldsymbol{\Upsilon} & \boldsymbol{Z}_j^{\mathrm{T}}\boldsymbol{B}^{\mathrm{T}}+\dfrac{\pi^2}{4L^2}\boldsymbol{\Upsilon}\\ \boldsymbol{B}\boldsymbol{Z}_j+\dfrac{\pi^2}{4L^2}\boldsymbol{\Upsilon} & L^{-1}\boldsymbol{\Lambda}-\dfrac{\pi^2}{4L^2}\boldsymbol{\Upsilon}\end{bmatrix}$$

那么存在一个形如式 (5.4.42) 和式 (5.4.81) 的输出反馈模糊补偿器，以确保闭环耦合系统 (5.4.46) 和 (5.4.82) 在 $\|\cdot\|_2$ 范数意义下指数稳定，其中补偿器增益 $\boldsymbol{K}_j$、$\boldsymbol{L}_j$ 和 $\boldsymbol{L}_{0j}$, $j\in\mathbb{R}$ 由下式确定：

$$\boldsymbol{K}_j=\boldsymbol{Z}_j\boldsymbol{X}^{-1},\ \boldsymbol{L}_j=\boldsymbol{Y}_j\boldsymbol{X}^{-1},\ \boldsymbol{L}_{0j}=\boldsymbol{Y}_{0j}\boldsymbol{X}^{-1},\ j\in\mathbb{R} \tag{5.4.84}$$

证明 7　通过为闭环耦合系统 (5.4.46) 和 (5.4.82) 构建如下形式的 Lyapunov 函数很容易实现该部分证明：

$$V(t)=V_1(t)+V_2(t)$$

式中，$V_1(t)$ 和 $V_2(t)$ 分别由式 (5.4.54) 和式 (5.4.55) 定义，具体遵循定理 5.2的证明过程。由于篇幅有限，此处省略该部分证明的具体过程。

5.5 数值仿真

5.5.1 模糊边界同位输出跟踪控制仿真结果

为了验证所提出的同位边界测量情形下的模糊 PID 边界输出跟踪控制设计方法的有效性和优点，本节将提供受纽曼边界控制驱动的半线性标量抛物型 DPS 输出跟踪控制的数值仿真结果，相应 PDE 模型如下：

$$\begin{cases} y_t(x,t) = y_{xx}(x,t) + \sin(y(x,t)) \\ y_x(x,t)|_{x=0} = 0,\ y_x(x,t)|_{x=1} = u(t) \\ y(x,0) = y_0(x) \\ y_{\text{out}}(t) = y(1,t) \end{cases} \tag{5.5.1}$$

式中，$y(x,t)$ 和 $u(t)$ 分别为状态与边界控制输入。图 5.5.1 给出了当 $u(t)=0$ 和 $y_0(x)=1+\cos(\pi x)$, $x\in[0,1]$ 时，半线性 PDE 系统 (5.5.1) 的开环数值仿真结果(开环演化轮廓 $y(x,t)$ 及开环演化轨迹 $\|y(\cdot,t)\|_2$)。根据开环数值仿真结果，可以观察到方程 (5.5.1) 的状态 $y(x,t)$ 从接近零平衡态的初值 $y_0(x)$ 移动到另一个平衡态 $y(x,\cdot)=\pi$。即在 $u(t)=0$ 和 $y_0(x)=1+\cos(\pi x)$, $x\in[0,1]$ 时，非线性系统 (5.5.1) 在 $\|\cdot\|_2$ 范数意义下是开环不稳定的。

在假设 $y(x,t)\in(-\pi,\pi)$, $x\in[0,1]$ 的情形下，半线性 PDE 系统 (5.5.1) 可由下列全局 T-S 模糊 PDE 模型精确描述[85,86]：

$$\begin{cases} y_t(x,t) = y_{xx}(x,t) + \sum_{i=1}^{2} h_i(y(x,t)) a_i y(x,t) \\ y_x(x,t)|_{x=0} = 0,\ y_x(x,t)|_{x=1} = u(t) \\ y(x,0) = y_0(x) \\ y_{\text{out}} = y(1,t) \end{cases} \tag{5.5.2}$$

式中

$$a_1 = 1, \quad a_2 = \bar{\varepsilon}, \quad \bar{\varepsilon} \triangleq 1/\pi$$

$$h_1(y(x,t)) \triangleq \begin{cases} \dfrac{\sin(y(x,t)) - \bar{\varepsilon} y(x,t)}{(1-\bar{\varepsilon})y(x,t)}, & y(x,t) \neq 0 \\ 1, & y(x,t) = 0 \end{cases}$$

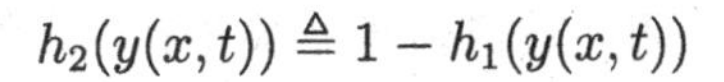

$$h_2(y(x,t)) \triangleq 1 - h_1(y(x,t))$$

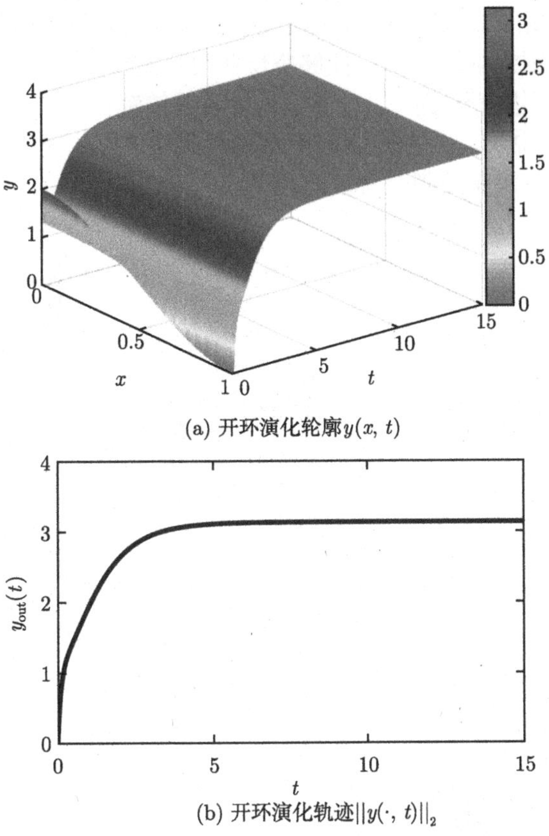

(a) 开环演化轮廓$y(x,\ t)$

(b) 开环演化轨迹$\|y(\cdot,\ t)\|_2$

图 5.5.1　非线性系统 (5.5.1) 的开环数值仿真结果

令 $\boldsymbol{A}_1 = a_1$，$\boldsymbol{A}_2 = a_2$，$\boldsymbol{B} = 1$，$\boldsymbol{\Theta} = 1$，$L = 1$，$\sigma = 0.7$ 和 $\alpha_1 = \alpha_2 = \alpha_3 = \alpha_4 = \alpha_5 = \alpha_6 = 1$。运用 feasp 求解器[142] 求解定理 5.1中的 LMIs(5.4.6)~(5.4.8) 并考虑式 (5.4.9)，可得模糊 PID 输出跟踪控制律 (5.4.5) 的控制增益为 $\boldsymbol{K}_{\text{P},1} = \boldsymbol{K}_{\text{P},2} = -0.1083$，$\boldsymbol{K}_{\text{I},1} = \boldsymbol{K}_{\text{I},2} = -4.0391$ 和 $\boldsymbol{K}_{\text{D},1} = \boldsymbol{K}_{\text{D},2} = 0$。在此情形下，模糊 PID 边界输出跟踪控制律 (5.4.2) 将退化为线性控制律。为了改善这种不利情形，正如注 5.6 所指出的，在 LMIs(5.4.6)~(5.4.8) 中增加两个额外的约束 $\boldsymbol{Z}_{\text{P},j} \preceq \boldsymbol{Z}_{\text{P},j+1}$ 和 $\boldsymbol{Z}_{\text{I},j} \preceq \boldsymbol{Z}_{\text{I},j+1}$，$j \in \{1, 2, \cdots, r-1\}$。结合上述约束再次求解 LMIs(5.4.6)~(5.4.8) 并运用式 (5.4.9)，相应模糊 PID 边界输出跟踪控制律的控制增益为 $\boldsymbol{K}_{\text{P},1} = -0.8211$，$\boldsymbol{K}_{\text{P},2} = -0.1496$，$\boldsymbol{K}_{\text{I},1} = -6.2790$，$\boldsymbol{K}_{\text{I},2} = -5.2270$ 和 $\boldsymbol{K}_{\text{D},1} = \boldsymbol{K}_{\text{D},2} = 0$。

设期望参考信号为 $y_{\text{d}} = 1$，$\boldsymbol{K}_{\text{D},1} = 0.015$ 和 $\boldsymbol{K}_{\text{D},2} = 0.018$(参见注 5.5)。通过将带有上述控制增益的模糊 PID 边界输出跟踪控制律 (5.4.2) 应用到非线性

PDE 系统 (5.5.1)，图 5.5.2展示了相应闭环数值仿真结果 (闭环演化轮廓 $y(x,t)$ 和闭环演化轨迹 $\|y(\cdot,t)\|_2$)。控制输入 $u(t)$ 和测量输出 $y_{\text{out}}(t)$ 分别由图 5.5.3和图 5.5.4给出。从图 5.5.2和图 5.5.4中的数值仿真结果可以观察到：所提出的模糊 PID 边界输出跟踪控制律 (5.4.2) 能够驱使非线性抛物型 DPS(5.5.1) 的测量输出 $y_{\text{out}}(t)$ 渐近跟踪期望信号 $y_{\text{d}}=1$，并确保闭环系统解在 $\|\cdot\|_2$ 范数意义下的有界性。以上仿真结果说明，所提出的模糊 PID 边界输出跟踪控制设计方法对于数值算例 (5.5.1) 的输出跟踪控制是有效的。

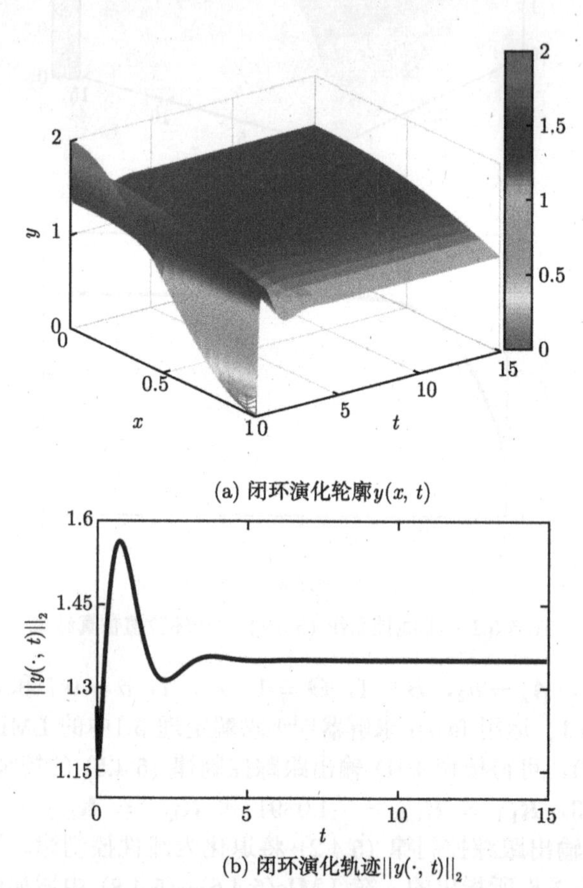

(a) 闭环演化轮廓$y(x,\ t)$

(b) 闭环演化轨迹$\|y(\cdot,\ t)\|_2$

图 5.5.2　模糊 PID 边界输出跟踪控制律 (5.4.2) 驱动下系统 (5.5.1) 的闭环数值仿真结果

为了进一步展示所提出的模糊 PID 边界输出跟踪控制设计方法的优越性，将模糊 PID 边界输出跟踪控制律 (5.4.2) 和模糊积分边界输出跟踪控制律 (5.4.5) 进行数值仿真比较。通过求解带有约束 $\boldsymbol{Z}_{\text{I},j} \preceq \boldsymbol{Z}_{\text{I},j+1}$，$j\in\{1,2,\cdots,r-1\}$ 的 LMIs(5.4.6)、(5.4.7) 和 (5.4.38)，可得模糊积分边界输出跟踪控制律 (5.4.5) 的控

制增益为 $\boldsymbol{K}_{\mathrm{I},1}=-7.7023$ 和 $\boldsymbol{K}_{\mathrm{I},2}=-6.2554$。图 5.5.4 给出了由具有上述控制增益的模糊积分边界输出跟踪控制律 (5.4.5) 驱动的系统 (5.5.1) 测量输出 $y_{\mathrm{out}}(t)$ 的演化轨迹 (见图 5.5.4中的虚线)。容易看出，与模糊积分边界输出跟踪控制律相比，模糊 PID 边界输出跟踪控制律在快速输出响应和减小积分分量产生的超调量方面表现出更好的控制性能。

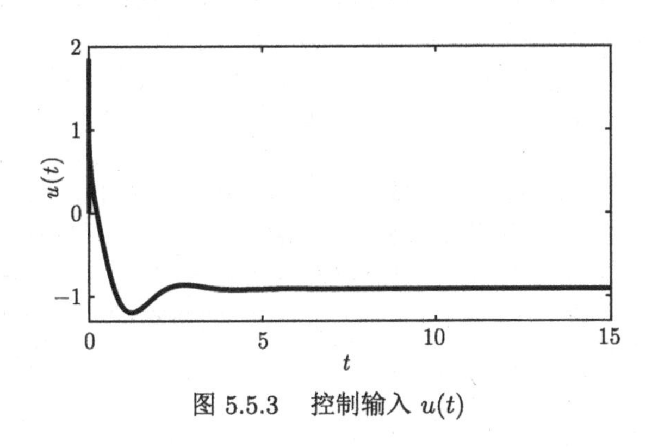

图 5.5.3　控制输入 $u(t)$

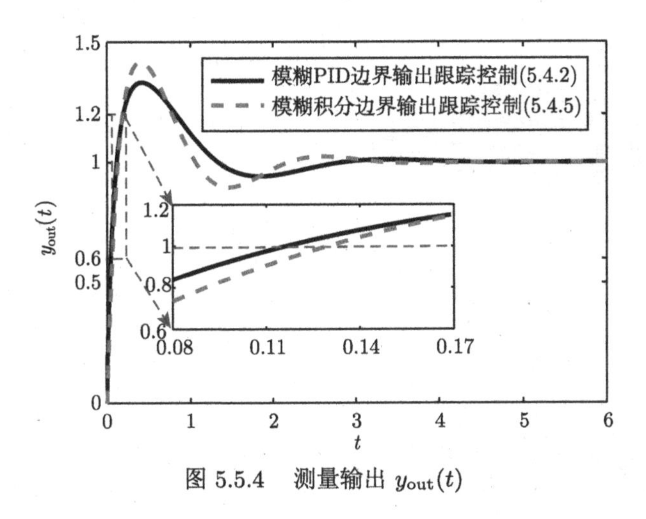

图 5.5.4　测量输出 $y_{\mathrm{out}}(t)$

5.5.2　模糊边界非同位输出跟踪控制仿真结果

为了验证所提出的非同位边界测量情形下的模糊输出跟踪控制设计方法的有效性，本节考虑了受纽曼边界控制输入约束的半线性多变量抛物型 PDE 系统的边界输出跟踪控制问题，系统方程如下：

$$
\begin{cases}
y_{1,t}(x,t) = y_{1,xx}(x,t) + \sin(y_1(x,t)) - y_1(x,t) \\
y_{2,t}(x,t) = y_{2,xx}(x,t) + 0.45y_1(x,t) - y_2(x,t) \\
y_{i,x}(x,t)\big|_{x=0} = 0,\ i \in \{1,2\} \\
y_{i,x}(x,t)\big|_{x=1} = -y_i(1,t) + u_i(t),\ i \in \{1,2\} \\
y_i(x,0) = y_{i,0}(x),\ i \in \{1,2\} \\
y_{i,\mathrm{out}}(t) = y_i(0,t),\ i \in \{1,2\}
\end{cases}
\tag{5.5.3}
$$

式中，$y_i(x,t),\ i \in \{1,2\}$ 是状态变量；$u_i(t) \in \Re, i \in \{1,2\}$ 是边界控制输入；$y_{i,\mathrm{out}}(t), i \in \{1,2\}$ 是边界测量输出。令 $u_i(t) = 0, i \in \{1,2\}$，$y_{1,0}(x) = 1 + \cos(\pi x)$，$y_{2,0}(x) = 0,\ x \in [0,1]$，半线性 PDE 系统 (5.5.3) 的开环数值仿真结果如图 5.5.5 所示，其中包括状态 $y_1(x,t)$、$y_2(x,t)$ 的开环演化轮廓和开环演化轨迹 $\|y_1(\cdot,t)\|_2$、$\|y_2(\cdot,t)\|_2$。由图 5.5.5 可以看出，当 $u(t) = 0$ 时，系统 (5.5.3) 在 $\|\cdot\|_2$ 范数意义下是不稳定的。

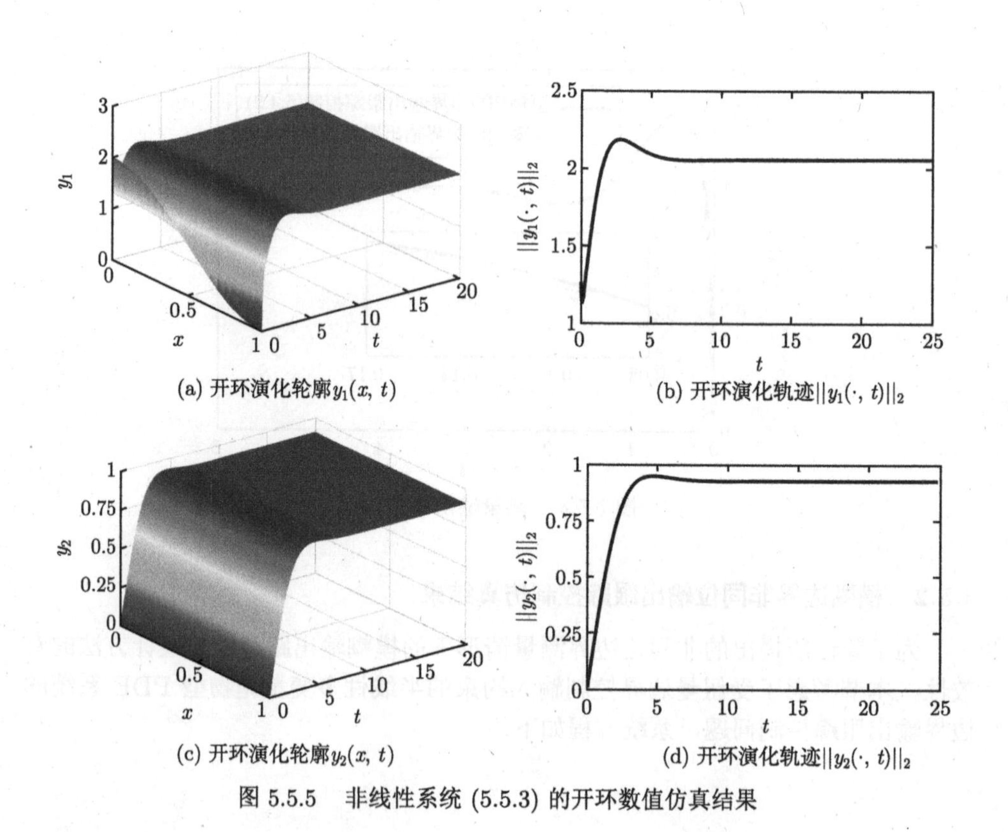

(a) 开环演化轮廓 $y_1(x,\ t)$　(b) 开环演化轨迹 $\|y_1(\cdot,\ t)\|_2$

(c) 开环演化轮廓 $y_2(x,\ t)$　(d) 开环演化轨迹 $\|y_2(\cdot,\ t)\|_2$

图 5.5.5　非线性系统 (5.5.3) 的开环数值仿真结果

定义 $\boldsymbol{y}(x,t)\triangleq[y_1(x,t)\quad y_2(x,t)]^{\mathrm{T}}$，非线性系统 (5.5.3) 可以写为半线性 PDE 系统 (5.2.1)~(5.2.3)、(5.2.5) 的形式，其中 $\boldsymbol{\Theta}=\boldsymbol{I}$，$L=1$，$\boldsymbol{B}=\boldsymbol{I}$，$\boldsymbol{D}=-\boldsymbol{I}$。假设 $y_1(x,t)\in(-\pi,\pi)$, $x\in[0,1]$，系统 (5.5.3) 可以由以下全局 T-S 模糊 PDE 模型准确表示[85~87]：

$$\begin{cases}\boldsymbol{y}_t(x,t)=\boldsymbol{y}_{xx}(x,t)+\sum_{i=1}^{2}h_i(y(x,t))\boldsymbol{A}_i y(x,t)\\ \boldsymbol{y}_x(x,t)|_{x=0}=0,\ \boldsymbol{y}(x,t)_x(x,t)|_{x=1}=\boldsymbol{u}(t)\\ \boldsymbol{y}(x,0)=\boldsymbol{y}_0(x),\ \boldsymbol{y}_{\mathrm{out}}(t)=\boldsymbol{y}(0,t)\end{cases}\tag{5.5.4}$$

式中

$$\boldsymbol{A}_1\triangleq\begin{bmatrix}a_1 & -1\\ 0.45 & -1\end{bmatrix},\ \boldsymbol{A}_2\triangleq\begin{bmatrix}a_2 & -1\\ 0.45 & -1\end{bmatrix}$$

且

$$a_1=1,\quad a_2=\bar{\varepsilon},\quad \bar{\varepsilon}\triangleq 1/\pi$$

$$h_1(y_1(x,t))\triangleq\begin{cases}\dfrac{\sin(y_1(x,t))-\bar{\varepsilon}y_1(x,t)}{(1-\bar{\varepsilon})y_1(x,t)}, & y_1(x,t)\neq 0\\ 1, & y_1(x,t)=0\end{cases}$$

$$h_2(y_1(x,t))\triangleq 1-h_1(y_1(x,t))$$

令 $\varepsilon=1.8$，$\delta=0.8$，$\sigma=0.1$，$\alpha=0.9$ 和 $\beta=1$。通过 feasp 求解器[142] 求解定理 5.2 中的 LMIs(5.4.48)~(5.4.51) 并运用式 (5.4.52)，可得如下基于观测器的模糊输出跟踪控制律 (5.3.6)、(5.4.42)、(5.4.44) 的增益矩阵：

$$\boldsymbol{K}_1=\begin{bmatrix}-1.1808 & 0.3034\\ -0.1807 & -1.2104\end{bmatrix},\ \boldsymbol{K}_2=\begin{bmatrix}-1.4466 & 0.3737\\ -0.1771 & -1.1873\end{bmatrix}$$

$$\boldsymbol{K}_{01}=\begin{bmatrix}-0.3681 & 0.0318\\ -0.0198 & -0.3607\end{bmatrix},\ \boldsymbol{K}_{02}=\begin{bmatrix}-0.3649 & 0.0359\\ -0.0179 & -0.3603\end{bmatrix}$$

$$\boldsymbol{L}_1=\boldsymbol{L}_2=\begin{bmatrix}2.4674 & 0\\ 0 & 2.4674\end{bmatrix}$$

$$\boldsymbol{L}_{01}=\begin{bmatrix}2.3483 & 9.2804\\ -5.3240 & 1.6380\end{bmatrix},\ \boldsymbol{L}_{02}=\begin{bmatrix}1.5499 & -1.1502\\ 0.5975 & 0.9355\end{bmatrix}$$

令 $\boldsymbol{y}_\mathrm{d}(t)=[1\quad 1]^\mathrm{T}$，满足假设 5.1($\dot{\boldsymbol{y}}_\mathrm{d}(t)=0$)。通过将具有上述控制增益的模糊输出跟踪控制律 (5.4.42) 和 (5.4.44) 应用到半线性 PDE 系统 (5.5.3)，相应闭环数值仿真结果如图 5.5.6 所示，其中包括闭环演化轮廓 $\boldsymbol{y}(x,t)$ 和闭环演化轨迹 $\|y_i(\cdot,t)\|_2$ 与 $\|\hat{y}_i(\cdot,t)\|_2$，$i\in\{1,2\}$。相应的控制输入 $\boldsymbol{u}(t)$ 和测量输出 $\boldsymbol{y}_\mathrm{out}(t)$ 分别如图 5.5.7 和图 5.5.8 所示。从图 5.5.6 和图 5.5.8 中可以看出，所得闭环耦

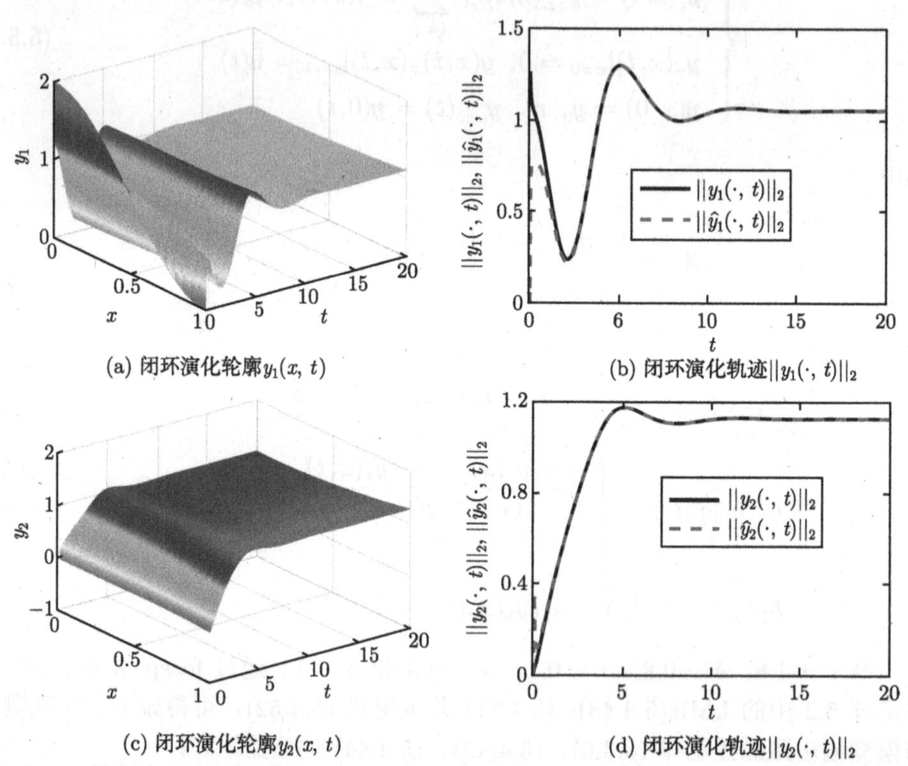

图 5.5.6　模糊输出跟踪控制器 (5.4.42) 和 (5.4.44) 驱动下非线性系统 (5.5.3) 的闭环数值仿真结果

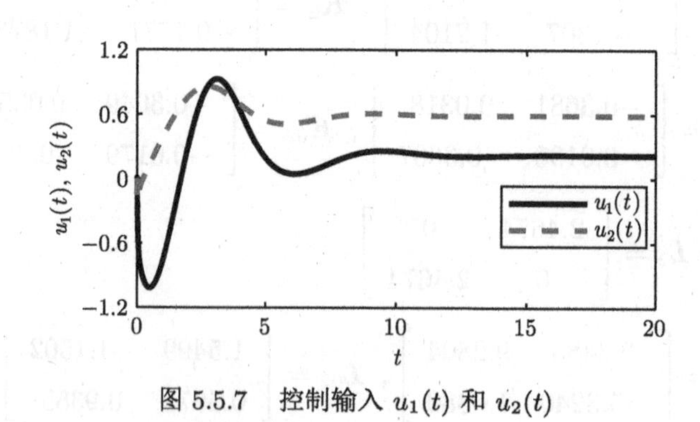

图 5.5.7　控制输入 $u_1(t)$ 和 $u_2(t)$

合系统的解在 $\|\cdot\|_2$ 范数意义下有界，且系统测量输出 $\boldsymbol{y}_{\text{out}}(t)$ 渐近跟踪期望参考信号 $\boldsymbol{y}_{\text{d}}(t)=1$。上述仿真结果说明了所提出的模糊输出跟踪控制设计方法对数值算例 (5.5.3) 的有效性。

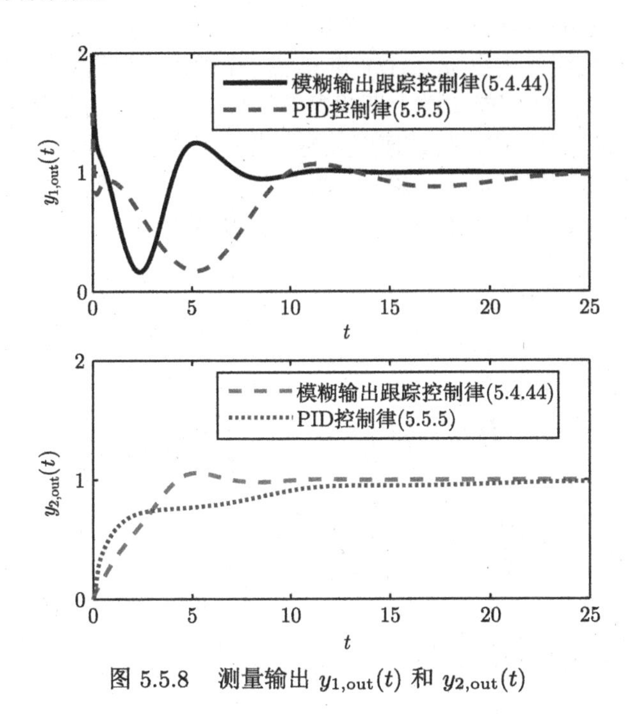

图 5.5.8　测量输出 $y_{1,\text{out}}(t)$ 和 $y_{2,\text{out}}(t)$

为了进一步验证所提出的模糊输出跟踪控制设计方法的优越性，将模糊输出跟踪控制律 (5.4.42) 和如下形式的 PID 控制律进行比较：

$$\boldsymbol{u}(t)=\boldsymbol{K}_{\text{P}}\boldsymbol{y}_{\text{P,e}}(t)+\boldsymbol{K}_{\text{I}}\boldsymbol{y}_{\text{e}}(t)+\boldsymbol{K}_{\text{D}}\frac{\text{d}\boldsymbol{y}_{\text{P,e}}(t)}{\text{d}t} \tag{5.5.5}$$

式中，$\boldsymbol{y}_{\text{P,e}}(t)\triangleq\boldsymbol{y}_{\text{out}}(t)-\boldsymbol{y}_{\text{d}}(t)$；$\boldsymbol{K}_{\text{P}}=\begin{bmatrix}-0.9 & 0.3\\-0.3 & -0.9\end{bmatrix}$；$\boldsymbol{K}_{\text{I}}=\begin{bmatrix}-0.3 & 0.4\\-0.05 & -0.1\end{bmatrix}$；

$\boldsymbol{K}_{\text{D}}=\begin{bmatrix}-0.3 & 0.3\\-0.3 & -0.3\end{bmatrix}$。由 PID 控制律 (5.5.5) 驱动的非线性 PDE 系统 (5.5.3) 测量输出 $y_{1,\text{out}}(t)$ 和 $y_{2,\text{out}}(t)$ 的演化轨迹如图 5.5.8中的点线所示，根据图 5.5.8可以观察出与 PID 控制律 (5.5.5) 相比，模糊输出跟踪控制律 (5.4.44) 能够提供更优的控制性能 (如快速响应)。

定理 5.2中的模糊输出跟踪控制设计方法是在测量输出精确的假设下开发的，但在实际中可能受到传感器噪声的影响，导致测量输出结果可能并不准确。为了测试所提出的模糊输出跟踪控制设计方法的鲁棒性，我们给出了存在测量干扰情形下进行数值仿真模拟的结果。为此，假设非线性 PDE 系统 (5.5.3) 的测量输出 $y_{1,\text{out}}(t)$ 和 $y_{2,\text{out}}(t)$ 分别受测量干扰 $y_{1,\text{out}}(t)=y_1(0,t)+0.3\cos(t)\exp(-0.1t)$ 和 $y_{2,\text{out}}(t)=y_2(0,t)+0.3\sin(t)\exp(-0.05t)$ 的影响。图 5.5.9展示了在上述测量干扰影响下，系统测量输出 $y_{1,\text{out}}(t)$ 和 $y_{2,\text{out}}(t)$ 的演化轨迹。可以看出，测量输出 $y_{1,\text{out}}(t)$ 和 $y_{2,\text{out}}(t)$ 都能跟踪上期望参考信号 $\boldsymbol{y}_{\text{d}}(t)$，但由于测量干扰的影响与图 5.5.8中的跟踪性能相比，收敛速度较慢且振荡较多。因此，与精确测量情况相比，尽管存在测量干扰情形下的输出跟踪性能有所下降，但所提出的模糊输出跟踪控制设计方法仍适用于存在测量干扰的系统 (5.5.3)。

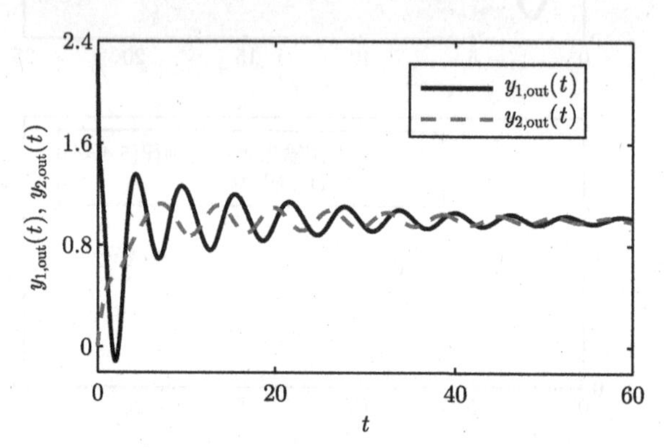

图 5.5.9　存在测量干扰的非线性系统 (5.5.3) 测量输出 $y_{1,\text{out}}(t)$ 和 $y_{2,\text{out}}(t)$ 的演化轨迹

5.6　本章小结与文献说明

本章在第 4 章的基础上，进一步探讨了一类由抛物型 PDE 模型描述的非线性 DPS 边界模糊输出跟踪控制设计问题，其主要贡献是结合 T-S 模糊 PDE 模型、PID 控制、积分控制和基于观测器的输出反馈控制，分别针对同位、非同位边界测量情形为非线性抛物型 PDE 系统开发了相应的基于 Lyapunov 直接法的模糊边界输出跟踪控制设计方法，理论分析证明相应的闭环系统是一致有界的，并且其边界测量能够渐近跟踪期望参考信号。利用 Lyapunov 直接法、分部积分技术及向量值庞加莱–温格尔不等式的变种形式 (引理 2.1)，推导出了所提出的输出跟踪控制方法存在的充分条件，并以标准 LMI 的形式呈现，其可行性可以通过 MATLAB 控制工具箱中的 feasp 求解器直接检验。由于仅需在空间域的边界上布放少数执行器和传感器，所以设计的模糊输出跟踪控制律易于实现。通过数值仿真实验验证了所提出的模糊输出跟踪控制设计方法的有效性及优越性。

不同于文献 [121] 中关于分布参考的输出跟踪控制设计和文献 [122] 中基于变结构分布控制的输出跟踪控制设计，本章利用 PID 控制、积分控制解决了边界输出跟踪控制设计问题。在第 4 章非线性抛物型 DPS 边界镇定控制研究的基础上，对非线性抛物型 DPS 边界输出跟踪控制进一步研究。本章的研究工作为由抛物型 PDE 描述的非线性 DPS 控制设计与分析提供了研究思路与理论依据。实际上，理论的意义在于指导实践。在实际生产过程中，抛物型 DPS 主要用来刻画一类具有扩散–对流–反应现象的复杂动力学。在第 6 章中，我们将把提出的抛物型 DPS 边界控制设计方法应用在一些实际系统中，以促进理论走向应用。

第 6 章　热轧带钢温度场模糊边界调节

6.1　引言

钢产品广泛应用在国民经济的各行各业，因而钢铁行业早已成为国民经济的支柱产业。相对于冷轧，热轧能改善金属及合金的加工工艺性能，同时具有显著降低能耗、降低成本的特点，其生产工艺流程图如图 6.1.1 所示。在实际钢厂热轧生产过程中，各个环节控制的好坏都会直接影响原料消耗、产品质量及生产成本等。

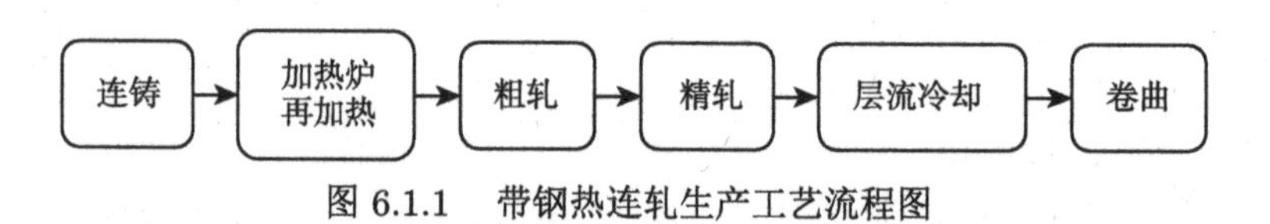

图 6.1.1　带钢热连轧生产工艺流程图

在加热炉再加热环节中，加热炉中的钢坯温度及其分布是衡量加热质量、降低燃料消耗的关键。工艺上要求钢坯到达加热炉出口时，炉内钢坯温度分布需要达到一定的温度，以满足轧制要求。因此，从工程应用角度来看，开发简单可靠的温度控制算法使炉内钢坯温度分布达到期望分布具有重要应用价值。而在热连轧过程中，钢坯内部温度分布演化动态复杂，不仅与时间有关，还依赖空间位置，通常由偏微分方程才能精确刻画。同时，温度演化动态具有非线性特征，如钢坯的比热系数和传导系数均与温度有关，且难以获得准确的表达式，这些都增加了钢坯温度控制系统的设计难度。受现有传感器测量与控制驱动技术的限制，钢坯温度测量与调节具有非侵入性，即钢坯内部温度的分布信息不能通过传感器直接获得，且钢坯温度不能直接通过加热单元调节。因此，钢坯温度传感器测量与加热执行器调节只能在其表面进行操作，属于 DPS 边界控制范畴，具有很高的技术难度。综上，6.2 节开发了一种带钢热连轧生产钢坯再加热模糊 PID 温度调节方法。这是第 5章中非线性 DPS 边界输出跟踪控制设计的应用研究工作。本章所涉及的带钢热连轧生产钢坯再加热温度调节问题本质上是非线性抛物型 DPS 边界输出跟踪控制问题。在第 5章研究工作的基础上，6.2 节通过将 T-S 模糊 PDE 模型和 PID 控制相结合提出了基于观测器的模糊 PID 输出跟踪控制设计方法，使得钢坯再加热温度系统状态有界，且带钢温度达到期望温度值。最后通过数值仿真实验检验了其模糊 PID 温度调节策略的工程应用效果。

而对于层流冷却环节，为获得满足特定机械性能和金属特性等工艺要求的轧钢产品，就要对轧后钢材冷却过程进行调节。在带钢热连轧生产线上，带钢冷却过程温度主动调节可从冷却轨道的顶部与底部在带钢卷取前对其进行喷淋冷却水来实现。因此，从工业实际应用效果来说，提供一套简单、安全、可靠的冷却过程调节方案使带钢冷却速度和温度保持在期望预定范围，对于提升产品质量及降低原料消耗、生产成本等都至关重要。热轧带钢在冷却轨道上的冷却过程受各种因素的影响，如喷淋冷却水的对流、空气辐射、沿厚度方向的热传导和相变潜热，以及随温度变化的带钢热导率和比热等，同时冷却过程模型具有非线性及时空分布特性。已有研究工作[2,168] 表明：冷却轨道上的带钢温度时空演化动态过程可由一维非线性热传导方程描述。对于带钢热连轧冷却过程，6.3 节利用 5.4.2 节提出的模糊输出跟踪控制设计方法解决其表面温度调节问题，以保证带钢表面温度达到期望温度值。通过查阅相关文献进行数值仿真，相关仿真结果验证了所提出算法的有效性。6.3 节是 5.4.2 节模糊输出跟踪控制设计方法在实际系统中的应用，涉及一种热轧带钢轧后层流冷却过程温度调节方法。

本章后续部分的结构如下：6.2 节给出了带钢热连轧生产钢坯再加热模糊 PID 温度调节方法的设计方案；6.3 节开发了热轧带钢轧后层流冷却模糊温度调节方案的具体过程；6.4 节总结了本章的研究工作。

6.2　带钢热连轧生产钢坯再加热模糊 PID 温度调节

6.2.1　钢坯再加热过程非线性温度时空演化动态模型

带钢热连轧生产钢坯再加热过程示意图如图 6.2.1 所示，其中钢坯在间歇炉中通过热辐射进行再加热。在热连轧生产钢坯过程中，连续不断的连铸坯投放到加热炉中进行再加热，以达到后续钢坯轧制过程所需的温度。当钢坯再加热到目标温度时，将其提取并运送到粗轧机中完成后续轧制，即特定的温度分布是热连轧生产钢坯过程中的一个重要环节。因此对带钢热连轧生产钢坯再加热过程温度

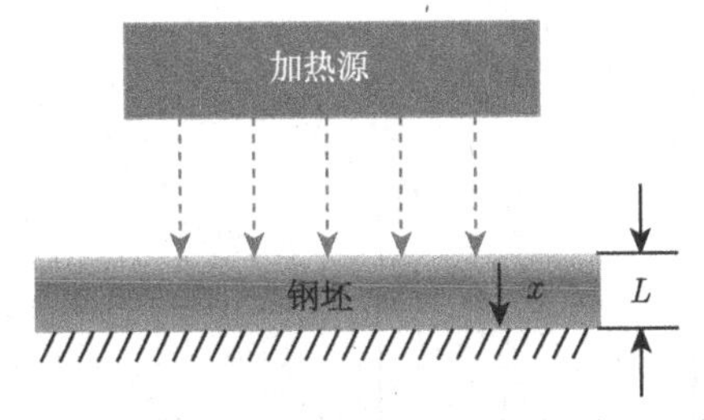

图 6.2.1　带钢热连轧生产钢坯再加热过程示意图

分布调节问题的研究，对提高钢材质量和节约成本有着很大的影响。假设钢板侧面和底部损失的热量忽略不计，带钢热连轧生产钢坯再加热过程的钢坯内部温度分布的时空动态演化过程可建模为如下拟线性抛物型 PDE 模型[24]：

$$\beta(T)\frac{\partial T(x,t)}{\partial t}=\frac{\partial}{\partial x}\left(\frac{\alpha(T)\partial T(x,t)}{\partial x}\right) \tag{6.2.1}$$

受限于纽曼边界条件

$$\begin{aligned}\left.\frac{\alpha(T)\partial T(x,t)}{\partial x}\right|_{x=0}&=u(t)\\ \left.\frac{\alpha(T)\partial T(x,t)}{\partial x}\right|_{x=L}&=0\end{aligned} \tag{6.2.2}$$

和初始条件

$$T(x,0)=T_0(x),\ x\in[0,L] \tag{6.2.3}$$

式中，$T(x,t)$ 是钢坯沿着厚度方向上的温度分布，由空间 $x\in[0,L]\subset\Re$ 和时间 $t\in[0,\infty)$ 两个参数决定；$u(t)$ 为加热炉提供的作用于钢坯上表面的辐射热量 (边界 $x=0$ 处)；$\alpha(T)$ 和 $\beta(T)$ 分别为 $\alpha(T(x,t))$ 和 $\beta(T(x,t))$ 的简写形式，表示待加热钢坯的热传导和比热系数，均依赖钢坯温度状态变量 $T(x,t)$。在钢坯下表面 (边界 $x=L$ 处) 布放传感器，边界测量输出方程为

$$T_{\text{out}}(t)=T(L,t) \tag{6.2.4}$$

注意到在上述钢坯内部温度分布模型中，传感器与执行器分别布放在钢坯上下表面，具有明显的时滞性，因而可能会产生不可忽略的误差。

对于热连轧过程中钢坯的轧制，需要在特定温度下进行。因此本节的主要任务是开发合适的控制器 $u(t)$，保证加热炉出口处的钢坯温度 $T_{\text{out}}(t)$ 保持在期望温度 T_{d} 上，同时闭环系统状态 $T(x,t)$ 一致有界。

考虑到实际中相对于钢坯的传导系数随温度变化而变化，其比热系数 $\beta(T)$ 的变化随温度变化不明显，故将其视为常数。简化后的钢坯时空动态演化过程模型为

$$\begin{cases}\beta\dfrac{\partial T(x,t)}{\partial t}=\dfrac{\partial}{\partial x}\left(\alpha(T)\dfrac{\partial T(x,t)}{\partial x}\right)\\ \left.\dfrac{\alpha(T)\partial T(x,t)}{\partial x}\right|_{x=0}=u(t)\\ \left.\dfrac{\alpha(T)\partial T(x,t)}{\partial x}\right|_{x=L}=0\\ T(x,0)=T_0(x)\end{cases} \tag{6.2.5}$$

6.2.2　基于观测器的模糊 PID 温度测量输出调节控制设计

1）钢坯温度 T-S 时空模糊 PDE 建模

针对非线性动态带来的控制设计困难，利用第 3 章提出的时空模糊系统对由非线性 PDE 系统 (6.2.5) 描述的钢坯温度分布进行 T-S 时空模糊系统建模。对于非线性项 $\alpha(T)$，利用局部参数依赖扇区非线性方法建立 T-S 模糊 PDE 模型。为此，假设

$$\alpha(T) \in [a_1, a_2],\ a_1 \triangleq \alpha(T_{\min}),\ a_2 \triangleq \alpha(T_{\max}) \tag{6.2.6}$$

则

$$\begin{cases} \alpha(T) = h_1(\alpha(T))a_1 + h_2(\alpha(T))a_2 \\ h_1(\alpha(T)) + h_2(\alpha(T)) = 1 \end{cases} \tag{6.2.7}$$

式中，$h_1(\alpha(T))$ 和 $h_2(\alpha(T)) \in [0, L]$，进一步可得

$$\begin{cases} h_1(\alpha(T)) \triangleq \dfrac{a_2 - \alpha(T)}{a_2 - a_1} \\ h_2(\alpha(T)) \triangleq 1 - h_1(\alpha(T)) \end{cases} \tag{6.2.8}$$

这里 $h_1(\alpha(T))$ 和 $h_2(\alpha(T))$ 可被解释为如图 6.2.2所示的模糊隶属度函数。针对钢坯热传导系数 $\alpha(T)$，当钢坯温度 $T(x,t)$ 较高时，取值大，而钢坯温度 $T(x,t)$ 较低时，取值小。为此，定义相应模糊集为“高”与“低”。简化后的非线性钢坯内部温度时空动态演化过程模型 (6.2.5) 可由如下两条规则的 T-S 模糊 PDE 模型精确描述。

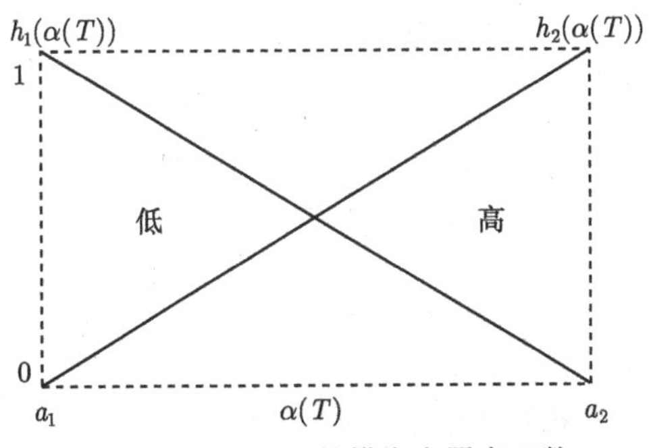

图 6.2.2　$\alpha(T)$ 的模糊隶属度函数

系统规则 1:

如果 $\alpha(T)$ 属于“低”，**则**

$$
\left\{
\begin{aligned}
&\beta\frac{\partial T(x,t)}{\partial t}=\frac{\partial}{\partial x}\left(a_1\frac{\partial T(x,t)}{\partial x}\right)\\
&a_1\frac{\partial T(x,t)}{\partial x}\bigg|_{x=0}=u(t)\\
&a_1\frac{\partial T(x,t)}{\partial x}\bigg|_{x=L}=0\\
&T(x,0)=T_0(x)
\end{aligned}
\right.
\tag{6.2.9}
$$

系统规则 2:

如果 $\alpha(T)$ 属于“高”，**则**

$$
\left\{
\begin{aligned}
&\beta\frac{\partial T(x,t)}{\partial t}=\frac{\partial}{\partial x}\left(a_2\frac{\partial T(x,t)}{\partial x}\right)\\
&a_2\frac{\partial T(x,t)}{\partial x}\bigg|_{x=0}=u(t)\\
&a_2\frac{\partial T(x,t)}{\partial x}\bigg|_{x=L}=0\\
&T(x,0)=T_0(x)
\end{aligned}
\right.
\tag{6.2.10}
$$

结合模糊隶属度函数 $h_1(\alpha(T))$ 和 $h_2(\alpha(T))$，全局 T-S 模糊 PDE 模型为

$$
\left\{
\begin{aligned}
&\beta\frac{\partial T(x,t)}{\partial t}=\frac{\partial}{\partial x}\left(\sum_{i=1}^{2}h_i(\alpha(T)a_i\frac{\partial T(x,t)}{\partial x}\right)\\
&\sum_{i=1}^{2}h_i(\alpha(T)a_i\frac{\partial T(x,t)}{\partial x}\bigg|_{x=0}=u(t)\\
&\sum_{i=1}^{2}h_i(\alpha(T)a_i\frac{\partial T(x,t)}{\partial x}\bigg|_{x=L}=0\\
&T(x,0)=T_0(x)
\end{aligned}
\right.
\tag{6.2.11}
$$

2）基于观测器的模糊 PID 温度调节器设计

为克服控制与测量之间非同位导致的设计困难，采用基于观测器的反馈控制，根据所述的全局 FS 模糊 PDE 模型 (6.2.11) 构建如下形式的 T-S 模糊观测器。

观测器规则 1:

如果 $\alpha(\hat{T}(x,t))$ 属于“低”，**则**

$$\begin{aligned}
&\beta\frac{\partial\hat{T}(x,t)}{\partial t}=a_1\frac{\partial}{\partial x}(\frac{\partial\hat{T}(x,t)}{\partial x})+L_{01}(T_{\text{out}}(t)-\hat{T}_{\text{out}}(t))\\
&a_1\frac{\partial\hat{T}(x,t)}{\partial x}|_{x=0}=u(t)\\
&a_1\frac{\partial\hat{T}(x,t)}{\partial x}|_{x=L}=0\\
&\hat{T}(x,0)=\hat{T}_0(x),\ \hat{T}_{\text{out}}(t)=\hat{T}_{\text{out}}(L,t)
\end{aligned}\tag{6.2.12}$$

观测器规则 2：

如果 $\alpha(\hat{T}(x,t))$ 属于“高”，**则**

$$\begin{aligned}
&\beta\frac{\partial\hat{T}(x,t)}{\partial t}=a_2\frac{\partial}{\partial x}\left(\frac{\partial\hat{T}(x,t)}{\partial x}\right)+L_{02}(T_{\text{out}}(t)-\hat{T}_{\text{out}}(t))\\
&a_2\frac{\partial\hat{T}(x,t)}{\partial x}|_{x=0}=u(t)\\
&a_2\frac{\partial\hat{T}(x,t)}{\partial x}|_{x=L}=0\\
&\hat{T}(x,0)=\hat{T}_0(x),\ \hat{T}_{\text{out}}(t)=\hat{T}_{\text{out}}(L,t)
\end{aligned}\tag{6.2.13}$$

式中，$\hat{T}(x,t)$ 是估计状态；L_{01} 和 L_{02} 为待定的观测器增益。

根据式 (6.2.12) 和式 (6.2.13)，模糊观测器的全局 T-S 模糊 PDE 模型为

$$\begin{cases}
\beta\dfrac{\partial\hat{T}(x,t)}{\partial t}=\dfrac{\partial}{\partial x}\left(\displaystyle\sum_{j=1}^{2}h_j(\alpha(\hat{T}))a_j\frac{\partial\hat{T}(x,t)}{\partial x}\right)+\displaystyle\sum_{j=1}^{2}h_j(\alpha(\hat{T}))L_{0j}(T_{\text{out}}(t)-\hat{T}_{\text{out}}(t))\\
\displaystyle\sum_{j=1}^{2}h_j(\alpha(\hat{T}))a_j\frac{\partial\hat{T}(x,t)}{\partial x}|_{x=0}=u(t)\\
\displaystyle\sum_{j=1}^{2}h_j(\alpha(\hat{T}))a_j\frac{\partial\hat{T}(x,t)}{\partial x}|_{x=L}=0\\
\hat{T}(x,0)=\hat{T}_0(x),\ \hat{T}_{\text{out}}(t)=\hat{T}_{\text{out}}(L,t)
\end{cases}\tag{6.2.14}$$

式中，$h_1(\alpha(\hat{T}))$ 和 $h_2(\alpha(\hat{T}))\in[0,L]$。对于任意 $x\in[0,L],t\geqslant 0$，都有

$$h_1(\alpha(\hat{T}))+h_2(\alpha(\hat{T}))=1$$

$$h_j(\alpha(\hat{T})) \geqslant 0,\ j \in \{1,2\} \tag{6.2.15}$$

为了控制钢坯下表面的辐射源 $u(t)$，使钢坯温度渐近调节到期望温度，引入钢坯表面温度测量跟踪误差 $T_{\rm e}(t)$：

$$T_{\rm e}(t) = T_{\rm out}(t) - T_{\rm d} = T(L,t) - T_{\rm d},\ t > 0 \tag{6.2.16}$$

其积分和微分形式分别为

$$\begin{aligned} &T_{\rm Ie}(t) = \int_0^t (T_{\rm out}(s) - T_{\rm d}){\rm d}s,\ t > 0 \\ &\frac{{\rm d}T_{\rm e}(t)}{{\rm d}t} = \frac{{\rm d}T_{\rm out}(t)}{{\rm d}t} = \frac{\partial T(L,t)}{\partial t} \end{aligned} \tag{6.2.17}$$

式中，常数 $T_{\rm d}$ 是输出参考信号。

根据温度测量跟踪误差 (6.2.16)，积分和微分形式 (6.2.17)，以及观测器方程提供的估计状态 $\hat{T}(x,t)$，结合 PID 控制，设计如下温度测量输出调节控制律，其示意图如图 6.2.3 所示。

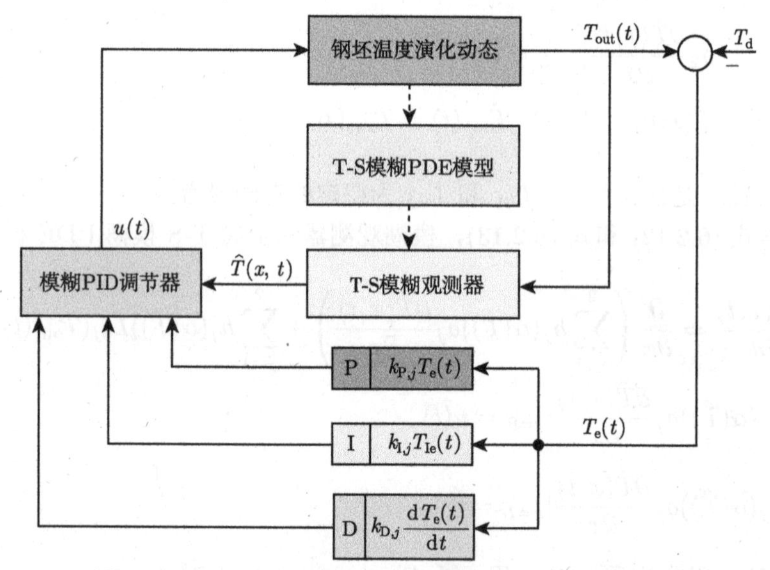

图 6.2.3　钢坯表面温度测量输出模糊 PID 调节器示意图

$$u(t) = \sum_{j=1}^{2}\int_0^L h_j(\alpha(\hat{T}))k_j\hat{T}(x,t){\rm d}x +$$

$$\sum_{j=1}^{2}\int_0^L h_j(\alpha(\hat{T}))\mathrm{d}x\left\{k_{\mathrm{P}j}T_{\mathrm{e}}(t)+k_{\mathrm{I}j}T_{\mathrm{Ie}}(t)+k_{\mathrm{D}j}\frac{\mathrm{d}T_{\mathrm{e}}(t)}{\mathrm{d}t}\right\} \tag{6.2.18}$$

式中，常数 k_j、$k_{\mathrm{P}j}$、$k_{\mathrm{I}j}, j\in\{1,2\}$ 为待定的控制增益；$k_{\mathrm{D}j}, j\in\{1,2\}$ 是给定的控制增益。

定义钢坯温度估计误差，即 $T(x,t)$ 与估计状态 $\hat{T}(x,t)$ 之间的差值：

$$e(x,t)\triangleq T(x,t)-\hat{T}(x,t),\ x\in[0,L],\ t>0 \tag{6.2.19}$$

其时空演化动态由如下方程刻画：

$$\begin{cases}\beta\dfrac{\partial e(x,t)}{\partial t}=\dfrac{\partial}{\partial x}\left(\displaystyle\sum_{j=1}^{2}h_j(\alpha(\hat{T}))a_j\dfrac{\partial e(x,t)}{\partial x}\right)+\\ \qquad\dfrac{\partial}{\partial x}\left(\displaystyle\sum_{i=1}^{2}h_i(\alpha(T))a_i-\sum_{j=1}^{2}h_j(\alpha(\hat{T}))a_j\dfrac{\partial T(x,t)}{\partial x}\right)-\\ \qquad\displaystyle\sum_{j=1}^{2}h_j(\alpha(\hat{T}))L_{0j}e(L,t)\\ \left(\displaystyle\sum_{i=1}^{2}h_i(\alpha(T))a_i\dfrac{\partial\hat{T}(x,t)}{\partial x}\right)-\displaystyle\sum_{j=1}^{2}h_j(\alpha(\hat{T}))a_j\dfrac{\partial\hat{T}(x,t)}{\partial x}))|_{x=0,L}=0\\ e(x,0)=e_0(x)\end{cases} \tag{6.2.20}$$

根据模糊 PDE 模型 (6.2.11)、温度测量输出调节控制律 (6.2.18) 及上述温度估计误差定义，可得相应闭环系统为

$$\begin{cases}\beta\dfrac{\partial T(x,t)}{\partial t}=\dfrac{\partial}{\partial x}\left(\displaystyle\sum_{i=1}^{2}h_i(\alpha(T))a_i\dfrac{\partial T(x,t)}{\partial x}\right)\\ \displaystyle\sum_{i=1}^{2}h_i(\alpha(T)a_i\dfrac{\partial T(x,t)}{\partial x}\bigg|_{x=0}=\sum_{j=1}^{2}\int_0^L h_j(\alpha(\hat{T}))k_j(T(x,t)-e(x,t))\mathrm{d}x+\sum_{j=1}^{2}\int_0^L\\ \qquad h_j(\alpha(\hat{T}))\mathrm{d}x\left\{k_{\mathrm{P}j}T_{\mathrm{e}}(t)+k_{\mathrm{I}j}T_{\mathrm{Ie}}(t)+k_{\mathrm{D}j}\dfrac{\mathrm{d}T_{\mathrm{e}}(t)}{\mathrm{d}t}\right\}\\ \displaystyle\sum_{i=1}^{2}h_i(\alpha(T)a_i\dfrac{\partial T(x,t)}{\partial x}\bigg|_{x=L}=0\\ T(x,0)=T_0(x)\end{cases} \tag{6.2.21}$$

定理 6.1　考虑由拟线性 PDE (6.2.5) 描述的钢坯内部温度分布及其相应的 T-S 模糊 PDE 模型 (6.2.11)，对于给定常数 $\sigma>0$，$\varepsilon>0$，$0<\delta<1$，如果存

在常数 $\overline{p}>0$, $\overline{w}>0$, $\overline{k}_{\mathrm{P}j}$、$\overline{k}_{\mathrm{I}j}$、$\overline{L}_{0j}, j\in\{1,2\}$, 使得下列 LMIs 成立:

$$\begin{bmatrix} \beta\overline{p} & \sigma\beta\overline{p} \\ * & L^{-1}\overline{w} \end{bmatrix} > 0 \tag{6.2.22}$$

$$\boldsymbol{\Upsilon}_{ij} \triangleq \begin{bmatrix} \boldsymbol{\Upsilon}_{11,j} & \boldsymbol{\Upsilon}_{12,ij} & \boldsymbol{\Upsilon}_{13,j} \\ \boldsymbol{\Upsilon}_{12,ij}^{\mathrm{T}} & \boldsymbol{\Upsilon}_{22,j} & \boldsymbol{\Upsilon}_{23,j} \\ \boldsymbol{\Upsilon}_{13,j}^{\mathrm{T}} & \boldsymbol{\Upsilon}_{23,j}^{\mathrm{T}} & \boldsymbol{\Upsilon}_{33,j} \end{bmatrix} < 0,\ i,j\in\mathbb{R} \tag{6.2.23}$$

式中

$$\boldsymbol{\Upsilon}_{11,j} \triangleq \begin{bmatrix} -\dfrac{\overline{p}a_1\pi^2}{4L^2} & \dfrac{\overline{p}a_1\delta\pi^2}{4L^2}-\overline{k}_j & 0 \\ * & -\dfrac{\overline{p}a_1\delta\pi^2}{4L^2} & 0 \\ 0 & 0 & -\overline{p}a_1 \end{bmatrix}$$

$$\boldsymbol{\Upsilon}_{12,ij} \triangleq \begin{bmatrix} 0 & 0 & 0 \\ \overline{k}_j & 0 & 0 \\ 0 & 0 & -\varepsilon\overline{p}(a_i-a_j) \end{bmatrix}$$

$$\boldsymbol{\Upsilon}_{13,j} \triangleq \begin{bmatrix} \sigma\overline{p}\beta+\dfrac{\overline{p}a_1(1-\delta)\pi^2}{4L^2} & -\sigma\overline{k}_j \\ -\overline{k}_{\mathrm{P}j} & -\overline{k}_{\mathrm{I}j} \\ 0 & 0 \end{bmatrix}$$

$$\boldsymbol{\Upsilon}_{22,j} \triangleq \begin{bmatrix} -\dfrac{\varepsilon\overline{p}a_1\pi^2}{4L^2} & \dfrac{\varepsilon\overline{p}a_1\pi^2}{4L^2}-\varepsilon\overline{L}_{0j} & 0 \\ * & -\dfrac{\varepsilon\overline{p}a_1\pi^2}{4L^2} & 0 \\ 0 & 0 & -\varepsilon\overline{p}a_1 \end{bmatrix}$$

$$\boldsymbol{\Upsilon}_{23,j} \triangleq \begin{bmatrix} 0 & \sigma\overline{k}_j \\ 0 & 0 \\ 0 & 0 \end{bmatrix}$$

$$\boldsymbol{\Upsilon}_{33,j} \triangleq \begin{bmatrix} -\dfrac{\overline{p}a_1(1-\delta)\pi^2}{4L^2} & L^{-1}\overline{w}-\sigma\overline{k}_{\mathrm{P}j} \\ * & -2\sigma\overline{p}\overline{k}_{\mathrm{I}j} \end{bmatrix}$$

那么存在基于模糊观测器的温度测量输出调节控制律 (6.2.18) 驱动钢坯下表面温度渐近收敛到期望温度 T_{d} 且维持钢坯温度一致有界，其中控制器增益 k_j、$k_{\mathrm{P}j}$、

$k_{\mathrm{I}j}$、L_{0j}, $j \in \{1,2\}$ 可由下式得到：

$$k_j = \overline{k}_j \overline{p}^{-1},\ k_{\mathrm{P}j} = \overline{k}_{\mathrm{P}j} \overline{p}^{-1},\ k_{\mathrm{I}j} = \overline{k}_{\mathrm{I}j} \overline{p}^{-1},\ L_{0j} = \overline{L}_{0j} \overline{p}^{-1} \tag{6.2.24}$$

证明 8　给定常数 $\sigma > 0$，$\varepsilon > 0$，$0 < \delta < 1$，假设 LMIs(6.2.22) 与 (6.2.23) 成立，考虑 Lyapunov 函数

$$V(t) = V_1(t) + V_2(t) + V_3(t) + V_4(t) \tag{6.2.25}$$

式中

$$V_1(t) = p\beta \int_0^L T^2(x,t)\mathrm{d}x \tag{6.2.26}$$

$$V_2(t) = \varepsilon p\beta \int_0^L e^2(x,t)\mathrm{d}x \tag{6.2.27}$$

$$V_3(t) = 2\sigma p\beta T_{\mathrm{Ie}}(t) \int_0^L T(x,t)\mathrm{d}x \tag{6.2.28}$$

$$V_4(t) = wT_{\mathrm{Ie}}^2(t) \tag{6.2.29}$$

$p > 0$ 和 $w > 0$ 为待定参数；$\varepsilon > 0$ 和 $\sigma > 0$ 是事先给定的设计参数且满足不等式 (6.2.22)。

令

$$\overline{p} \triangleq p^{-1},\ \overline{k}_j = k_j \overline{p},\ \overline{k}_{\mathrm{P}j} = k_{\mathrm{P}j} \overline{p},\ \overline{k}_{\mathrm{I}j} = k_{\mathrm{I}j} \overline{p},\ \overline{L}_{0j} = L_{0j} \overline{p},\ \overline{w} = \overline{p} w \overline{p},\ j \in \{1,2\} \tag{6.2.30}$$

考虑 $p > 0$，可得

$$\boldsymbol{\Xi} \triangleq \begin{bmatrix} p & 0 \\ 0 & p \end{bmatrix} \begin{bmatrix} \beta\overline{p} & \sigma\beta\overline{p} \\ \sigma\beta\overline{p} & L^{-1}\overline{w} \end{bmatrix} \begin{bmatrix} p & 0 \\ 0 & p \end{bmatrix} = \begin{bmatrix} \beta p & \sigma\beta p \\ \sigma\beta p & L^{-1}w \end{bmatrix} > 0$$

那么，由式 (6.2.25) 刻画的 Lyapunov 函数可改写为

$$V(t) = \varepsilon p\beta \int_0^L e^2(x,t)\mathrm{d}x + \int_0^L \boldsymbol{\sigma}^{\mathrm{T}}(x,t)\boldsymbol{\Xi}\sigma(x,t)\mathrm{d}x$$

式中，$\sigma(x,t) \triangleq [T(x,t)\ T_{\mathrm{Ie}}(t)]^{\mathrm{T}}$ 且满足下列不等式：

$$\eta_1(\| e(\cdot,t) \|_2^2 + \| \sigma(\cdot,t) \|_2^2) \leqslant V(t) \leqslant \eta_2(\| e(\cdot,t) \|_2^2 + \| \sigma(\cdot,t) \|_2^2) \tag{6.2.31}$$

式中，$\eta_1 \triangleq \min\{\varepsilon\beta p, \lambda_{\min}(\boldsymbol{\Xi})\}$；$\eta_2 \triangleq \max\{\varepsilon\beta p, \lambda_{\max}(\boldsymbol{\Xi})\}$。

分别对函数 $V_1(t)$、$V_2(t)$、$V_3(t)$、$V_4(t)$ 求导，并利用分部积分技术及引理 2.1 可得，$V(t)$ 关于时间 t 的导数为

$$\begin{aligned}
\frac{\mathrm{d}V(t)}{\mathrm{d}t} =& \frac{\mathrm{d}V_1(t)}{\mathrm{d}t} + \frac{\mathrm{d}V_2(t)}{\mathrm{d}t} + \frac{\mathrm{d}V_3(t)}{\mathrm{d}t} + \frac{\mathrm{d}V_4(t)}{\mathrm{d}t} \\
\leqslant& \int_0^L \sum_{j=1}^{2} h_j(\alpha(\hat{T}(x,t)))\boldsymbol{\zeta}^{\mathrm{T}}(x,t)\boldsymbol{\Phi}_{11,j}\boldsymbol{\zeta}(x,t)\mathrm{d}x + \\
& \frac{2pa_1(1-\delta)\pi^2}{4L^2}\int_0^L T(x,t)T(L,t)\mathrm{d}x - \frac{pa_1(1-\delta)\pi^2}{4L^2}\int_0^L T_2(L,t)\mathrm{d}x + \\
& 2pT(0,t)\sum_{j=1}^{2}\int_0^L h_j(\alpha(\hat{T}))k_j e(x,t)\mathrm{d}x - \\
& 2pT(0,t)\sum_{j=1}^{2}\int_0^L h_j(\alpha(\hat{T}))\mathrm{d}x\left\{k_{\mathrm{P}j}T_{\mathrm{e}}(t) + k_{\mathrm{I}j}T_{\mathrm{Ie}}(t) + k_{\mathrm{D}j}\frac{\mathrm{d}T_{\mathrm{e}}(t)}{\mathrm{d}t}\right\} + \\
& \int_0^L \sum_{j=1}^{2} h_j(\alpha(\hat{T}))\boldsymbol{\psi}^{\mathrm{T}}(x,t)\boldsymbol{\Phi}_{22,j}\boldsymbol{\psi}(x,t)dx - \\
& 2\varepsilon p\int_0^L\left(\sum_{i=1}^{2}h_i(\alpha(T))a_i - \sum_{j=1}^{2}h_j(\alpha(\hat{T}))a_j\right)\frac{\partial T(x,t)}{\partial x}\frac{\partial e(x,t)}{\partial x}\mathrm{d}x + \\
& 2\sigma p\beta T(L,t)\int_0^L T(x,t)dx - 2\sigma\beta pT_{\mathrm{d}}\int_0^L T(x,t)\mathrm{d}x - \\
& 2\sigma pT_{\mathrm{Ie}}(t)\sum_{j=1}^{2}\int_0^L h_j(\alpha(\hat{T}))k_j T(x,t)\mathrm{d}x + \\
& 2p\sigma T_{\mathrm{Ie}}(t)\sum_{j=1}^{2}\int_0^L h_j(\alpha(\hat{T}))k_j e(x,t)\mathrm{d}x - \\
& 2\sigma pT_{\mathrm{Ie}}(t)\sum_{j=1}^{2}\int_0^L h_j(\alpha(\hat{T}))\mathrm{d}x\left\{k_{\mathrm{P}j}T_{\mathrm{e}}(t) + k_{\mathrm{I}j}T_{\mathrm{Ie}}(t) + k_{\mathrm{D}j}\frac{\mathrm{d}T_{\mathrm{e}}(t)}{\mathrm{d}t}\right\} + \\
& 2wT(L,t)T_{\mathrm{Ie}}(t) - 2wT_{\mathrm{d}}T_{\mathrm{Ie}}(t) \\
=& \sum_{i,j=1}^{2}\int_0^L h_i(\alpha(T))h_j(\alpha(\hat{T}))\boldsymbol{\varpi}^{\mathrm{T}}(x,t)\boldsymbol{\Phi}_{ij}\boldsymbol{\varpi}(x,t)\mathrm{d}x -
\end{aligned}$$

$$2wT_{\mathrm{Ie}}(t)T_{\mathrm{d}}-2\sigma\beta pT_{\mathrm{d}}\int_0^L T(x,t)\mathrm{d}x-$$
$$2pT(0,t)\sum_{j=1}^{2}\int_0^L h_j(\alpha(\hat{T}))\mathrm{d}x\left\{-k_{\mathrm{P}j}T_{\mathrm{d}}+k_{\mathrm{D}j}\frac{\mathrm{d}T_{\mathrm{e}}(t)}{\mathrm{d}t}\right\}-$$
$$2\sigma pT_{\mathrm{Ie}}(t)\sum_{j=1}^{2}\int_0^L h_j(\alpha(\hat{T}))\mathrm{d}x\left\{-k_{\mathrm{P}j}T_{\mathrm{d}}+k_{\mathrm{D}j}\frac{\mathrm{d}T_{\mathrm{e}}(t)}{\mathrm{d}t}\right\} \tag{6.2.32}$$

式中，$\boldsymbol{\varpi}(x,t)\triangleq[\ \boldsymbol{\zeta}^{\mathrm{T}}(x,t)\quad \boldsymbol{\psi}^{\mathrm{T}}(x,t)\quad T(L,t)\quad T_{\mathrm{Ie}}(t)\ ]^{\mathrm{T}}$；$\boldsymbol{\zeta}(x,t)\triangleq[T(x,t)\quad T(0,t)\quad \partial T(x,t)/\partial x\ ]^{\mathrm{T}}$；$\boldsymbol{\psi}(x,t)\triangleq[e(x,t)\quad e(L,t)\quad \partial e(x,t)/\partial x]^{\mathrm{T}}$

$$\boldsymbol{\Phi}_{ij}\triangleq\begin{bmatrix}\boldsymbol{\Phi}_{11,j} & \boldsymbol{\Phi}_{12,ij} & \boldsymbol{\Phi}_{13,j}\\ \boldsymbol{\Phi}_{12,j}^{\mathrm{T}} & \boldsymbol{\Phi}_{22,j} & \boldsymbol{\Phi}_{23,j}\\ \boldsymbol{\Phi}_{13,j}^{\mathrm{T}} & \boldsymbol{\Phi}_{23,j}^{\mathrm{T}} & \boldsymbol{\Phi}_{33}\end{bmatrix},\ i,j\in\{1,2\}$$

$$\boldsymbol{\Phi}_{11,j}\triangleq\begin{bmatrix}-\dfrac{pa_1\pi^2}{4L^2} & \dfrac{pa_1\delta\pi^2}{4L^2}-pk_j & 0\\ * & -\dfrac{pa_1\delta\pi^2}{4L^2} & 0\\ 0 & 0 & -pa_1\end{bmatrix},\boldsymbol{\Phi}_{12,ij}\triangleq\begin{bmatrix}0 & 0 & 0\\ pk_j & 0 & 0\\ 0 & 0 & -\varepsilon p(a_i-a_j)\end{bmatrix}$$

$$\boldsymbol{\Phi}_{22,j}\triangleq\begin{bmatrix}-\dfrac{\varepsilon pa_1\pi^2}{4L^2} & \dfrac{\varepsilon pa_1\pi^2}{4L^2}-\varepsilon pL_{0j} & 0\\ * & -\dfrac{\varepsilon pa_1\pi^2}{4L^2} & 0\\ 0 & 0 & -\varepsilon pa_1\end{bmatrix}$$

$$\boldsymbol{\Phi}_{13,j}\triangleq\begin{bmatrix}\sigma p\beta+\dfrac{pa_1(1-\delta)\pi^2}{4L^2} & -\sigma pk_j\\ -pk_{\mathrm{P}j} & -pk_{\mathrm{I}j}\\ 0 & 0\end{bmatrix}$$

$$\boldsymbol{\Phi}_{33,j}\triangleq\begin{bmatrix}-\dfrac{pa_1(1-\delta)\pi^2}{4L^2} & L^{-1}w-\sigma pk_{\mathrm{P}j}\\ * & -2\sigma pk_{\mathrm{I}j}\end{bmatrix},\boldsymbol{\Phi}_{23,j}\triangleq\begin{bmatrix}0 & \sigma pk_j\\ 0 & 0\\ 0 & 0\end{bmatrix}$$

根据不等式 (6.2.23) 并考虑到 $p>0$，可以得到如下不等式：

$$\boldsymbol{\Phi}_{ij}=\ \boldsymbol{P}\boldsymbol{\Upsilon}_{ij}\ \boldsymbol{P}<0,\quad i,j\in\{1,2\} \tag{6.2.33}$$

式中，$\boldsymbol{P} \triangleq \text{diag}\{p,p,p,p,p,p,p,p\}$，意味着

$$\boldsymbol{\Phi}_{ij} + \tau \boldsymbol{I} \leqslant 0,\ i,j \in \{1,2\} \tag{6.2.34}$$

式中，$0 < \tau \leqslant \min\limits_{i,j\in\{1,2\}} \lambda_{\min}(-\Phi_{ij})$。进一步可以得到

$$\begin{aligned}\frac{\mathrm{d}V(t)}{\mathrm{d}t} \leqslant & -\tau\eta_2^{-1}V(t) - 2wT_{\mathrm{Ie}}(t)T_{\mathrm{d}} - 2\sigma\beta pT_{\mathrm{d}}\int_0^L T(x,t)\mathrm{d}x - \\ & 2pT(0,t)\sum_{j=1}^{2}\int_0^L h_j(\alpha(\hat{T}))\mathrm{d}x\left\{-k_{\mathrm{P}j}T_{\mathrm{d}} + k_{\mathrm{D}j}\frac{\mathrm{d}T_{\mathrm{e}}(t)}{\mathrm{d}t}\right\} - \\ & 2\sigma pT_{\mathrm{Ie}}(t)\sum_{j=1}^{2}\int_0^L h_j(\alpha(\hat{T}))\mathrm{d}x\left\{-k_{\mathrm{P}j}T_{\mathrm{d}} + k_{\mathrm{D}j}\frac{\mathrm{d}T_{\mathrm{e}}(t)}{\mathrm{d}t}\right\}\end{aligned} \tag{6.2.35}$$

结合三角不等式并假设 $\left(\dfrac{\mathrm{d}T_{\mathrm{e}}(t)}{\mathrm{d}t}\right)^2$ 有界，很容易得到结论：随着 $t \to \infty$，钢坯温度内部演化动态在 $\|\cdot\|_2$ 范数意义下指数收敛到一个有界集合，且 $\|T_{\mathrm{e}}(t)\|^2$ 有界意味着 $\|T_{\mathrm{out}}(t) - T_{\mathrm{d}}\|^2$ 渐近收敛。即在模糊 PID 调节器驱动下，钢坯下表面温度可以调节到期望温度 T_{d}，进而满足钢坯再加热温度要求。

6.2.3 数值仿真

令钢坯厚度为 1，即 $L = 1$，钢坯内部温度初始分布为 $T(z,0) = 120, z \in [0,L]$ 及其估计值 $\hat{T}(z,0) = 0, z \in [0,L]$，过程参数 $\beta = 383.7667$。假设加热炉最高加热温度 $T_{\max} = 300$，最低温度 $T_{\min} = 0$，且热传导系数满足

$$\alpha(T) = \alpha_1 - \alpha_2 T$$

式中，$\alpha_1 = 61.8474$；$\alpha_2 = 0.0437$。令目标控制温度 $T_{\mathrm{d}} = 100$。利用 feasp 求解器求解 LMIs(6.2.22) 和 (6.2.23)，可得如下控制增益 k_j、$k_{\mathrm{P}j}$、$k_{\mathrm{I}j}, j \in \{1,2\}$ 及观测器增益 $L_{0j}, j \in \{1,2\}$：

$$\begin{aligned}&k_1 = -0.0549, k_2 = 4.4867, k_{\mathrm{P}1} = 14.2243, k_{\mathrm{P}2} = 13.4147\\ &k_{\mathrm{I}1} = 0.2667, k_{\mathrm{I}2} = 0.2954, L_{01} = 12.9244, L_{02} = 15.2811\end{aligned}$$

令 $k_{\mathrm{D}1} = 0.2$ 和 $k_{\mathrm{D}2} = 0.1$。将带有上述控制参数的模糊 PID 温度测量输出调节控制律 (6.2.18) 应用于非线性钢坯温度时空动态演化过程模型 (6.2.5)，相应的数值仿真结果如图 6.2.4 ~ 图 6.2.6所示。从这些仿真结果可知，所提出的模糊

PID 温度测量输出调节控制律能将钢坯下表面温度调节到期望温度 T_{d}，且保持钢坯内部温度分布 $T(x,t)$ 一致有界。以上仿真结果验证了所提出的时空模糊控制算法针对钢坯温度输出调节问题的有效性与可行性。

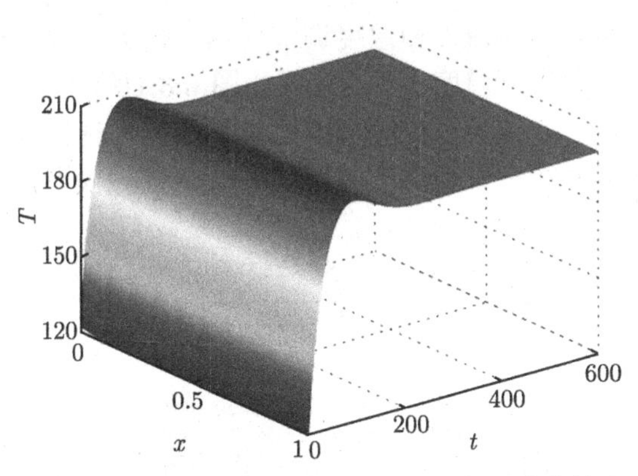

图 6.2.4　钢坯内部温度分布 $T(x,t)$ 闭环演化轮廓

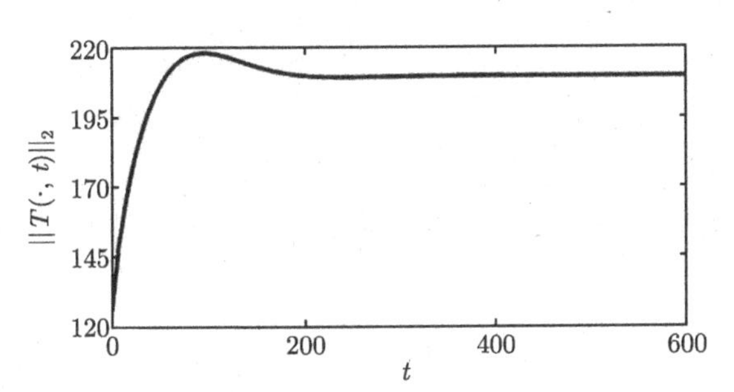

图 6.2.5　钢坯内部温度 $\|T(\cdot,t)\|_2$ 闭环演化轨迹

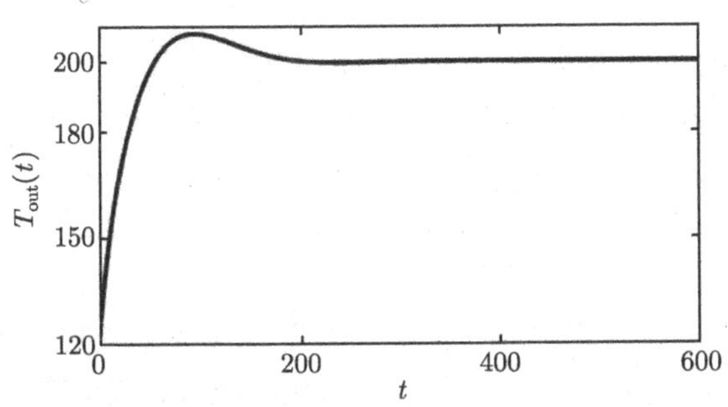

图 6.2.6　钢坯下表面温度测量输出 $T_{\mathrm{out}}(t)$ 演化轨迹

6.3 热轧带钢轧后层流冷却模糊温度调节

6.3.1 热轧带钢轧后层流冷却过程模型

1）过程描述

为便于热轧带钢轧后层流冷却温度调节问题的研究，仅考虑通过从冷却轨道顶部喷淋冷却水来冷却带钢温度，其示意图如图 6.3.1所示。为获得特定的机械特性和冶金性能的带钢，必须通过控制水流将带钢的冷却速度和最终温度保持在预定范围内。层流冷却系统中带钢温度时空动态演化过程模型可用如下一维热传导方程[2,168] 来描述：

$$\rho c\frac{\partial T(\varsigma,t)}{\partial t}=\frac{\partial[k(\frac{\partial T(\varsigma,t)}{\partial\varsigma})]}{\partial\varsigma}+H\tilde{\gamma} \tag{6.3.1}$$

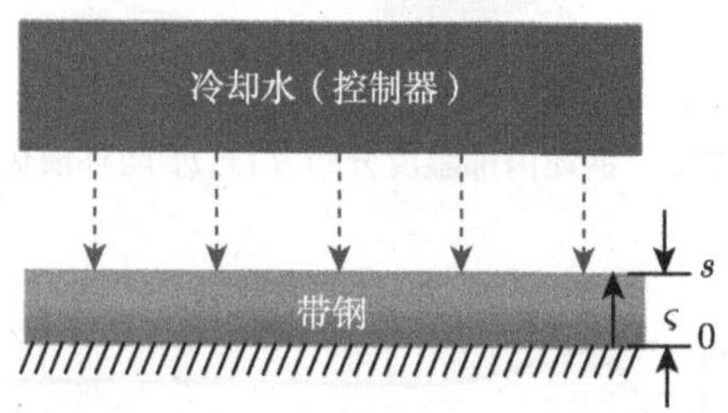

图 6.3.1　热轧带钢轧后层流冷却示意图

当带钢处于水淋区域时，带钢的表面温度（边界条件）和初始温度分布分别为[169]

$$\left.\frac{\partial T(\varsigma,t)}{\partial\varsigma}\right|_{\varsigma=0}=0,\quad \left.\frac{\partial T(\varsigma,t)}{\partial\varsigma}\right|_{\varsigma=s}=-\frac{h_{\rm b}}{k}(T(s,t)-T_{\rm w}(t)) \tag{6.3.2}$$

$$T(\varsigma,0)=T_0(\varsigma),\ \varsigma\in[0,s] \tag{6.3.3}$$

PDE(6.3.1) 和边界条件 (6.3.2) 中包含的过程变量及其物理含义与单位如表 6.3.1 所示，其中相关数值参考文献 [2,170]。在带钢下表面（边界 $x=0$ 处）布放温度传感器，其温度测量输出为

$$T_{\rm out}(t)=T(0,t),\ t>0 \tag{6.3.4}$$

本节所讨论的热轧带钢轧后层流冷却温度调节控制目标是在仅利用带钢下表面温度测量输出 (6.3.4) 信息的情形下，构建非线性跟踪控制算法调节冷却轨道的顶部水温 $T_{\rm w}(t)$，使得边界温度测量输出 $T_{\rm out}(t)$ 达到期望温度，进而获得满足要求的带钢产品。

2）非线性 PDE 模型

为了热轧带钢轧后层流冷却过程温度控制设计和分析方便，进一步将非线性 PDE 模型 (6.3.1) 简化为如下形式：

$$\frac{\partial T(\varsigma,t)}{\partial t}=\frac{k}{\rho c_1}\frac{\partial^2 T(\varsigma,t)}{\partial \varsigma^2}+\frac{H\tilde{\gamma}}{\rho(c_1+d_1T(\varsigma,t))} \tag{6.3.5}$$

表 6.3.1　PDE 模型 (6.3.1) 和边界条件 (6.3.2) 中包含的过程变量

过程变量	含义、单位、参数值
t	时间坐标，sec
ς	厚度方向坐标，m
T	带钢温度，℃
T_{w}	水温，℃
s	带钢厚度，m
ρ	带钢材料密度，8168 kg/m^3
c	带钢比热，J/kg ℃
	$=c_1+d_1T$，$c_1=383.7667$，$d_1=0.7069$
k	带钢导热系数，61.8474 W/m ℃
h_{b}	淋水区带钢传热系数，W/m^2 ℃
	$=3\times10^4$
H	相变潜热，J/kg
$\overline{\gamma}$	相变速率，kg/m^{3}s

其平衡态 $T^*(\varsigma)$ 满足微分方程

$$\frac{k}{\rho c_1}\frac{\mathrm{d}^2 T^*(\varsigma)}{\mathrm{d}\varsigma^2}+\frac{H\tilde{\gamma}}{\rho(c_1+d_1T^*(\varsigma))}=0 \tag{6.3.6}$$

及边界条件

$$\left.\frac{\mathrm{d}T^*(\varsigma)}{\mathrm{d}\varsigma}\right|_{\varsigma=0}=0,\ \left.\frac{\mathrm{d}T^*(\varsigma)}{\mathrm{d}\varsigma}\right|_{\varsigma=s}=-\frac{h_{\mathrm{b}}}{k}(T^*(s)-T^*_{\mathrm{w}}) \tag{6.3.7}$$

式中，T^*_{w} 是冷却水的稳态温度。令 $T^*_{\mathrm{w}}=T^*(s)$，将受限于边界条件 (6.3.7) 的微分方程 (6.3.6) 进行数值求解，可以获得平衡态曲线 $T^*(\varsigma)$，如图 6.3.2 所示。

定义一个新的状态变量和控制输入变量：

$$\begin{aligned}\overline{y}(\varsigma,t)&\triangleq T(\varsigma,t)-T^*(\varsigma)\\ u(t)&\triangleq T_{\mathrm{w}}(t)-T^*_{\mathrm{w}}\end{aligned} \tag{6.3.8}$$

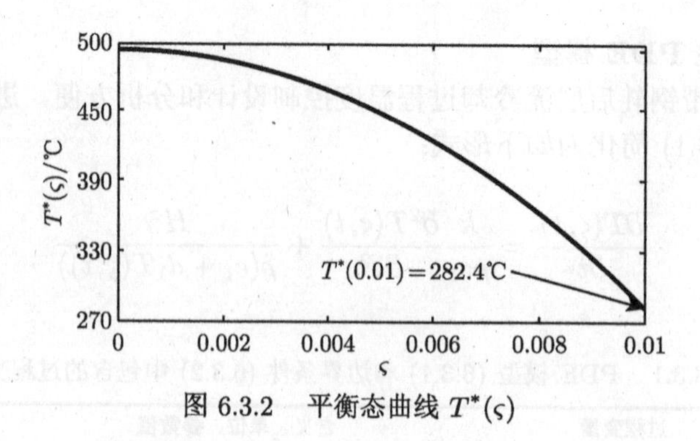

图 6.3.2　平衡态曲线 $T^*(\varsigma)$

根据式 (6.3.2) 和式 (6.3.5) ~ 式 (6.3.7)，可得如下稳态误差 PDE 模型：

$$\frac{\partial \overline{y}(\varsigma,t)}{\partial t}=\frac{k}{\rho c_1}\frac{\partial^2 \overline{y}(\varsigma,t)}{\partial \varsigma^2}+\frac{H\tilde{\gamma}}{\rho(c_1+d_1(\overline{y}(\varsigma,t)+T^*(\varsigma)))}-\frac{H\tilde{\gamma}}{\rho(c_1+d_1T^*(\varsigma))} \tag{6.3.9}$$

受限于边界条件

$$\begin{aligned}&\frac{k}{\rho c_1}\frac{\partial \overline{y}(\varsigma,t)}{\partial \varsigma}\bigg|_{\varsigma=0}=0\\&\frac{k}{\rho c_1}\frac{\partial \overline{y}(\varsigma,t)}{\partial \varsigma}\bigg|_{\varsigma=s}=-\frac{h_{\mathrm{b}}}{\rho c_1}\overline{y}(s,t)+\frac{h_{\mathrm{b}}}{\rho c_1}u(t)\end{aligned} \tag{6.3.10}$$

和初始条件

$$\overline{y}(\varsigma,0)=\overline{y}_0(\varsigma) \tag{6.3.11}$$

式中，$\overline{y}_0(\varsigma)\triangleq T_0(\varsigma)-T^*(\varsigma),\ \varsigma\in[0,s]$。非线性稳态误差 PDE 系统 (6.3.9)~(6.3.11) 能写成式 (5.2.1) ~ 式 (5.2.3) 的形式，相应参数如下：

$$\Theta=\frac{k}{\rho c_1},\quad B=\frac{h_{\mathrm{b}}}{\rho c_1},\quad D=-\frac{h_{\mathrm{b}}}{\rho c_1}$$

$$\begin{aligned}f(\overline{y}(\varsigma,t))&=\frac{H\tilde{\gamma}}{\rho(c_1+d_1(\overline{y}(\varsigma,t)+T^*(\varsigma)))}-\frac{H\tilde{\gamma}}{\rho(c_1+d_1T^*(\varsigma))}\\&=\frac{1}{b+d\overline{y}(\varsigma,t)}+a\end{aligned} \tag{6.3.12}$$

式中，$b\triangleq\dfrac{\rho(c_1+d_1T^*(\varsigma))}{H\tilde{\gamma}}$；$d\triangleq\dfrac{\rho d_1}{H\tilde{\gamma}}$；$a\triangleq-\dfrac{H\tilde{\gamma}}{\rho(c_1+d_1T^*(\varsigma))}$。系统测量输出 $\overline{y}_{\mathrm{out}}(t)$ 为

$$\overline{y}_{\mathrm{out}}(t)=\overline{y}(0,t) \tag{6.3.13}$$

式中，$\overline{y}(0,t)=T(0,t)-T^*(0)$。

定义新的空间坐标 $x\triangleq \varsigma/s$，状态变量 $y(x,t)=\overline{y}(\varsigma/s,t)$，参数 $\Theta^*\triangleq\dfrac{\Theta}{s^2}$，$B^*\triangleq\dfrac{B}{s}$ 和 $D^*\triangleq\dfrac{D}{s}$。具有参数 (6.3.12) 和形如式 (6.3.13) 的测量输出，系统 (5.2.1)~(5.2.3) 能写为如下形式：

$$\begin{cases} y_t(x,t)=\Theta^* y_{xx}(x,t)+f(y(x,t)) \\ \Theta^* y_x(x,t)|_{x=0}=0 \\ \Theta^* y_x(x,t)|_{x=1}=D^* y(1,t)+B^* u(t) \\ y(x,0)=y_0(x),\quad y_{\text{out}}(t)=\overline{y}(0,t) \end{cases} \tag{6.3.14}$$

式中，$\overline{y}(0,t)=y(0,t)$。

6.3.2　基于观测器的模糊温度输出跟踪控制设计

1）T-S 时空模糊 PDE 建模

本节将采用局部空间扇区依赖非线性方法建立 T-S 模糊 PDE 模型来精确描述 5.4.2 节中的非线性 PDE 系统 (5.2.1)~(5.2.3)，其参数在式 (6.3.12) 中给出。令

$$\mu(x,t)=f(y(x,t))$$

并假设 $y(x,t)\in[-\eta,\eta]$, $x\in[0,1]$，有

$$\mu(x,t)\in[\theta_1\quad\theta_2],\ x\in[0,1],\ t\geqslant 0$$
$$\theta_1\triangleq-\frac{\rho d_1 H\overline{\gamma}}{(\rho(c_1+d_1(-\eta+\overline{T}_{\text{m}}^*)))^2},\ \theta_2\triangleq-\frac{\rho d_1 H\overline{\gamma}}{(\rho(c_1+d_1(\eta+\overline{T}_{\text{M}}^*)))^2}$$

式中，$\overline{T}_{\text{m}}^*$ 和 $\overline{T}_{\text{M}}^*$ 是 $T^*(\varsigma)$ 的最小值与最大值，$\varsigma\in[0,s]$。进一步，系统 (6.3.14) 中的非线性项 $f(y(x,t))$ 可以用如下全局 T-S 模糊 PDE 系统准确表示[86]：

$$f(y(x,t))=(h_1(\mu(x,t))\theta_1+h_2(\mu(x,t))\theta_2)y(x,t) \tag{6.3.15}$$

式中，$h_1(\mu(x,t))$、$h_2(\mu(x,t))\in[0,1]$ 且

$$h_1(\mu(x,t))+h_2(\mu(x,t))=1 \tag{6.3.16}$$

通过求解方程 (6.3.15) 和 (6.3.16)，可得

$$h_1(\mu(x,t)) \triangleq \begin{cases} \dfrac{\theta_2 y(x,t)-\mu(x,t)}{(\theta_2-\theta_1)y(x,t)}, & y(x,t)\neq 0 \\ \dfrac{\theta_2+d/b^2}{(\theta_2-\theta_1)}, & \text{否则} \end{cases}$$

$$h_2(\mu(x,t)) \triangleq 1-h_1(\mu(x,t))$$

式中，$h_1(\mu(x,t))$ 和 $h_2(\mu(x,t))$ 可以分别解释为模糊集“θ_1”和“θ_2”的模糊隶属度函数。通过使用这两个模糊集，非线性 PDE 系统 (6.3.14)[系统参数由式 (6.3.12) 给出] 可由以下两条规则的 T-S 模糊 PDE 模型精确表示。

系统规则 1：

如果 $\mu(x,t)$ 属于 θ_1，**则**

$$y_t(x,t)=\Theta^* y_{xx}(x,t)+\theta_1 y(x,t)$$

系统规则 2：

如果 $\mu(x,t)$ 属于 θ_2，**则**

$$y_t(x,t)=\Theta^* y_{xx}(x,t)+\theta_2 y(x,t)$$

因此，非线性 PDE 系统 (6.3.14) 的全局 T-S 模糊 PDE 模型为

$$y_t(x,t)=\Theta^* y_{xx}(x,t)+\sum_{i=1}^{2} h_i(\mu(x,t))\theta_i y(x,t) \tag{6.3.17}$$

受限于系统 (6.3.14) 中的边界条件与初始条件。

2）模糊输出跟踪控制设计

为了实现输出跟踪控制目标，在全局 T-S 模糊 PDE 模型 (6.3.17) 的基础上，本节为非线性 PDE 系统 (6.3.14) 构建了如下基于观测器的模糊输出跟踪控制律：

$$u(t)=\sum_{j=1}^{2}\int_0^1 h_j(\hat{\mu}(x,t))(K_j\hat{y}(x,t)+K_{0j}y_{\rm e}(t))\mathrm{d}x \tag{6.3.18}$$

式中，K_j、$K_{0j}\in\Re$，$j\in\{1,2\}$ 为待定的控制增益；模糊隶属度函数 $h_j(\hat{\mu}(x,t))\in\{1,2\}$ 的具体表达式由下式给出：

$$h_1(\hat{\mu}(x,t)) \triangleq \begin{cases} \dfrac{\theta_2 \hat{y}(x,t)-\hat{\mu}(x,t)}{(\theta_2-\theta_1)\hat{y}(x,t)}, & \hat{y}(sx,t)\neq 0 \\ \dfrac{\theta_2+d/b^2}{(\theta_2-\theta_1)}, & \text{否则} \end{cases}$$

$$h_2(\hat{\mu}(x,t)) \triangleq 1-h_1(\hat{\mu}(x,t))$$

且估计状态 $\hat{y}(x,t)$ 时空动态行为由如下全局 T-S 模糊 PDE 模型刻画：

$$\begin{cases} \hat{y}_t(x,t) = \Theta^* \hat{y}_{xx}(x,t) + \sum_{j=1}^{2} h_j(\hat{\mu}(x,t))\theta_j \hat{y}(x,t) + \\ \qquad \sum_{i=1}^{2} h_j(\hat{\mu}(x,t))L_j(y(0,t) - \hat{y}(0,t)) \\ \Theta^* \hat{y}_x(x,t)|_{x=0} = \sum_{j=1}^{2} \int_0^1 h_j(\hat{\mu}(x,t))L_{0j}(y(0,t) - \hat{y}(0,t))\mathrm{d}x \\ \Theta^* \hat{y}_x(x,t)|_{x=1} = D^* \hat{y}(1,t) + B^* u(t) \\ \hat{y}(x,0) = \hat{y}_0(x) \end{cases} \tag{6.3.19}$$

式中，L_j、$L_{0j} \in \Re^{1\times 1}$, $j \in \{1,2\}$ 为待定的观测器增益；模糊规则前件变量 $\hat{\mu}(x,t)$ 取决于 $\hat{y}(x,t)$。选择观测器测量输出 $\hat{y}_{\mathrm{out}}(t)$ 为

$$\hat{y}_{\mathrm{out}}(t) = \hat{y}(0,t)$$

令 $\eta = 100℃$，$H\tilde{\gamma} = 5 \times 10^8$，$\varepsilon = 0.6$，$\delta = 0.71$，$\sigma = 0.01$，$\alpha = 0.1$ 和 $\beta = 0.1$。通过 feasp 求解器求解定理 5.2中的 LMIs(5.4.48)~(5.4.51)，并运用式 (5.4.52)，可以得到基于观测器的模糊输出跟踪控制律 (6.3.18) 和 (6.3.19) 中的控制增益与观测器增益分别为

$$\begin{aligned} &K_1 = -0.0730,\ K_2 = -0.0567 \\ &K_{01} = -0.0162,\ K_{02} = -0.0159 \\ &L_1 = 0.1274,\ L_2 = 0.1229 \\ &L_{01} = -0.2171,\ L_{02} = -0.2240 \end{aligned} \tag{6.3.20}$$

6.3.3　数值仿真

为了验证所提出的模糊输出跟踪控制设计方法在热轧带钢轧后层流冷却温度调节系统中的有效性与可行性，本节利用表 6.3.1 中给出的参数及式 (6.3.20) 中的控制器增益与观测器增益，将基于观测器的模糊输出跟踪控制律 (6.3.18) 和 (6.3.19) 应用到非线性 PDE 系统 (6.3.14)。假设非线性 PDE 系统 (6.3.14) 的初始条件为

$$y_0(x) = 100℃,\ \hat{y}_0(x) = 0$$

令期望参考信号 $y_{\mathrm{d}}(t) = 50$℃ (带钢测量输出 $T_{\mathrm{out}}(t)$ 的期望温度 $T_{\mathrm{d}}(t) = 550$℃)。热轧带钢轧后层流冷却过程中带钢温度分布闭环演化轮廓及闭环演化轨迹如图 6.3.3 所示。从上述仿真结果可观察到，所提出的模糊输出跟踪控制律不仅能保证闭环系统 (6.3.1) 状态在 $\|\cdot\|_2$ 范数意义下有界 (见图 6.3.3)，还能驱使系统测量输出 $T_{\mathrm{out}}(t)$ 趋近于期望温度 550℃ (见图 6.3.4)。仿真结果表明了所提出的模糊输出跟踪控制设计方法在热轧带钢轧后层流冷却过程中的有效性。相应控制输入 $T_{\mathrm{w}}(t)$ 由图 6.3.5 给出。

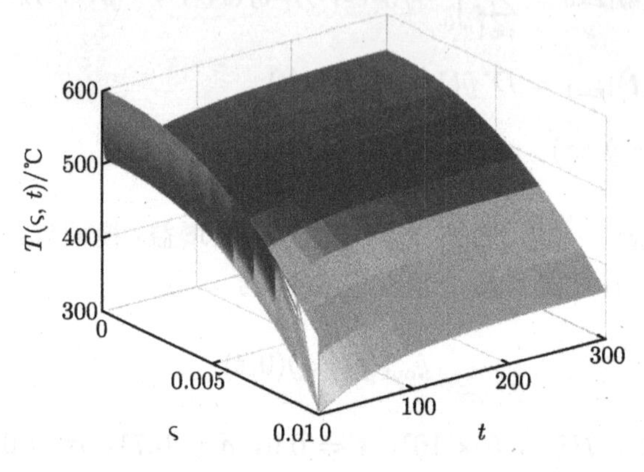

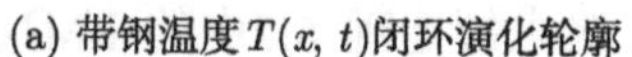
(a) 带钢温度 $T(x, t)$ 闭环演化轮廓

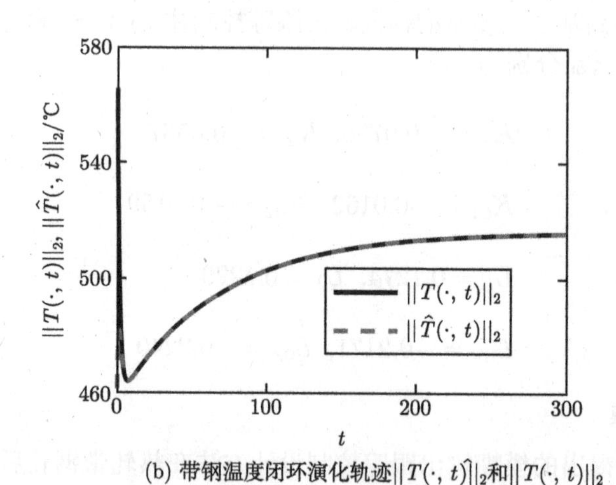

(b) 带钢温度闭环演化轨迹 $\|T(\cdot, t)\|_2$ 和 $\|T(\cdot, t)\|_2$

图 6.3.3　模糊输出跟踪控制律 (6.3.18) 驱动下热轧带钢轧后层流冷却温度系统 (6.3.1) 的闭环数值仿真结果

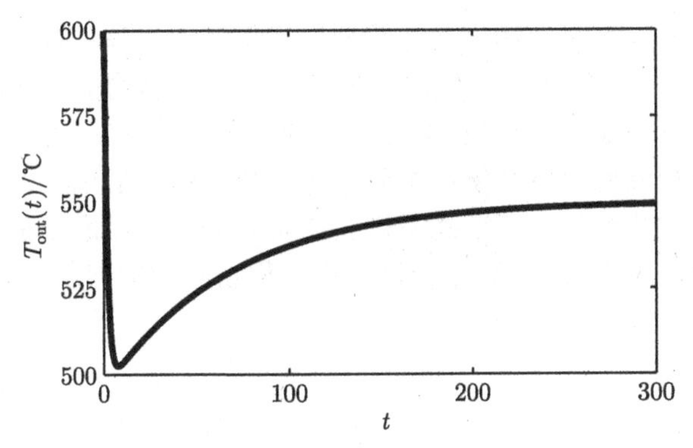

图 6.3.4　热轧带钢轧后层流冷却温度系统 (6.3.1) 温度测量输出 $T_{\rm out}(t)$ 的演化轨迹

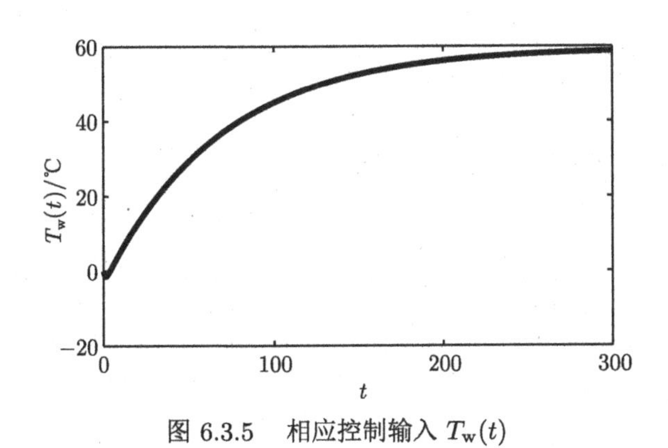

图 6.3.5　相应控制输入 $T_{\rm w}(t)$

6.4　本章小结

理论研究要指导实际应用。6.2 节研究工作的特征在于通过对具有时空分布特征的非线性钢坯内部温度时空演化动态模型进行 T-S 时空模糊建模研究，以克服非线性温度时空演化动态导致的控制系统设计困难；根据所建立的钢坯温度演化 T-S 模糊 PDE 模型，运用 PID 控制，构建基于观测器的温度测量模糊输出调节控制律；应用 Lyapunov 直接法并结合庞加莱–温格尔不等式变种形式 (引理 2.1)，给出存在此模糊 PID 温度调节器的充分条件；最终将模糊 PID 温度调节器设计转化为求解受一组线性矩阵不等式约束的可行性问题。不仅同时考虑钢坯内部非线性温度演化在时间和空间两个维度的信息，而且采用边界控制，可实现非侵入式钢坯温度表面测量与调节，最终使钢坯表面温度测量达到期望温度。6.3 节是 5.4.2 节所提出的非线性抛物型 PDE 系统模糊边界非同位输出跟踪控制设计方法在热连轧带钢轧后层流冷却过程中的初步应用。以热连轧带钢轧后层流冷却过程中的带钢温度为研究对象，深入研究其轧后带钢冷却过程的温度调节问题。

首先，将轧后带钢温度时空演化动态模型进行平衡态平移变换，得到等价的非线性抛物型稳态误差 PDE 模型；然后，根据此非线性抛物型稳态误差 PDE 模型，将 5.4.2 节提出的非线性抛物型 DPS 边界非同位输出跟踪控制设计方法应用到带钢轧后层流冷却温度控制系统；最后，通过数值仿真展示工程应用效果。本章的研究工作为带钢热连轧生产节能减排及提质增效等应用场景提供了有效的技术支持与理论指导，也为日后 DPS 理论解决工程实践中的问题奠定了基础。

参考文献

[1] Orlov Y, Dochain D. Discontinuous feedback stabilization of minimum-phase semilinear infinite-dimensional systems with application to chemical tubular reactor[J]. IEEE Transactions on Automatic Control, 2002, 47(8): 1293-1304.

[2] Krishna Kumar R, Sinha S K, Lahiri A K. Modeling of the cooling process on the runout table of a hot strip mill-a parallel approach[J]. IEEE Transactions on Industry Applications, 1997, 33(3): 807-814.

[3] Christofides P D, Chow J. Nonlinear and robust control of PDE systems: Methods and applications to transport-reaction processes[J]. Applied Mechanics Reviews, 2002, 55(2): 29-30.

[4] Yu H, Krstic M. Output feedback control of two-lane traffic congestion[J]. Automatica, 2021, 125: 109379.

[5] Wang J W, Wu H N. Exponentially stabilizing fuzzy controller design for a nonlinear ODE-beam cascaded system and its application to flexible air-breathing hypersonic vehicle[J]. Fuzzy Sets and Systems, 2020, 385: 127-147.

[6] Yang K J, Hong K S, Matsuno F. Robust adaptive boundary control of an axially moving string under a spatiotemporally varying tension[J]. Journal of Sound and Vibration, 2004, 273(4-5): 1007-1029.

[7] Do K D, Pan J. Boundary control of transverse motion of marine risers with actuator dynamics[J]. Journal of Sound and Vibration, 2008, 318(4-5): 768-791.

[8] Do K D. Stochastic boundary control design for extensible marine risers in three dimensional space[J]. Automatica, 2017, 77: 184-197.

[9] He W, He X, Ge S S. Vibration control of flexible marine riser systems with input saturation[J]. IEEE/ASME Transactions on Mechatronics, 2015, 21(1): 254-265.

[10] Guo B Z, Jin F F. Backstepping approach to the arbitrary decay rate for Euler-Bernoulli beam under boundary feedback[J]. International Journal of Control, 2010, 83(10): 2098-2106.

[11] Smyshlyaev A, Guo B Z, Krstic M. Arbitrary decay rate for Euler-Bernoulli beam by backstepping boundary feedback[J]. IEEE Transactions on Automatic Control, 2009, 54(5): 1134-1140.

[12] Litrico X, Georges D. Robust LQG control of single input multiple-outputs dam-river systems[J]. International Journal of Systems Science, 2001, 32(6): 795-805.

[13] Litrico X, Fromion V. H_∞ control of an irrigation canal pool with a mixed control politics[J]. IEEE Transactions on Control Systems Technology, 2006, 14(1):99-111.

[14] Coron J M, d'Andréa-Novel B, Bastia G. A Lyapunov approach to control irrigation canals modeled by Saint-Venant equations[C]// European control conference (ECC). IEEE, 1999: 3178-3183.

[15] de Halleux J, Bastin G, d'Andréa-Novel B, et al. A Lyapunov approach for the control of multi reach channels modelled by Saint-Venant equations[J]. IFAC Proceedings Volumes, 2001, 34(6): 1429-1434.

[16] de Halleux J. Boundary control of quasi-linear hyperbolic initial boundary-value problem[M]. Leuven: Presses universitaires de Louvain, 2004.

[17] Coron J M, de Halleux J, Bastin G, et al. On boundary control design for quasilinear hyperbolic systems with entropies as Lyapunov functions[C]//Proceedings of the 41st IEEE Conference on Decision and Control. IEEE, 2002, 3: 3010-3014.

[18] Coron, J M, Vazquez, R, Krstic, M, et al. Local exponential H^2 stabilization of a 2×2 quasilinear hyperbolic system using backstepping[J]. SIAM Journal on Control and Optimization, 2013, 51(3): 2005-2035.

[19] Vazquez R, Krstic M, Coron J M. Backstepping boundary stabilization and state estimation of a $2\times$ 2 linear hyperbolic system[C]//2011 50th IEEE conference on decision and control and european control conference. IEEE, 2011: 4937-4942.

[20] Bribiesca-Argomedo F, Krstic M. Backstepping-forwarding control and observation for hyperbolic PDEs with Fredholm integrals[J]. IEEE Transactions on Automatic Control, 2015, 60(8): 2145-2160.

[21] Lamare P O, Bekiaris-Liberis N. Control of 2×2 linear hyperbolic systems: Backstepping-based trajectory generation and PI-based tracking[J].Systems & Control Letters, 2015, 86: 24-33.

[22] Deutscher J, Gabriel J. Robust state feedback regulator design for general linear heterodirectional hyperbolic systems[J]. IEEE Transactions on Automatic Control, 2018, 63(8): 2620-2627.

[23] Christofides P. D. Nonlinear and Robust Control of PDE Systems: Methods and Applications to Transport-Reaction Processes[M]. Boston: Birkhäuser, 2001.

[24] Ray W. H. Advanced Process Control[M], New York: McGraw-Hill, 1981.

[25] Hu Q, Wang Z, Gao H. Sliding mode and shaped input vibration control of flexible systems[J]. IEEE Transactions on Aerospace and Electronic Systems, 2008, 44(2): 503-519.

[26] Li H X, Qi C. Modeling of distributed parameter systems for applications-a synthesized review from time-space separation[J]. Journal of Process Control, 2010, 20(8): 891-901.

[27] Deuflhard P, Huisinga W, Jahnke T, et al. Adaptive discrete Galerkin methods applied to the chemical master equation[J]. SIAM Journal on Scientific Computing, 2008, 30(6): 2990-3011.

[28] Christofides P D. Robust control of parabolic PDE systems[J]. Chemical Engineering Science, 1998, 53(16): 2949-2965.

[29] Baker J, Christofides P D. Finite-dimensional approximation and control of non-linear parabolic PDE systems[J]. International Journal of Control, 2000, 73(5): 439-456.

[30] Wu H N, Li H X. Adaptive neural control design for nonlinear distributed parameter systems with persistent bounded disturbances[J]. IEEE Transactions on Neural Networks, 2009, 20(10): 1630-1644.

[31] Dubljevic S, Christofides P D. Predictive control of parabolic PDEs with boundary control actuation[J]. Chemical Engineering Science, 2006, 61(18): 6239-6248.

[32] Wu H N, Li H X. A Galerkin/neural-network-based design of guaranteed cost control for nonlinear distributed parameter systems[J]. IEEE Transactions on Neural Networks, 2008, 19(5): 795-807.

[33] Wu H N, Li H X. H_∞ fuzzy observer-based control for a class of nonlinear distributed parameter systems with control constraints[J]. IEEE Transactions on Fuzzy Systems, 2008, 16(2): 502-516.

[34] Wu H N, Wang J W, Li H X. Design of distributed H_∞ fuzzy controllers with constraint for nonlinear hyperbolic PDE systems[J]. Automatica, 2012, 48(10): 2535-2543.

[35] Krstic M, Smyshlyaev A. Adaptive boundary control for unstable parabolic PDEs-Part I: Lyapunov design[J]. IEEE Transactions on Automatic Control, 2008, 53(7): 1575-1591.

[36] Fridman E, Blighovsky A. Robust sampled-data control of a class of semilinear parabolic systems[J]. Automatica, 2012, 48(5): 826-836.

[37] Wang J W, Wu H N. Lyapunov-based design of locally collocated controllers for semi-linear parabolic PDE systems[J]. Journal of the Franklin Institute, 2014, 351(1): 429-441.

[38] Hong K S, Bentsman J. Direct adaptive control of parabolic systems: Algorithm synthesis and convergence and stability analysis[J]. IEEE Transactions on Automatic Control, 1994, 39(10): 2018-2033.

[39] Wang J W, Li H X, Wu H N. Distributed proportional plus second-order spatial derivative control for distributed parameter systems subject to spatiotemporal uncertainties[J]. Nonlinear Dynamics, 2014, 76(4): 2041-2058.

[40] Krstic M, Smyshlyaev A. Boundary Control of PDEs: A Course on Backstepping Designs[M]. Phialdephia: Society for Industrial and Applied Mathematics, 2008.

[41] Smyshlyaev A, Krstić M. Explicit state and output feedback boundary controllers for partial differential equations[J]. Journal of Automatic Control, 2003, 13(2): 1-9.

[42] Smyshlyaev A, Krstic M. Adaptive Control of Parabolic PDEs[M]. Princeton: Princeton University Press, 2010.

[43] Vazquez R, Krstic M. Control of 1-D parabolic PDEs with Volterra nonlinearities, part I: design[J]. Automatica, 2008, 44(11): 2778-2790.

[44] Vazquez R, Krstic M. Control of 1D parabolic PDEs with Volterra nonlinearities, part II: analysis[J]. Automatica, 2008, 44(11): 2791-2803.

[45] Cheng M B, Radisavljevic V, Su W C. Sliding mode boundary control of a parabolic PDE system with parameter variations and boundary uncertainties[J]. Automatica, 2011, 47(2): 381-387.

[46] Fridman E, Orlov Y. An LMI approach to H_∞ boundary control of semilinear parabolic and hyperbolic systems[J]. Automatica, 2009, 45(9): 2060-2066.

[47] Talaei B, Jagannathan S, Singler J. Boundary control of linear uncertain 1-D parabolic PDE using approximate dynamic programming[J]. IEEE Transactions on Neural Networks and Learning Systems, 2018, 29(4): 1213-1225.

[48] Zadeh L A. Fuzzy sets [J]. Information and Control, 1965, 8(3): 338-353.

[49] Zadeh L A. A rationale for fuzzy control [J]. Journal of Dynamic Systems, Measurement and Control, 1972, 94(1): 3-4.

[50] Mamdani E H. Application of fuzzy algorithms for simple dynamic plant[J]. Proceedings of the Institution of Electrical Engineers, 1974, 121(12): 1585-1588.

[51] Takagi T, Sugeno M. Fuzzy identification of systems and its applications to modeling and control[J]. IEEE Transactions on Systems, Man, and Cybernetics, 1985 15(1): 116-132.

[52] 曾珂，张乃尧，徐文立．典型 T-S 模糊系统是通用逼近器 [J]．控制理论与应用，2001，18(2)：293-297.

[53] Cao S G, Rees N W, Feng G. Analysis and design of fuzzy control systems using dynamic fuzzy global models[J]. Fuzzy Sets and Systems, 1995, 75(1): 47-62.

[54] Wang J W. Indirect adaptive distributed fuzzy control of semi-linear parabolic PDE systems[C]//2020 7th International Conference on Information, Cybernetics, and Computational Social Systems (ICCSS). IEEE, 2020,: 286-291.

[55] Cao S G, Rees N W, Feng G. Mamdani-type fuzzy controllers are universal fuzzy controllers[J]. Fuzzy Sets and Systems, 2001, 123(3): 359-367.

[56] Cao S G, Rees N W, Feng G. Analysis and design of fuzzy control systems using dynamic fuzzy-state space models[J]. IEEE Transactions on Fuzzy Systems, 1999, 7(2): 192-200.

[57] Feng G. A survey on analysis and design of model-based fuzzy control systems[J]. IEEE Transactions on Fuzzy systems, 2006, 14(5): 676-697.

[58] 佟绍成，王涛，王艳萍，等．模糊控制系统的设计及稳定性分析 [M]．北京：科学出版社，2004.

[59] Teixeira M C M, Zak S H. Stabilizing controller design for uncertain nonlinear systems using fuzzy models[J]. IEEE Transactions on Fuzzy Systems, 1999, 7(2): 133-142.

[60] Chen B S, Tseng C S, Uang H J. Robustness design of nonlinear dynamic systems via fuzzy linear control[J]. IEEE Transactions on Fuzzy Systems, 1999, 7(5): 571-585.

[61] Chen B S, Tseng C S, Uang H J. Mixed H_2/H_∞ fuzzy output feedback control design for nonlinear dynamic systems: An LMI approach[J]. IEEE Transactions on Fuzzy Systems, 2000, 8(3): 249-265.

[62] Tseng C S, Chen B S, Uang H J. Fuzzy tracking control design for nonlinear dynamic systems via TS fuzzy model[J]. IEEE Transactions on Fuzzy Systems, 2001, 9(3): 381-392.

[63] Dong J, Wang Y, Yang G H. Control synthesis of continuous-time T-S fuzzy systems with local nonlinear models[J]. IEEE Transactions on Systems, Man, and Cybernetics, Part B (Cybernetics), 2009, 39(5): 1245-1258.

[64] Wang J W, Wu H N, Guo L, et al. Robust H_∞ fuzzy control for uncertain nonlinear Markovian jump systems with time-varying delay[J]. Fuzzy Sets and Systems, 2013, 212: 41-61.

[65] Wang J W, Wu H N, Li H X. Distributed fuzzy control design of nonlinear hyperbolic PDE systems with application to nonisothermal plug-flow reactor[J]. IEEE Transactions on Fuzzy Systems, 2011, 19(3): 514-526.

[66] Wang J W, Wu H N, Li H X. Guaranteed cost distributed fuzzy observer-based control for a class of nonlinear spatially distributed processes[J]. AIChE Journal, 2013, 59(7): 2366-2378.

[67] Qiu J, Ding S X, Gao H, Yin S. Fuzzy-model-based reliable static output feedback H_∞ control of nonlinear hyperbolic PDE systems[J]. IEEE Transactions on Fuzzy Systems, 2016, 24(2): 388-400.

[68] Wu H N, Li H X. Finite-dimensional constrained fuzzy control for a class of nonlinear distributed process systems[J]. IEEE Transactions on Systems, Man, and Cybernetics, Part B (Cybernetics), 2007, 37(5): 1422-1430.

[69] Chen B S, Chang Y T. Fuzzy state-space modeling and robust observer-based control design for nonlinear partial differential systems[J]. IEEE Transactions on Fuzzy Systems, 2009, 17(5): 1025-1043.

[70] Wu H N, Wang Z P. Observer-based H_∞ sampled-data fuzzy control for a class of nonlinear parabolic PDE systems[J]. IEEE Transactions on Fuzzy Systems, 2018, 26(2): 454-473.

[71] Wang J W, Wu H N, Li H X. Distributed proportional-spatial derivative control of nonlinear parabolic systems via fuzzy PDE modeling approach[J]. IEEE Transactions on Systems, Man, and Cybernetics, Part B (Cybernetics), 2012, 42(3): 927-938.

[72] Wang J W, Wu H N, Yu Y, Sun C Y, Mixed H_2/H_∞ fuzzy proportional-spatial integral control design for a class of nonlinear distributed parameter systems[J]. Fuzzy Sets and Systems, 2017, 306: 26-47.

[73] Wang Z P, Wu H N, Li H X. Estimator-based H_∞ sampled-data fuzzy control for nonlinear parabolic PDE systems[J]. IEEE Transactions on Systems, Man, and Cybernetics: Systems, 2020, 50(7): 2491-2500.

[74] 王俊伟，吴淮宁，孙长银. 非线性分布参数系统模糊 PDE 建模与分布控制方法 [M]. 北京：科学出版社，2016.

[75] Wu H N, Wang J W, Li H X. Exponential stabilization for a class of nonlinear parabolic PDE systems via fuzzy control approach[J]. IEEE Transactions on Fuzzy Systems, 2012, 20(2): 318-329.

[76] Wang J W, Li H X, Wu H N. A membership-function-dependent approach to design fuzzy pointwise state feedback controller for nonlinear parabolic distributed parameter systems with spatially discrete actuators[J]. IEEE Transavtion on Systems, Man, and Cybernetics: Systems, 2017, 47(7): 1486-1499.

[77] Wang J W, Wu H N. Exponential pointwise stabilization of semilinear parabolic distributed parameter systems via the Takagi - Sugeno fuzzy PDE model[J]. IEEE Transactions on Fuzzy Systems, 2018, 26(1): 155-173.

[78] Wang J W, Tsai S H, Li H X, Lam H K. Spatially piecewise fuzzy control design for sampled-data exponential stabilization of semi-linear parabolic PDE systems[J]. IEEE Transactions on Fuzzy Systems, 2018, 26(5): 2967-2980.

[79] Wang Z P, Wu H N. Sampled-data fuzzy control with guaranteed cost for nonlinear parabolic PDE systems via static output feedback[J]. IEEE Transactions on Fuzzy Systems, 2020, 28(10): 2452-2465.

[80] Wang J W, Wu H N. Design of suboptimal local piecewise fuzzy controller with multiple constraints for quasi-linear spatiotemporal dynamic systems [J]. IEEE Transactions on Cybernetics, 2021, 51(5): 2433-2445.

[81] Song X, Wang M, Ahn C K, et al. Finite-time H_∞ asynchronous control for nonlinear Markov jump distributed parameter systems via quantized fuzzy output-feedback approach[J]. IEEE Transactions on Cybernetics, 2020, 50(9): 4098-4109.

[82] Song X, Zhang Q, Zhang Y, et al. Fuzzy event-triggered control for PDE systems with pointwise measurements based on relaxed Lyapunov-Krasovskii functionals[J]. IEEE Transactions on Fuzzy Systems, 2022, 30(8): 3074-3084.

[83] Song X, Wang M, Park J H, et al. Spatial-L_∞-norm-based finite-time bounded control for semilinear parabolic PDE systems with applications to chemical-reaction processes[J]. IEEE Transactions on Cybernetics, 2022, 52(1):178-191.

[84] Li T F, Chang X H, Park J H. Control design for parabolic PDE systems via T-S fuzzy model[J]. IEEE Transactions on Systems, Man, and Cybernetics: Systems, 2022, 52(6): 3671-3679.

[85] Wu H N, Wang J W, Li H X. Fuzzy boundary control design for a class of nonlinear parabolic distributed parameter systems[J]. IEEE Transactions on Fuzzy Systems, 2014, 22(3): 642-652.

[86] Wang J W. Dynamic boundary fuzzy control design of semilinear parabolic PDE systems with spatially noncollocated discrete observation[J]. IEEE Transactions on Cybernetics, 2019, 49(8): 3041-3051.

[87] Zhang J F, Wang J W. Fuzzy boundary compensator for a semi-linear parabolic PDE system with non-collocated boundary measurement[C]//2020 39th Chinese Control Conference (CCC). IEEE, 2020: 803-808.

[88] Wang Z P, Wu H N. Fuzzy control for nonlinear time-delay distributed parameter systems under spatially point measurements[J]. IEEE Transactions on Fuzzy Systems, 2019, 27(9): 1844-1852.

[89] Wang Z P, Wu H N, Huang T. Sampled-data fuzzy control for nonlinear delayed distributed parameter systems[J]. IEEE Transactions on Fuzzy Systems, 2021, 29(10): 3054-3066.

[90] Wang Z P, Wu H N, Huang T. Spatially local piecewise fuzzy control for nonlinear delayed DPSs with random packet losses[J]. IEEE Transactions on Fuzzy Systems, 2022, 30(5): 1447-1459.

[91] Dawson D M, Qu Z, Carroll J J. Tracking control of rigid-link electrically-driven robot manipulators[J]. International Journal of Control, 1992, 56(5): 991-1006.

[92] Kim S H, Kim Y S, Song C. A robust adaptive nonlinear control approach to missile autopilot design[J]. Control Engineering Practice, 2004, 12(2): 149-154.

[93] Liao F, Wang J L, Yang G H. Reliable robust flight tracking control: An LMI approach[J]. IEEE Transactions on Control Systems Technology, 2002, 10(1): 76-89.

[94] Skogestad S, Postlethwaite I. Multivariable Feedback Control: Analysis and Design[M]. New York: Wiley, 2007.

[95] Zhou Q, Shi P, Xu S, et al. Adaptive output feedback control for nonlinear time-delay systems by fuzzy approximation approach[J]. IEEE Transactions on Fuzzy Systems, 2013, 21(2): 301-313.

[96] Chen B, Liu X P, Ge S S, et al. Adaptive fuzzy control of a class of nonlinear systems by fuzzy approximation approach[J]. IEEE Transactions on Fuzzy Systems, 2012, 20(6): 1012-1021.

[97] Asemani M H, Majd V J. A robust H_∞ observer-based controller design for uncertain T-S fuzzy systems with unknown premise variables via LMI[J]. Fuzzy Sets and Systems, 2013, 212: 21-40.

[98] 胡跃冰，张庆灵，张艳．非线性系统广义模糊跟踪控制 [J]．自动化学报，2007，33(12): 1341-1344.

[99] Wang Y, Jiang B, Wu Z G, et al. Adaptive sliding mode fault-tolerant fuzzy tracking control with application to unmanned marine vehicles[J]. IEEE Transactions on Systems, Man, and Cybernetics: Systems, 2021, 51(11): 6691-6700.

[100] Lian K Y, Liou J J. Output tracking control for fuzzy systems via output feedback design[J]. IEEE Transactions on Fuzzy Systems, 2006, 14(5): 628-639.

[101] Wang N, Qian C, Sun Z Y. Global asymptotic output tracking of nonlinear second-order systems with power integrators[J]. Automatica, 2017, 80: 156-161.

[102] Wang N, Qian C, Sun J C, et al. Adaptive robust finite-time trajectory tracking control of fully actuated marine surface vehicles[J]. IEEE Transactions on Control Systems Technology, 2016, 24(4): 1454-1462.

[103] Jin X. Adaptive fixed-time control for MIMO nonlinear systems with asymmetric output constraints using universal barrier functions[J]. IEEE Transactions on Automatic Control, 2019, 64(7): 3046-3053.

[104] Hua C, Ning P, Li K, et al. Fixed-time prescribed tracking control for stochastic nonlinear systems with unknown measurement sensitivity[J]. IEEE Transactions on Cybernetics, 2022, 52(5): 3722-3732.

[105] Isidori A. Nonlinear Control Systems: An Introduction[M]. Berlin: Springer, 1985.

[106] Krstic M, Kokotovic P V, Kanellakopoulos I. Nonlinear and Adaptive Control Design[M]. New York: John Wiley & Sons Inc, 1995.

[107] Guiver C, Logemann H, Townley S. Low-gain integral control for multi-input multi-output linear systems with input nonlinearities[J]. IEEE Transactions on Automatic Control, 2017, 62(9): 4776-4783.

[108] Luo B, Yang Y, Liu D. Adaptive Q-learning for data-based optimal output regulation with experience replay[J]. IEEE Transactions on Cybernetics, 2018, 48(12): 3337-3348.

[109] Zheng F, Wang Q G, Lee T H. Output tracking control of MIMO fuzzy nonlinear systems using variable structure control approach[J]. IEEE Transactions on Fuzzy Systems, 2002, 10(6): 686-697.

[110] Wang N, Sun J C, Er M J. Tracking-error-based universal adaptive fuzzy control for output tracking of nonlinear systems with completely unknown dynamics[J]. IEEE Transactions on Fuzzy Systems, 2018, 26(2): 869-883.

[111] Wu H, Liu Z, Zhang Y, et al. Adaptive fuzzy output feedback quantized control for uncertain nonlinear hysteretic systems using a new feedback-based quantizer[J]. IEEE Transactions on Fuzzy Systems, 2019, 27(9): 1738-1752.

[112] Yan J J, Yang G H, Li X J. Adaptive observer-based fault-tolerant tracking control for T-S fuzzy systems with mismatched faults[J]. IEEE Transactions on Fuzzy Systems, 2020, 28(1): 134-147.

[113] Tao X, Yi J, Pu Z, et al. Robust adaptive tracking control for hypersonic vehicle based on interval type-2 fuzzy logic system and small-gain approach[J]. IEEE Transactions on Cybernetics, 2021, 51(5): 2504-2517.

[114] Xu X, Pohjolainen S, Dubljevic S. Finite-dimensional regulators for a class of regular hyperbolic PDE systems[J]. International Journal of Control, 2019, 92(4): 778-795.

[115] Bymes C I, Laukó I G, Gilliam D S, et al. Output regulation for linear distributed parameter systems[J]. IEEE Transactions on Automatic Control, 2000, 45(12): 2236-2252.

[116] Deutscher J. Backstepping design of robust state feedback regulators for linear 2×2 hyperbolic systems[J]. IEEE Transactions on Automatic Control, 2017, 62(10): 5240-5247.

[117] Deutscher J. Backstepping design of robust output feedback regulators for boundary controlled parabolic PDEs[J]. IEEE Transactions on Automatic Control, 2016, 61(8): 2288-2294.

[118] Deutscher J, Kerschbaum S. Robust output regulation by state feedback control for coupled linear parabolic PIDEs[J]. IEEE Transactions on Automatic Control, 2020, 65(5): 2207-2214.

[119] Deutscher J. Cooperative output regulation for a network of parabolic systems with varying parameters[J]. Automatica, 2021, 125: 109446.

[120] Meng T T, He W, He X Y. Tracking control of a flexible string system based on iterative learning control[J]. IEEE Transactions on Control Systems Technology, 2021, 29(1): 436-443.

[121] Chang Y T, Chen B S. A fuzzy approach for robust reference-tracking-control design of nonlinear distributed parameter time-delayed systems and its application[J]. IEEE Transactions on Fuzzy Systems, 2010, 18(6): 1041-1057.

[122] Wang J W, Wu H N. Fuzzy output tracking control of semi-linear first-order hyperbolic PDE systems with matched perturbations[J]. Fuzzy Sets and Systems, 2014, 254: 47-66.

[123] Wang J W, Zhang J F, Wu H N. Boundary fuzzy output tracking control of nonlinear parabolic infinite-Dimensional dynamic systems: application to cooling process in hot strip mills[J]. IEEE Transactions on Fuzzy Systems, 2022, doi: 10.1109/TFUZZ.2022.3203524.

[124] Love E R, Young L. On fractional integration by parts[J]. Proceedings of the London Mathematical Society, 1938, 2(1):1-35.

[125] Luenberger D G. Obsereving the state of a linear system[J]. IEEE Transactions on Military Electronics, 1964, 8(2): 74-80.

[126] Wang J W, Yang Y. Parameter-dependent observer-based feedback compensator design of a space-time-varying PDE with application to a class of steelmaking processes[J]. International Journal of Robust and Nonlinear Control, 2021, 31(16): 7640-7656.

[127] Fridman E, Am N B. Sampled-data distributed H_∞ control of transport reaction systems[J]. SIAM Journal on Control and Optimization, 2013, 51(2): 1500-1527.

[128] Wang J W, Wu H N. Some extended Wirtinger's inequalities and distributed propotional-spatial integral control of distributed parameter systems with multi-time delays[J]. Journal of the Franklin Institute, 2015, 352(10): 4423-4445.

[129] 俞立. 鲁棒控制——线性矩阵不等式处理方法 [M]. 北京：清华大学出版社，2002.

[130] 陈祖墀. 偏微分方程 [M]. 3 版. 北京：高等教育出版社，2008.

[131] Khalil H K. Nonlinear Systems[M]. Third Edition. 北京：电子工业出版社，2019.

[132] Wang L X. A Course in Fuzzy System and Control[M]. Englewood: Prentice Hall, 1997.

[133] Tanaka K, Wang H O. Fuzzy Control Systems Design and Analysis: A Linear Matrix Inequality Approach[M]. New York: Wiley, 2001.

[134] Feng G. Analysis and Synthesis of Fuzzy Control Systems: A Model-based Approach[M]. Abington: Taylor & Francis Group, 2010.

[135] Li H X, Zhang X X, Li S Y. A three-dimensional fuzzy control methodology for a class of distributed parameter systems[J]. IEEE Transactions on fuzzy systems, 2007, 15(3): 470-481.

[136] 张宪霞. 融合空间信息的三域模糊控制器 [M]. 北京：电子工业出版社，2017.

[137] Azagra D, Boiso M C. Uniform approximation of continuous mappings by smooth mappings with no critical points on Hilbert manifolds[J]. Duke Mathematical Journal, 2004, 124(1): 47-66.

[138] Curtain R F, Zwart H J. An introduction to infinite-dimensional linear systems theory[M]. New York: Springer-Verlag, 1995.

[139] Pazy A. Semigroups of Linear Operators and Applications to Partial Differential Equations[M]. New York: Springer-Verlag, 1983.

[140] Bošković D M, Krstic M, Liu W. Boundary control of an unstable heat equation via measurement of domain-averaged temperature[J]. IEEE Transactions on Automatic Control, 2001, 46(12): 2022-2028.

[141] Boyd S, El Ghaoui L, Feron E, et al. Linear matrix inequalities in system and control theory[M]. PA: SIAM, 1994.

[142] Gahinet P, Nemirovski A, Laub A J, et al, LMI Control Toolbox for Use with Matlab[M]. Natick, MA: The Math Works Inc, 1995.

[143] Hagen G. Absolute stability via boundary control of a semilinear parabolic PDE[J]. IEEE transactions on automatic control, 2006, 51(3): 489-493.

[144] Keener J, Sneyd J, Mathematical physiology[M]. New York: Springer-Verlag, 1998.

[145] Theodoropoulos C, Qian Y H, Kevrekidis I G. “Coarse” stability and bifurcation analysis using time-steppers: A reaction-diffusion example[J]. Proceedings of the National Academy of Sciences, 2000, 97(18): 9840-9843.

[146] He W, Ge S S, Zhang S. Adaptive boundary control of a flexible marine installation system[J]. Automatica, 2011, 47(12): 2728-2734.

[147] Wang J W, Liu Y Q, Sun C Y. Adaptive neural boundary control design for nonlinear flexible distributed parameter systems[J]. IEEE Transactions on Control Systems Technology, 2019, 27(5): 2085-2099.

[148] Talaei B, Jagannathan S, Singler J. Boundary Control of 2-D Burgers’PDE: An Adaptive Dynamic Programming Approach[J]. IEEE Transactions on Neural Networks and Learning Systems, 2018, 29(8): 3669-3681.

[149] Li H X, Qi C. Spatio-Temporal Modeling of Nonlinear Distributed Parameter Systems: A Time/Space Separation Based Approach[M]. Dordrecht, Netherlands: Springer-Verlag, 2011.

[150] Balakrishnan V. All about the Dirac delta function (?)[J]. Resonance, 2003, 8(8): 48-58.

[151] Tucsnak M, Weiss G. Observation and control for operator semigroups[M]. Springer Science & Business Media, 2009.

[152] Wu H N, Zhu H Y. Guaranteed cost fuzzy state observer design for semilinear parabolic PDE systems under pointwise measurements[J]. Automatica, 2017, 85: 53-60.

[153] Wang J W, Wu H N, Sun C Y. Local exponential stabilization via boundary feedback controllers for a class of unstable semi-linear parabolic distributed parameter processes[J]. Journal of the Franklin Institute, 2017, 354(13): 5221-5244.

[154] Guo B Z, Wang J M, Yang K Y. Dynamic stabilization of an Euler–Bernoulli beam under boundary control and non-collocated observation[J]. Systems & Control Letters, 2008, 57(9): 740-749.

[155] Wang J W. Exponentially stabilizing observer-based feedback control of a sampled-data linear parabolic multiple-input–multiple-output PDE[J]. IEEE Transactions on Systems, Man, and Cybernetics: Systems, 2021, 51(9): 5742-5751.

[156] Wang J W, Wang J M. Dynamic compensator design of linear parabolic MIMO PDEs in N-dimensional spatial domain[J]. IEEE Transactions on Automatic Control, 2021, 66(3): 1399-1406.

[157] Wang J W. Spatial domain decomposition approach to dynamic compensator design for linear space-varying parabolic MIMO PDEs[J]. IET Control Theory & Applications, 2020, 14(1): 39-51.

[158] Wang J W, Liu Y Q, Sun C Y. Pointwise exponential stabilization of a linear parabolic PDE system using non-collocated pointwise observation[J]. Automatica, 2018, 93: 197-210.

[159] Wang J W, Liu Y Q, Sun C Y. Observer-based dynamic local piecewise control of a linear parabolic PDE using non-collocated local piecewise observation[J]. IET Control Theory & Applications, 2018, 12(3): 346-358.

[160] Keulen B. H_∞-Control for Distributed Parameter Systems: A State-Space Approach[M]. Basel, Switzerland: Birkhäuser, 1993.

[161] Chen W H, Luo S, Zheng W X. Sampled-data distributed H_∞ control of a class of 1-D parabolic systems under spatially point measurements[J]. J Franklin I, 2017, 354(1): 197-214.

[162] Selivanov A, Fridman E. Delayed H_∞ control of 2D diffusion systems under delayed pointlike measurements[J]. Automatica, 2019, 109: 108541.

[163] Wang J W, Wang J M. Mixed H_2/H_∞ sampled-data output feedback control design for a semi-linear parabolic PDE in the sense of spatial H_∞ norm[J]. Automatica, 2019, 103: 282-293.

[164] Chen W H, Chen B S. Robust stabilization design for stochastic partial differential systems under spatio-temporal disturbances and sensor measurement noises[J]. IEEE Transactions on Circuits and Systems I: Regular Papers, 2013, 60(4): 1013-1026.

[165] He W, Meng T T. Adaptive control of a flexible string system with input hysteresis[J]. IEEE Transactions on Control Systems Technology, 2018, 26(2): 693-700.

[166] Feng J L, Liu Z J, He X, et al. Adaptive vibration control for an active mass damper of a high-rise building[J]. IEEE Transactions on Systems, Man, and Cybernetics: Systems, 2022, 52(3): 1970-1983.

[167] Wang J W, Li H X. Static collocated piecewise fuzzy control design of quasi-linear parabolic PDE systems subject to periodic boundary conditions[J]. IEEE Transactions on Fuzzy Systems, 2019, 27(7): 1479-1492.

[168] Carslaw H S, Jaeger J C. Conduction of Heat in Solids[M]. London: Oxford University. Press, 1986.

[169] Thomas L C. Fundamentals of Heat Transfer[M]. Englewood: Prentice Hall, 1980.
[170] Panjkovic V. Model for prediction of strip temperature in hot strip steel mill[J]. Applied thermal engineering, 2007, 27(14-15): 2404-2414.